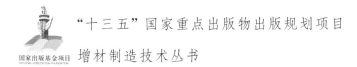

"十三五"国家重点出版物出版规划项目

增材制造技术丛书

面向增材制造的创新设计

Innovative Design for Additive Manufacturing

杨永强　　宋长辉　　著

国防工业出版社

·北京·

内 容 简 介

随着增材制造技术的发展，人们对增材制造的认识也在加深，人们感兴趣于如何更好地利用增材制造技术服务产品的创新与生产。在以往，由于创新设计出的产品结构过于复杂，以及传统制造铸、锻、车、铣、磨、镗工艺的局限性，很难将其原型加工出来。增材制造技术的出现可以让我们在一定程度上不再受限于制造方式，能将功能与结构实现最大化。本书对增材制造技术进行全面介绍，包括增材制造原理、发展历史、常用设计方法等，并结合增材制造自由设计方法，提出了增材制造材料变元设计方法，以及增材制造创新结构设计，并展示了目前增材制造技术在生物医疗、航空航天、汽车、模具等领域的具体应用案例。

本书可供机械、材料等专业工程技术人员参考。

图书在版编目(CIP)数据

面向增材制造的创新设计 / 杨永强，宋长辉著.
—北京：国防工业出版社，2021.11
　（增材制造技术丛书）
　"十三五"国家重点出版项目
　ISBN 978-7-118-12415-6

　Ⅰ.①面… Ⅱ.①杨… ②宋… Ⅲ.①快速成型技术
Ⅳ.①TB4

中国版本图书馆 CIP 数据核字(2021)第 212839 号

※

国防工业出版社出版发行
（北京市海淀区紫竹院南路 23 号　邮政编码 100048）
雅迪云印（大津）科技有限公司印刷
新华书店经售

*

开本 710×1000　1/16　印张 21¼　字数 373 千字
2021 年 11 月第 1 版第 1 次印刷　印数 1—3 000 册　定价 146.00 元

（本书如有印装错误，我社负责调换）

国防书店：(010)88540777　　书店传真：(010)88540776
发行业务：(010)88540717　　发行传真：(010)88540762

同年,《美国增材制造技术路线图》与《欧盟增材制造标准化路线图》相继发布。其他发达国家,如澳大利亚、日本等也先后成立增材制造领域的研究机构,通过持续加大研发投入来推动增材制造技术在应用和标准化等方面的发展。美国在推进增材制造技术发展方面一直扮演着重要的角色,欧盟则是在基础研究设施投入、研发组织建设和政府支持方面始终处于前列。

2016 年,美国通用电气(GE)公司收购两大 3D 打印巨头概念激光(Concept Laser)公司和阿犬(姆 Arcam)公司,以色列 XJet 公司发布纳米颗粒喷射成形金属增材制造设备,哈佛大学研发出增材制造形成肾小管(图 1 - 5),Carbon 公司推出首款基于 CLIP 技术的增材制造,医疗行业巨头强生与 Carbon 公司合作进军增材制造手术器械市场,英国的研究公司 CONTEXT 宣布增材制造设备的全球出货量达 21 万台。

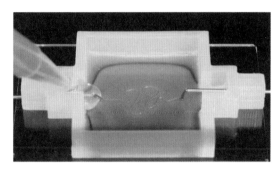

图 1 - 5

增材制造成形肾小管

1.1.3 国内增材制造技术发展

自 20 世纪 90 年代初,在科技部等多部门持续支持下,清华大学、华南理工大学、西安交通大学、华中科技大学等单位在典型增材制造成形设备、软件、材料等方面的研究和产业化取得了重大进展。随后国内许多其他高校和研究机构也开展了相关研究,到 2000 年初步实现了设备产业化,并接近国外产品水平,改变了该类设备早期依赖进口的局面。在国家和地方的支持下,全国建立了 20 多个服务中心,设备用户遍布医疗、航空航天、汽车、模具、电子电器、造船等行业,推动了我国制造技术的发展。

然而,我国增材制造技术主要应用在工业领域,没有在消费品领域形成市场,在产业化技术发展和应用方面落后于美国和欧洲。在技术研发方面,我国增材制造设备的部分技术水平与国外先进水平相当,但在关键器件、成形材料、智能化控制和应用范围等方面较为落后。我国增材制造技术主要应用于模型制作,在高性能终端零部件直接制造方面还具有非常大的提升空间。例如,在增材的基础理论与成形微观机理研究方面,我国只开展了一些局部相关研究,而国外的研究更系统和深入。在工艺技术研究方面,国外是基于理论基础的工艺控制,而我国则更多依赖于经验和反复的实验验证,导致我国增材制造工艺关键技术整体上落后于国外先进水平,材料的基础研究、制备工艺以及产业化方面与国外相比存在相当大的差距,部分增材制造工艺设备国内都有研制,但在智能化程度方面与国外先进水平相比还有差距,我国大部分增材制造设备的核心元器件还主要依靠进口。在市场化普及方面,国民的技术认知度低,大部分人不了解这一技术和作用。我国在增材制造产业上没有形成系统的产业链,增材制造技术涉及的前端三维 CAD 设计、新材料和下游的应用技术等领域的研发缺失很大,企业应用程度低。以上这些因素导致我国难以形成强有力的产业化发展,另一方面也制约了创新能力的提升。

近年来,增材制造技术在美国和我国取得了快速的发展,主要的引领要素是低成本增材制造设备社会化应用、金属零件直接制造技术在工业界的应用、基于增材制造的各种生物材料及生物学结构制造技术等。我国金属零件直接制造技术的研究与应用已达到国际领先水平,但增材制造技术相对传统制造技术还面临许多新挑战和新问题。目前增材制造技术主要应用于产品研发阶段,还存在使用成本高(10~100 元/g)、制造效率低的问题,如金属材料成形速度为 100~3000g/h,制造精度不能令人满意。另外,增材制造工艺与设备研发还不充分,尚未进行大规模工业应用。增材制造应与传统技术优选、集成,形成新的产业增长点,加强研发、产业培育,扩大应用,通过形成协同创新的运行机制,积极科学推进,从产品研发工具走向批量生产模式,以技术引领应用市场发展,改变人们的生活。

增材制造技术经过二三十年的探索、研究和改进,目前正处于承上启下的发展阶段,一方面期待新的技术突破,提高增材制造技术在材料、精度和效率上的要求;另一方面则是基于现有技术的新应用,扩宽增材制造技术的应用范围和应用方式。前者可能的发展方向是具有高效、并行、多轴、集成等特征的新型增材制造技术;而后者的应用范围有生物、医疗、航空航天、汽车、建筑、艺术、教育,甚至是人们的日常生活。这些新兴应用领域的扩展,将使增材制造技术与设备由通用型向专用型发展,如细胞增材制造技术

丛书编审委员会

总 序

Foreward

增材制造（additive manufacturing，AM）技术，又称为3D打印技术，是采用材料逐层累加的方法，直接将数字化模型制造为实体零件的一种新型制造技术。当前，随着新科技革命的兴起，世界各国都将增材制造作为未来产业发展的新动力进行培育，增材制造技术将引领制造技术的创新发展，加快转变经济发展方式，为产业升级提质增效。

推动增材制造技术进步，在各领域广泛应用，带动制造业发展，是我国实现强国梦的必由之路。当前，推动制造业高质量发展，实现传统制造业转型升级等，成为我国制造业发展的重中之重。在政府支持下，我国增材制造技术得到了迅速的发展，增材制造技术与世界先进水平基本同步，高性能复杂大型金属承力构件增材制造等部分技术领域已达到国际先进水平，已成功研制出光固化成形、激光选区烧结成形、激光选区熔化成形、激光净成形、熔融沉积成形、电子束选区熔化成形等工艺装备。增材制造技术及产品已经在航空航天、汽车、生物医疗等领域得到初步应用。随着我国增材制造技术蓬勃发展，增材制造技术在各领域方向的研究取得了重大突破。

增材制造技术发展日新月异，方兴未艾。为此，我国科技工作者应该注重原创工作，在运用增材制造技术促进产品创新设计、开发和应用方面做出更多的努力。

在此时代背景下，我们深刻感受到组织出版一套具有鲜明时代特色的增材制造领域学术著作的必要性。因此，我们邀请了领域内有突出成就的专家学者和科研团队共同打造了这套能够系统反映当前我国增材制造技术发展水平和应用水平的科技丛书。

"增材制造技术丛书"从工艺、材料、装备、应用等方面进行阐述，系统梳理行业技术发展脉络。丛书对增材制造理论、技术的创新发展和推动这些技术的转化应用具有重要意义，同时也将提升我国增材制造理论与技术的学术研究水平，引领增材制造技术应用的新方向。相信丛书的出版，将为我国增材制造技术的科学研究和工程应用提供有价值的参考。

卢秉恒，中国工程院院士，西安交通大学教授。

前 言
Preface

随着工业现代化的进程不断加速，传统的制造方法已经很难全面满足现代工业零部件的工艺要求，许多结构复杂的异形零部件利用传统制造技术已经很难加工或根本不能加工，因此，亟须研究新型制造技术来弥补传统加工方法的不足，在这样的背景之下，增材制造技术得到快速发展。

对增材制造的认识已经由原来的能否打印出来，打印出来的产品性能能否满足要求的疑问，走向了该如何使用增材制造技术。故利用增材制造技术生产产品时的"方法"就显得尤为重要。

"方法"是人类有目的的自觉行为方式的总和，设计理论与方法是实现创新目标的科学途径，是设计文化的重要支柱之一。因此，在使用增材制造技术前，我们要考虑到底需不需要采用该技术，以及采用增材制造技术需要注意哪些问题。为了解答这些问题，我们编写了本书，从面向增材制造创新设计的角度出发，对增材制造的能力与约束进行总结，帮助读者在是否选择增材制造技术作为生产方法的犹疑中做出决断。同时在设备生产能力不变的前提下，为了更好使用增材制造技术，我们需要从产品的源头出发，最大化地发挥增材制造的优势，获得产品最全面的功能及最佳使用性能。

本书为"十三五"国家重点出版物出版规划项目、国家出版基金项目"增材制造技术丛书"分册之一。书中许多论点来自 2019 年 11 月在华南理工大学召开的第一届增材制造与创新设计论坛，论坛以"制造改变——基于增材制造的创新设计与应用"为主题，得到了国内上百家高校及研究院所的支持。因此，本书也可以说集结了国内一线增材制造技术研究人员思想碰撞的精华，在此一并表示感谢。

在本书撰写与出版过程中，也得到了西安交通大学、大连理工大学、空军工程大学、青岛理工大学、国防工业出版社、广州雷佳增材科技有限公司等单位的大力支持，同时Altair公司在拓扑优化方面为本书提供了大量案例，研究生肖云绵、王艺猛、陈杰、刘林青、刘子欣、万家勇、叶光照、方海林、陈翠婷等负责了部分内容编写与校对工作，田小永、兰洪波、陈炯明、周鑫、李征、栗晓飞、严春阳等为本书的撰写提供了大量的建议，在此一并感谢。此外，感谢"国家重点研发计划资助（2018YFB1105100）"对本书的支持。

因作者水平有限，内容上若存在瑕疵，请各位读者斧正，不胜感激。

作者

2020 年 3 月 10 日

目　录

—

Contents

第 1 章　绪论

1.1　增材制造技术概论 …………………………… 001

1.1.1　增材制造技术概念 …………………………… 001

1.1.2　国外增材制造技术发展 …………………………… 003

1.1.3　国内增材制造技术发展 …………………………… 011

1.2　创新设计理论和方法 …………………………… 013

1.2.1　传统制造的创新设计 …………………………… 013

1.2.2　工业设计 …………………………… 014

1.2.3　工程设计 …………………………… 016

1.2.4　设计方法 …………………………… 018

参考文献 …………………………… 020

第 2 章　增材制造设计方法

2.1　增材制造技术的能力 …………………………… 023

2.2　增材制造技术的约束 …………………………… 027

2.3　增材制造设计因素 …………………………… 032

2.3.1　产品使用因素 …………………………… 032

2.3.2　产品经济成本因素 …………………………… 034

2.3.3　产品几何特征因素 …………………………… 035

2.3.4　数据处理因素 …………………………… 038

2.3.5　产品工艺和材料性能因素 …………………………… 038

2.4　增材制造设计方法 …………………………… 044

2.4.1　整体设计策略规划 …………………………… 044

2.4.2 正向设计方法 …………………………… 046

2.4.3 逆向设计方法 …………………………… 055

2.4.4 自由设计方法 …………………………… 066

参考文献 …………………………………………… 075

第3章

增材制造创新材料设计

3.1 增材制造创新材料设计概念 ………………… 078

3.2 增强性复合材料设计 ………………………… 080

3.2.1 增强性聚合物基复合材料设计………… 080

3.2.2 增强性金属基复合材料设计 ………… 086

3.3 多孔结构材料设计 …………………………… 089

3.3.1 多孔结构材料设计约束………………… 090

3.3.2 构造实体几何法 ……………………… 094

3.3.3 基于图像/影像多孔结构设计方法 ……… 096

3.3.4 点阵驱动多孔设计方法 ……………… 097

3.3.5 拓扑优化设计法 ……………………… 098

3.3.6 基于隐式曲面定义的等参单元映射

设计法 ……………………………… 101

3.4 梯度功能材料设计 …………………………… 107

3.4.1 梯度功能材料的分类特征 …………… 110

3.4.2 梯度功能材料的制造方法 …………… 111

3.4.3 梯度功能材料的设计方法……………… 120

3.4.4 梯度多孔多材料设计 ………………… 121

3.5 智能性超材料设计 …………………………… 126

3.5.1 电活性聚合物材料……………………… 126

3.5.2 形状记忆材料………………………… 128

参考文献 …………………………………………… 131

第4章

增材制造创新结构设计

4.1 拓扑优化设计………………………………… 136

4.1.1 拓扑优化设计概念 …………………… 136

4.1.2 拓扑优化设计软件 …………………… 139

4.1.3 拓扑优化设计方法 ……………………… 144

4.1.4 增材制造与拓扑优化技术 ……………… 149

4.1.5 拓扑优化设计案例 ………………… 151

4.2 免组装机构设计 ……………… 160

4.2.1 免组装机构设计概念 ……………… 161

4.2.2 免组装机构设计方法 ……………… 164

4.2.3 免组装机构设计原则 ……………… 169

4.2.4 激光熔覆喷嘴设计案例 …………… 175

4.3 仿生结构设计 ……………… 179

4.3.1 仿生结构设计概念 ……………… 179

4.3.2 仿生结构设计方法 ……………… 182

4.3.3 仿生结构设计流程 ……………… 183

4.3.4 仿生结构设计案例 ……………… 185

4.3.5 仿生结构设计与增材制造技术的发展趋势 ……

………………… 193

参考文献 ……………… 194

第 5 章

增材制造设计应用实例

5.1 生物医学领域的应用 ……… 198

5.1.1 口腔医学方面的应用 ……………… 198

5.1.2 手术导板上的应用 ……………… 215

5.1.3 个性化植入物上的应用 …………… 221

5.1.4 康复辅助器具行业的应用 ………… 245

5.2 航空航天领域的应用 ……… 247

5.2.1 航空天线的应用……………… 248

5.2.2 航空发动机上的应用 …………… 252

5.2.3 卫星系统中的应用 …………… 256

5.2.4 太空产品中的应用 …………… 260

5.2.5 其他航空零部件上的应用…………… 261

5.3 汽车工业领域的应用 ……… 263

5.3.1 汽车工业领域的应用优势………… 264

5.3.2 汽车整车上的应用实例 ………… 269

5.3.3 汽车内外饰上的应用实例 ……… 274

5.3.4 汽车轮胎上的应用实例 ………… 276

5.3.5　汽车其他方面的应用实例 ……………………… 280

5.4　模具行业的应用 ………………………………… 288

5.4.1　模具的分类………………………………………… 289

5.4.2　模具行业的应用优势 ……………………………… 290

5.4.3　在模具行业的应用实例 …………………………… 292

5.5　珠宝行业的应用 ………………………………… 298

5.5.1　珠宝首饰设计应用的优势………………………… 298

5.5.2　珠宝首饰设计案例 ………………………………… 299

5.6　在其他领域的应用 ……………………………… 304

5.6.1　时尚家居设计……………………………………… 304

5.6.2　运动装备设计 ……………………………………… 309

参考文献 ……………………………………………… 316

第1章
绪论

"方法"是人类有目的的自觉行为方式的总和，设计理论与方法作为实现创新目标的科学途径，是设计文化的重要支柱之一。设计方法学的研究结果包括设计理论和设计方法，设计理论是研究产品设计过程的系统行为和基本规律，设计方法是研究产品设计的具体手段。科学发展会带来技术的融合，自然科学和社会科学的交叉，控制论、系统论、信息论等边缘学科的产生，为现代设计方法提供新的理论支持。而计算机技术和网络技术的发展，又为现代设计方法提供了新的设计媒介和工具。增材制造技术这种新制造方式的出现为创新设计方法的实现与变革提供了契机与挑战。

1.1) 增材制造技术概述

1.1.1 增材制造技术概念

制造技术的先进程度是一个国家现代化建设水平的重要标志之一，国家的工农业、军事等都与制造技术的先进程度有很大的关系[1]。随着工业现代化的进程不断加速，传统制造方法已经很难全面满足现代工业零部件的工艺要求，许多结构复杂的异型零部件利用传统制造技术很难加工或根本不能加工，因此，亟须研究新型制造技术来弥补传统加工方法的不足，在这样的背景之下，增材制造（additive manufacturing，AM）技术应运而生。

增材制造技术又称3D打印技术，是以数字模型为基础，将材料逐层堆积制造出实体物品的新兴制造技术，体现了信息网络技术与先进材料技术、数字制造技术的密切结合，是先进制造业的重要组成部分。增材制造技术采用材料逐层累加方法直接由3D数字化模型制造实体零件，相对于传统的将材料车、磨、刨、铣去除式制造技术，增材制造是一种"自下而上"的、材料累加的制造技术[2]。增材制造技术不需要二维图纸，无刀具空间可达性的限制，不需要多道加工工序，只要一台设备就可快速精确地制造出具有任意复杂几何形状的零件，这解决了过去许多复杂结构难以制造的难题，实现了"自由制造"。作为战略性新兴产业，以及"第三次工业革命"重要技术之一，增材制造技术受到了美国、德国等发达国家的高度重视，并在这些国家被积极推广应用。

传统大规模生产方式往往以大批量和高效率生产为目的，产品集中式生产、分布式供给，这种方式容易导致产品积存、供过于求，而增材制造采用"按需而制"或"因人而制"的模式，是一种"零库存"生产方式，既可以实现单件或小批量产品的制造，又能满足不同区域、不同需求的定制化产品制造方式。增材制造技术的应用将消除产品研制与生产明确分工的界线，用信息化技术将从前烦琐的业务集成为简约、统一的业务，促进产品设计与制造向高度一体化、集成化模式转变，实现"设计即生产"和"设计即产品"的制造模式。

增材制造技术的定义：相比减材制造技术，增材制造技术是通过层堆积的方式将材料按照 CAD 数据累加成 3D 物体的制造技术。增材制造技术同时也被称为快速原型（rapid prototyping，RP）技术、快速制造（rapid manufacturing，RM）技术、实体自由成形（solid free-form fabrication，SFF）技术、3D 打印（3D printing，3DP）技术等。虽然国际增材制造标准 ASTM F42 将 3D 打印技术定义为通过喷嘴/打印头将材料沉积成 3D 物体，或者特指使用价格比较低廉的增材制造设备制造产品，但是目前 3D 打印技术一词已经被业界普遍认可，也常用来表示增材制造技术。

近三十年，增材制造技术受到广泛关注并得到了快速发展，增材制造技术种类也越来越多，目前比较流行的有立体光固化（stereo lithography，SL）技术、熔融沉积成形（fused deposition modeling，FDM）技术、激光选区熔化（selective laser melting，SLM）技术，以及叠层实体制造（laminated objcet manufactuny，LOM）技术等。随着材料与工艺的不断发展与成熟，增材制造技术也逐渐开始由快速原型向快速制造方向发展，其中最显著的是金属零件直接制造技术。目前常用的金属增材制造技术主要有激光选区熔化技术、激光选区烧结（selective laser sintering，SLS）技术、激光近净成形（laser engineered net shaping，LENS）技术、电子束选区熔化（electron beam selective melting，EBSM）技术等，其分类如图 1-1 所示。

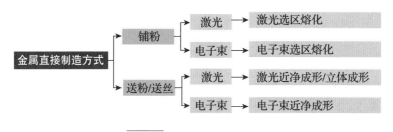

图 1-1　金属直接制造分类

增材制造技术在其发展过程中，受制于技术条件和成本价格等原因，起初主要应用于专业化、重量级的产品原型设计和生产。正如计算机的发展过程，它经历了从昂贵、笨重、低效到廉价、小巧、智能化的发展路径。随着增材制造设备的市场化、家庭化，老百姓已经能够根据自身需求打印简单的物件。

增材制造技术有诱人的发展前景，也存在巨大的挑战。目前最大的难题是材料的物理与化学性能制约了实现这项技术。例如，目前成熟的成形材料主要是有机高分子材料，金属材料直接成形是近十多年的研究热点，正在逐渐实现工业应用，其难点在于如何提高精度和效率。此外，利用增材制造技术可以直接把软组织材料（生物基质材料和细胞）堆积起来，形成类生命体，经过体外培养和体内培养制造复杂组织器官，这也成为了非常有意义的课题。

1.1.2　国外增材制造技术发展

增材制造理念最早提出是在 19 世纪末，至 21 世纪经历了以下发展历程：

19 世纪末期，美国提出照相雕塑和地貌成形技术思想，随后产生了分层叠加成形的 3D 打印核心制造技术思想。当时 3D 打印机数量很少，大多集中在科研人员和电子产品爱好者手中，主要用来打印珠宝、玩具、工具、厨房用品等，甚至有汽车专家打印出了汽车零部件塑料模型，然后根据塑料模型去订制真正的零部件。

1892 年，美国学者 Blanther 第一次公开使用层叠成形方法制作地形图，这种用堆叠薄层的方式制造三维形状物体的理念，也是增材制造技术的核心思想。经过不断的技术演进，逐渐形成了今天这种以计算机 3D 设计模型为蓝本，通过软件分层离散，结合数控成形系统，利用激光束、热熔喷嘴等将金属粉末、陶瓷粉末、塑料、细胞组织等材料进行逐层堆积、黏结，最终叠加塑造出 3D 实体产品的制造方式。目前增材制造主要分为 SL、SLS、FDM 和 3DP(立体喷墨成形)四种。

1940 年，Perera 提出了相同的技术构想，即沿等高线轮廓切割硬纸板然后叠成模型制作 3D 地形图的方法。

1964 年，Zang 进一步细化了沿等高线轮廓切割硬纸板叠成模型制作三维地形图的方法，并建议使用透明纸板，且每一块带有详细的地貌形态标记，制作地貌图。

1972 年，Matsubara 在层叠技术基础上初次提出可以尝试使用光固化材料。将光敏聚合树脂涂在耐火颗粒上，并填充到叠层，加热后会生成与叠层对应的板层，光线选择性投射到板层上将指定部分硬化，没有扫描的部分使用化学溶剂溶解掉，板层不断堆积直到最后形成一个立体模型。

1976 年，DiMatteo 进一步明确提出，这种堆积技术能够用来制造普通机加工设备难以加工的曲面，如螺旋桨、三维凸轮和型腔模具。在具体实践中，通过铣床加工成形指定高度标识的金属层片，然后黏结成叠层状，采用螺栓和带锥度的销钉进行连接加固，制作型腔模。

1977 年，Swainson 提出通过激光选择性照射光敏聚合物方法直接成形立体模型，同时期，Schewerzel 在巴特莱(Battlle)实验室也开展了类似的技术研发工作。

1979 年，日本东京大学的 Nakagawa 教授开始使用薄膜技术制作出实用的工具，如落料模、成形模、注射模等，其中值得一提的是 Nakagawa 教授提出了注射模中复杂冷却通道的制造可以通过薄膜技术实现。同年，美国科学家 Housholder 公开了类似"快速成形"技术的专利，但没有商业化。

1981 年，日本名古屋市工业研究所发明了两种利用光固化聚合物制造 3D 树脂模型的方法，其紫外线照射面积由掩模图形或扫描光纤发射机控制。

1983 年，Hull 在一家公司工作时突然萌生了开发 3D 打印新技术的想法，当时，他正在为一家利用紫外线在桌面和家具上涂上薄薄的树脂贴面，生产新设计的产品小型塑料部件的公司工作。他想，如果能在彼此的顶部放置数千层薄薄的树脂，然后用光蚀刻它们的形状，就能够形成 3D 物体。一年后他改进了想法，开发了一个系统，将光线照进装有光致聚合物(一种在光线照射时从聚合物液体变成树脂的物质)的大桶中，并形成一个水平面，然后打印后续层，直到完成。同年，Hull 便发明了液态树脂固化、光固化技术，Hull 将它称为立体平版印刷。1984 年，Hull 将此项技术申请了美国专利。

1984 年，Feygin 提出了 LOM 技术，并于 1985 年组建了 Helisys 公司，基于 LOM 成形原理，在 1990 年开发出了世界上第一台商用 LOM 设备——LOM‐10150。除 Helisys 公司外，日本的 Kira 公司、瑞典的 Sparx 公司以及新加坡的 Kinergy 公司等也一直从事 LOM 技术的研究与 LOM 设备的制造。LOM 技术又称薄型材料选择性切割技术，是增材制造领域最具代表性的技术之一，其成形原理是采用激光器按照计算机辅助设计（computer dided desgn，CAD）分层模型所获得的数据，用激光束将单面涂有热熔胶薄膜材料的箔带切割成原型件某一层的内外轮廓，再通过加热辊加热，使刚切好的一层与下面切好的层面黏结在一起，通过逐层切割、黏合，最后将不需要的材料剥离，得到所需原型。LOM 的层面信息通过每一层的轮廓表示，激光扫描器的动作由这些轮廓信息控制，它采用的材料是具有厚度信息的片材。这种加工方法只需加工轮廓信息，所以可以达到很高的加工速度，可选材料的范围很窄，且每层厚度不可调整。

1986 年，Hull 研发了著名的 STL 文件，STL 文件是一个接口协议，为快速原型制造技术服务的三维图形文件（快速成形机大都能识别和打开 STL 文件），它使用三角形面片来表示三维实体模型，现已成为 CAD/CAM 系统接口文件的工业标准之一，绝大多数造型系统能支持并生成此种文件格式，STL 文件已广泛应用于增材制造、数控加工、有限元分析、逆向工程和医学成像系统等领域。同年，Hull 获得有史以来第一件结合计算机绘图、固态激光与树脂固化技术的 3D 打印技术专利证书，并在加利福尼亚成立了业界知名的 3D Systems 公司，开发了第一台商业增材制造设备。该设备工作原理是通过计算机控制激光束对以光敏树脂为原料的表面进行逐点扫描，被扫描区域的树脂薄层产生光聚合反应而固化，形成零件的一个薄层，工作台下移一个层厚的距离，以便固化好的树脂表面再敷上一层新的液态树脂，进行下一层的扫描加工，如此反复，直到整个原型制造完毕。

由于光聚合反应是基于光的作用而不是基于热的作用，故在工作时只需功率较低的激光源。此外，因为没有热扩散，加上链式反应能够被很好地控制，能保证聚合反应不发生在激光点之外，所以该设备加工精度高、零件表面质量好、原材料的利用率接近 100%，能制造形状复杂、精细的零件，且效率高。对于尺寸较大的零件，则可采用先分块成形然后黏结的方法进行制作。1988 年日本 NTT 公司也实现了这种利用 SL 技术成形的机器，随后 1989 年索尼也推出了类似产品，1990 年德国的 EOS 公司推出了快速原型系统。

1991 年是十分重要的一年，在这一年中，三种技术路线完全不同的设备被研发出来，如今增材制造领域两巨头之一的美国 Stratasys 公司推出了基于 FDM 技术的设备，通过在打印头中挤出熔融的树脂丝进行逐层成形，而不是像 SL 技术那样通过激光固化树脂实现成形。Helisys 开发出的 LOM 技术将纸从卷筒上展开，按照每层的形状切割黏结，然后不断重复这一过程，逐层堆积，最终成形。Cubital 研发出了整层同时固化技术，紫外线按遮罩后的形状照射光敏树脂成形，每照射一次成形一整层，而不是像其他技术那样按刀路逐渐完成一层的成形。

1992 年，DTM 公司推出了 SLS 设备，用激光将尼龙之类的粉末材料烧结成形。SLS 工艺利用高能量激光束在粉末层表面按截面扫描，粉末被烧结相互连接，形成一定形状的截面，当一层截面烧结完后，工作台下降一层厚度，铺上一层新的粉末，继续新一层的烧结，层层叠加并去除未烧结粉末后，可得到最终三维实体。SLS 的特点是成形材料种类广泛，理论上只要将材料制成粉末就可成形。另外，SLS 成形过程中，粉末床充当自然支撑，可成形悬臂、内空等其他工艺难成形的结构。但是，SLS 技术需要配备价格较为昂贵的激光器和光路系统，成本比其他方法高，一定程度上限制了该技术的应用。

1993 年，美国麻省理工学院（MIT）开发了立体喷墨打印技术。该技术通过使用液态黏结体将铺有粉末的各层固化，以创建三维实体原型。同年，Soligen 公司基于麻省理工学院的专利技术推出了通过喷头向陶瓷粉末喷洒胶黏剂形成壳体来实现消失模铸造的设备。

1994 年，Solidscape 公司推出了可以用喷头打印蜡质材料的 3D 打印机，用于实现珠宝首饰、牙科等领域的消失模铸造。

1994 年，瑞典 ARCAM 公司申请的一项专利，其开发的技术称为电子束熔融(electron beam melting，EBM)技术，亦即常称的电子束选区熔化技术，该公司也是世界上第一家将电子束快速制造技术商业化的公司，并于 2003 年推出第一代设备，此后美国麻省理工学院、美国航空航天局、我国北京航空制造工程研究所和清华大学均开发出了各自基于电子束的快速制造系统。该技术利用电子束熔化铺在工作台面上的金属粉末，与激光选区熔化技术类似，利用电子束实时偏转实现熔化成形，不需要二维运动部件，可以实现金属粉末的快速扫描成形。美国麻省理工学院开发的电子束实体自由成形（electron beam solid freeform fabrication，EBSFF）技术采用送丝方式供给成形材料，利用电子束熔化金属丝材，电子束固定不动，金属丝材通过送丝装置和工作台移动。与激光近净成形技术类似，电子束熔丝沉积快速制造时，影响因素较多，如电子束流、加速电压、聚焦电流、偏摆扫描、工作距离、工件运动速度、送丝速度、送丝方位、送丝角度、丝端距工件的高度、丝材伸出长度等。这些因素共同作用影响熔积体截面几何参量，研究人员确定和区分单一因素的作用十分困难。

1995 年，德国霍劳恩霍夫激光器研究所最早提出了 SLM 技术，用它直接成形出接近 100%致密度的金属零件。SLM 技术克服了 SLS 技术制造金属零件工艺过程复杂的问题，是使金属粉末在激光束的热作用下完全熔化，经冷却凝固而成形的一种技术。SLM 与 SLS 技术制件过程非常相似，但与 SLS 工艺不同，SLM 技术通过完全熔化选区内金属粉末来成形，因此可获得具有完全冶金结合组织的零件，其力学性能优于铸件，一般仅需经过简单喷砂等后处理即可投入使用。另外，SLM 工艺一般需要添加支撑结构，支撑结构主要作用：①承接下一层未成形粉末层，防止激光扫描到过厚的金属粉末层，发生塌陷；②由于成形过程中粉末受热熔化冷却后，内部存在收缩应力，导致零件发生翘曲等，支撑结构连接已成形部分与未成形部分，可有效抑制这种收缩，使成形件保持应力平衡。世界上第一台 SLM 设备由英国 MCP 集团公司下辖的德国 MCP‐HEK 分公司在 2003 年底推出。

1996 年，Z Corp 公司也推出了基于麻省理工学院的立体喷墨打印技术研制的用于概念模型建造的增材制造设备 Z402，其原理是利用淀粉、石膏基粉末和水基液体胶黏剂生产出模型。

19970 年，AeroMet 公司研发出激光增材制造（laser additive manufacturing，LAM）技术，使用高能量激光对合金粉末进行烧结制造出金属制品，这是第一个推出该类金属增材制造设备的公司。LAM 技术是近 20 年来信息技术、新材料技术与制造技术多学科融合发展的先进制造技术，依据 CAD 数据逐层累加材料的方法制造实体零件，这一成形原理使制造技术从传统的宏观外形制造向宏微结构一体化制造发展。LAM 制造的产品和零件可以不受形状、结构复杂程度及尺寸大小的限制，摆脱了传统"去除"加工法的局限性，可以生产传统方法难以加工或不能加工的、形状复杂的零件。可成形材料有碳钢、不锈钢、高温合金、钛合金、铜合金、复合陶瓷等。可广泛应用于航空航天、生物医学和机械工业产品的制造。

2000 年，Objet Geometries 公司推出 Polyjet 增材制造新技术，它以超薄层的状态将艺术感光聚合材料一层一层地喷射到构建托盘上，直至部件制作完成。该技术由直观的 Objet studio 软件管理流程。每一层感光聚合材料在被喷射后立即用紫外线进行凝固，从而制作出完全凝固的模型，可以立即进行搬运与使用。可以用手或者通过喷水的方式轻松地清除为支撑复杂几何形状而特别设计的凝胶体状支撑材料。

2001 年，德国 EnvisionTEC 公司发布了 Perfactory 系列增材制造设备，这些设备使用数字光处理技术，照射光敏树脂，每次完成整层的成形，然后逐层重复这一过程，最终得到所需制品。

2002 年，Z Corp 公司推出世界首台多色增材制造设备，同年德国 EOS 公司推出激光烧结铁基粉末增材制造设备。2006 年，EOS 公司推出激光烧结钴铬和不锈钢技术。

2007 年，Z Corp 推出了带有粉末自动移除和回收的彩色 3D 打印机，这是第一台密闭型设备，意味着可以直接从增材制造设备中得到最终完成品。

同年，服务于增材制造设备的创业公司 Shapeways 成立，Shapeways 公司基于增材制造设备对于"商品数据"的依赖性，建立起在线交易平台，开启了社会化制造模式。

2008 年，第一款开源的桌面级增材制造设备 RepRap 发布，代号"Darwin"，能够成形相当于自身体积 50% 的元件，体积仅有一个箱子大小，它的面世为第一轮增材制造浪潮开辟了道路。

2009 年，美国 Organovo 公司首次使用增材制造技术制造出人造血管，Bre Pettis 带领团队创立了著名的桌面级增材制造设备公司——Makerbot。Makerbot 的设备主要基于早期的 RepRap 开源项目，但对 RepRap 的机械结构进行了重新设计，发展至今已经历几代的升级，在成形精度、成形尺寸等指标上都有长足的进步。Makerbot 出售 DIY 套件，购买者可自行组装设备。同时，国内的创客开始了仿造工作，个人 3D 打印机产品市场由此蓬勃兴起。

2011 年，英国南安普敦大学工程师增材制造成形出世界首架无人驾驶飞机，这架无人飞机的建造用时 7 天，造价 5000 英镑。采用增材制造技术有助于提高飞机的空气动力效率，相比传统技术制造椭圆形机翼，大大节约成本。

同年，Kor Ecologic 公司推出世界第一辆从表面到零部件都由增材制造技术制造的汽车"Urbee"，Urbee 汽车在城市时速可达 160km，而在高速公路上则可达到 320km，汽油和甲醇都可以作为它的燃料。Urbee 汽车为橙红色车身，三个轮子、双座位，扁长圆的外形显得小巧可爱，底盘为不锈钢制成，包括玻璃嵌板在内的所有外部组件都是通过 Stratasys 公司的大型增材制造设备生产。如图 1-2 所示。

图 1-2
用增材制造技术制造的 Urbee 汽车

2012 年 3 月，美国总统奥巴马提出投资 10 亿美元在全美建立 15 家制造业创新研究所，英国《经济学人》杂志认为，增材制造将与其他数字化生产模式一起推动实现第三次工业革命；同年 8 月，美国成立国家增材制造创新机构，并强调将通过该技术夺回全球制造业霸主地位。

2013 年，美国总统奥巴马发表国情咨文演讲强调增材制造技术的重要性；耐克公司设计出第一款增材制造运动鞋；美国分布式防御组织发布全世界第一款完全通过增材制造技术制造出的塑料枪，并成功试射。同年 11 月，美国 Solid Concepts 公司设计制造出全球首支增材制造金属枪（图 1-3），这支枪已经成功发射了 50 发子弹，射击距离超过 27m，达到与常规武器一样的精准度。这款金属枪采用 33 个 17-4 不锈钢部件和 625 个铬镍铁合金部件制成。

图 1 - 3

全球首支增材制造金属枪

2014 年 7 月，美国南达科他州一家名为柔性机器人环境（Flexible Robotic Environments，FRE）的公司公布了最新开发的全功能制造设备 VDK6000，兼具金属增材制造、车床及 3D 扫描功能，其中车床减材制造功能涵盖铣削、激光扫描、超声波检具、等离子焊接、研磨、抛光以及钻孔等。

2015 年 3 月，美国 Carbon 3D 公司开发出一种革命性增材制造技术——连续液面生长（CLIP）技术（图 1 - 4），成形速度比传统的增材制造技术快 25～100 倍，并且可制造出之前几乎不可实现的超复杂几何结构形状，极大推进了增材制造技术的应用。

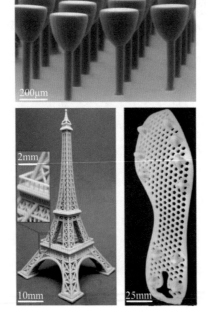

图 1 - 4

连续液面生长技术

与装备、组织工程支架增材制造技术与设备等。

增材制造技术代表制造技术发展的趋势，产品从大规模制造向定制化制造发展，以满足社会多样化需求。增材制造技术优势在于制造周期短，适合单件个性化需求，可制造大型薄壁件、钛合金等难加工易热成形零件，适合制造结构复杂零件，在航空航天、医疗等领域，具有广阔发展空间，增材制造技术的发展趋势主要集中在以下四个方面：

(1)向日常消费品制造方向发展。增材制造技术可以直接将计算机中的三维图形输出为三维彩色物品，在科学教育、工业造型、产品创意、工艺美术等领域有着广泛的应用前景和巨大的商业价值，未来将进一步向直接制造具有高精度、低成本、高性能材料的日常消费品方向发展。

(2)向功能零件制造发展。增材制造技术采用激光或电子束直接熔化金属粉末，逐层堆积金属，是金属直接成形技术。该技术可以直接制造复杂结构金属功能零件，制件力学性能可以达到锻件性能指标，其发展方向是进一步提高零件精度和性能，成形种类向陶瓷零件的增材制造技术和复合材料的增材制造技术发展。

(3)向智能化装备发展。目前增材制造设备在软件功能和后处理方面还有许多问题需要优化，例如，有成形过程中需要添加支撑，软件智能化和自动化需要进一步提高，制造过程、工艺参数与材料的匹配性需要智能化，加工完成后的粉料或支撑需要去除等问题。这些问题直接影响设备的使用和推广，设备智能化是增材制造技术走向普及的保证。

(4)向组织与结构一体化制造发展。增材制造技术实现从微观组织到宏观结构的可控制造、同步制造，例如，在制造复合材料时，将复合材料组织设计制造与外形结构设计制造同步完成，实现结构体的"设计—材料—制造"一体化，支撑生物组织制造、复合材料等复杂结构零件的制造，给制造技术带来革命性发展。

1.2) 创新设计理论和方法

1.2.1 传统制造的创新设计

当前，新一轮科技革命和产业革命正在蓬勃发展，市场多样化、消费个性化的物质文化需求日益增长，人类应对资源环境压力、气候变化、网络安全等重大挑战不断增多，这些为创新设计发展提供了难得历史机遇。"十三五"是我国实施创新驱动发展战略，推动产业结构调整和转型升级的关键时期，创新设计能力薄弱已经成为制约我国制造业发展和国际竞争力的主要瓶颈[3]。大力发展创新设计是实现我国制造业从跟踪模仿到引领跨越，从全球价值链中低端迈向中高端水平的重要突破口，对于深化制造业供给侧结构性改革，提高制造业自主创新能力、产品出口竞争力和可持续发展能力，构建智能化、绿色化、服务化的新型制造体系，切实推动"中国制造向中国创造转变，中国速度向中国质量转变，中国产品向中国品牌转变"，实现迈向制造强国的宏伟目标具有重大战略意义[4]。

在知识经济时代，制造业企业之间的竞争，归根结底是创新能力的竞争，是快速响应市场速度的竞争。因此，快速创新设计能力保证制造业企业在激烈的市场竞争中获胜的关键，对机械产品快速创新设计的理论研究与软件工具的实现已成为学术界和企业界普遍关注的焦点。使用增材制造技术将成为企业创新设计能力体现的重要方式，因此在本书将重点介绍面向增材制造的创新方法。

机械创新设计（mechanical creative design，MCD）是指充分发挥设计者的创造力，利用人类已有的相关科学技术成果（含理论、方法、技术原理等）进行创新构思，设计出新颖，具有创造性及实用性的机构或机械产品（装置）的一种实践活动。它包含两个部分：①改进完善生产或生活中现有机械产品的技术性能、可靠性、经济性、适用性等；②创造设计出新机器、新产品，以满足新的生产或生活的需要。

产品设计涉及工业设计和工程设计两个不同的专业领域，长期以来，两个专业虽然工作对象相同，但研究内容却大相径庭。工业设计偏重在人文层面讨论设计理论，主要表现为设计思想、设计风格的研究。设计方法的研究主要面向设计思维本身和思维对象，中心是设计本身；工程设计偏重在原理层面讨论设计理论，主要表现为对设计过程的建模，设计方法的研究主要面向对设计思维的模拟，其中心是设计的手段。

1.2.2 工业设计

工业设计的理论基础是"设计思想"，主要包括设计价值、目的、理论要点及指导思想。自工业革命以来，各种设计思想经历了许多探索、斗争和变化，迄今为止主要有 5 种设计思想。

(1)以艺术为中心的设计思想。这是 19 世纪流传下来的设计思想，将工业设计视为一种艺术创作，将设计等同于美化产品。我国在引入工业设计概念之初，将工业设计称为"工业美术"，就是这种设计思想的反映。目前，许多企业乃至部分设计师对工业设计的认识依然停留在这种设计思想上。

(2)以产品为中心的设计思想。这种设计思想以提升产品性能和机器效率为主要目的，要求人通过训练去适应产品，其思想根源来自技术决定论。技术决定论是一种信仰和价值概念，它相信技术发展能够决定一切，试图通过技术发展达到各种目的，用技术代替其他因素和力量解决各种问题。它的主要设计理论是美国的行为主义心理学和泰勒管理理论[5]。

(3)以消费为中心的设计思想。这种设计思想以刺激消费为目的，通过不断地推出新的款式和有计划地进行产品升级，人为地加速产品老化，加快产品的更新换代，促使消费者为了追逐新的式样潮流，改换新式样，从而达到促销的目的。这种方式是消费社会的一个重要的设计基石，最早源自美国通用汽车公司 20 世纪 30 年代创立的"有计划废止制"[6]，是目前消费品生产企业，特别是时装企业广泛采用的一种产品策略。

(4)以人为中心的设计思想。一方面，这种设计思想以人的需求为目的，强调设计的社会效应和道德作用，关心一些特殊人群需求，如残疾人、老年人、儿童；另一方面，建立以人为中心的人机关系，强调设计的"可用性"。以人为中心的设计思想具体表现为德国的功能主义[5]、欧洲的人本主义[8]、万应设计[3]、产品语义学[7-8]、设计心理学[9]，它们代表了当前工业设计的主流思想。

(5)以自然为中心的设计思想。这种设计思想以保护人的生存环境为目的，认为人类只是自然环境的一部分，维护自然生态是维护人类自身生存的前提，无限富裕和无限享受最终会造成不可逆转的后果。人类必须从生态学世界观出发重新规划人类生活概念和工作概念，在此思想基础上产生了生态设计的概念，其主要的设计准则包括[5,10]：①减少原材料消耗；②减少加工过程能源和水的消耗；③采用模块化结构，提高产品可拆卸、可维修和可回收性；④减少废弃物；⑤提高产品多用途的可能性；⑥追求持久的设计(不受流行式样影响)。

上述设计思想的区别不在于设计什么对象，而在于以什么目的设计和怎么设计，因此设计思想是工业设计的基础，工业设计的各种设计知识、设计理论和方法都建立在设计思想的价值观和目的上。

1.2.3 工程设计

工程设计领域的理论研究的目的在于发展新一代计算机技术，帮助产品设计人员高效率与高质量地寻求设计解。这些研究主要集中在两个方面：①对设计过程的建模，如通用设计理论、公理化设计理论等；②对新环境下设计模式的发展，如并行设计、协同设计、大规模定制设计等。

(1)Pahl & Beitz 理论。德国学者 Pahl 和 Beitz[11]于 20 世纪 70 年代提出了有相当代表性、权威性和系统性的产品设计方法学，在其理论中，问题求解过程被认为是有步骤地分析与综合，不断地从定性到定量的过程。产品设计可以看作是信息演变的过程，其中每一个阶段都是对上一个阶段结果的具体化和改进，直至获得最后要求的结果。他们将设计过程分为 4 个阶段：明确任务阶段、概念设计阶段、具体化设计阶段和详细设计阶段。这个设计过程很典型地代表了串行的产品开发模式。

(2)公理化设计理论(axiomatic disign theory，ADT)。美国麻省理工学院 Suh 等[12]自 1990 年对设计的理论进行了系统的研究，提出了设计公理体系，即公理化设计。公理化设计的出发点是将传统以经验为主的设计理念，转变为以科学公理、法则为基础的公理体系。公理化设计提出了两个基本公理：①涉及功能和设计参数之间关系的独立公理，即所有功能相互之间是独立实现的，设计参数仅对其附属功能产生影响，模块化设计是一种满足独立公理的设计；②信息公理，主要减少设计的信息含量，并使设计的复杂性尽可能小。在公理化设计中，设计问题被模型化为需求域、功能域、结构域、工艺域间的映射，许多工程设计问题的研究都是建立在这种模型基础上的。

(3)发明问题解决理论(теории решения изобретательских задач，ТРИЗ)。苏联 Altschuller 等提出的 ТРИЗ(英译 TRIZ)方法，该方法建立了一个由一系列支持创新设计过程的方法和算法组成的综合理论体系，它包括技术系统进化法则、特质-场分析、发明问题解决方法、系统对立克服的典型技法，以及物理、化学、几何学、效果工学应用知识库[13-14]。Altschuller 把创造性当作不是直觉过程，而是精确的科学来理解。

(4)通用设计理论(general design theory,GDT)。日本东京大学人造物工程研究中心吉川弘之等,自 20 世纪 70 年代起通过对设计活动中的认知问题的研究提出了通用设计理论,认为设计在本质上是一个分解、映射和综合的过程。基于通用设计理论,他于 1998 年提出一个精细设计过程模型[15],在此模型中,"设计"定义为完成技术规格书的过程。设计过程的开始,根据功能、行为状态、属性确定设计目标的技术规格书,设计过程表现为技术规格书的不断精细化。通用设计理论引入元模型来表示这种渐变过程,元模型用一组有限的属性来描述设计对象在设计过程特定阶段的状态、设计对象的组成实体以及实体间相互关联与依赖的关系,用元模型间的映射机制实现设计的精细化过程。

(5)并行设计。并行设计是对产品及其相关过程进行并行、一体化设计的一种系统化的工作模式。这种工作模式力图使开发者从一开始就考虑到产品全生命周期(从概念形成到产品报废)中的所有因素。"并行"有两层含义:①时间意义上的并行;②信息意义上的并行。时间意义上的并行是指一个以上的事件在同一阶段内发生。与传统的串行设计模式相比,并行设计在同一时间内可容纳更多的设计活动,以此来减少整个设计过程的时间。信息意义上的并行是指一个阶段的活动能够获得生命周期内其他阶段的信息和知识支持,从而尽早地发现和避免设计错误,由此提高设计质量,减少传统的串行设计模式因信息分裂导致反复修改而花费的时间。信息的并行即信息集成,它也是设计活动在时间上并行的技术前提。并行设计的研究内容包括设计过程重组、多学科设计队伍的组织、产品生命周期数字化定义及协调工作环境。

(6)协同设计。计算机支持的协同工作(computer supported cooperative work,CSCW)是指分布在异地的群体成员,在计算机的支持下,得到一个虚拟的共享环境,相互磋商,共同完成一个任务。产品设计通常需要多学科团队(工业设计、工程设计、市场研究)的共同参与,涉及多方面的知识和多种设计方法,并存在着大量的信息交互,这些都对协同式的设计提出了要求,因此协同设计成为 CSCW 的一个典型应用领域。协同设计的主要研究内容包括共享知识表达与语义一致化、冲突检测和解决以及协同式体系结构。

(7)大规模定制设计。大规模定制是一种崭新的生产模式,它以个性化客户需求为导向,并以大规模生产的方式来响应和满足这种需求[16]。大规模定制模式依赖于新的产品开发方法学,也是这种方法学的体现,它以面向产品族的开发模式设计产品，为了有效地为单个用户定制产品，产品族必须具有模块化的产品结构。模块化结构能够使无须改变的部分得到重用，仅以相对较低的成本改变个别模块。当面对客户新的需求时，可以创建新的模块，并动态连接到现有的结构之中，而无需"重新发明轮子"，因此能够大大地加快产品的开发速度并降低多样化的成本。大规模定制设计的主要研究内容包括产品平台的建立、产品族模型的描述以及配置设计。

1.2.4 设计方法

设计方法是设计思维的反映，根据设计思维要素的不同，设计方法可以分为下述几类：

(1)基于形象思维的设计方法。工业设计的工作形式主要表现为对形态的处理，因此基于形象思维的设计方法是工业设计最常采用的形态创意方法，包括头脑风暴、仿生、类推、组合、变形等。头脑风暴也称为智力激励，它是在开放的气氛下，在短时间内因相互启迪而产生大量的灵感的方法；生态具有人类永远探寻不止的秘密，仿生法是从生态的构成规律和特性上思索产品构成的方法；类推法是基于不同事物表象及内在特征的相似性获得新的概念的方法；组合法是将两个或两个以上的独立因素通过有机地结合或重组，形成具有统一整体的新设计的方法；变形法是对一个原型在比例、尺度、材料、语义、布局等方面进行变化而得到新的形态的方法。

(2)基于逻辑思维的设计方法。基于逻辑思维的设计方法是应用理性的分析去探索各种可能方案，其主要用在产品分析阶段，包括形态分析和功能分析等。形态分析是将产品的结构分为几个单元，对所有单元进行空间上的排列组合，从而得到各种可能的结构布局方案[17]。功能分析包括以价值工程理论为背景的功能逻辑分解方法[18]，以及功能－行为－结构(function－behaviour－structure，FBS)方法[19]。在功能逻辑分解方法中，功能的分解是一个不断问"HOW"的求解过程，即下层功能是上层功能的实现手段，功能分解的最底层即是工作原理。在FBS方法中，功能是行为的抽象描述，状态间的变化是行为作用的结果，FBS方法将功能的分解转换为行为描述的分解，更符合人的思维特点。

(3)系统设计方法。系统设计是德国乌尔姆设计学院在20世纪50年代提出的一种工业设计方法[5]，其基本原则是将纷乱的客观事物置于相互影响和相互制约的关系中，使产品在技术上、功能上以及形态上建立一种联系性和统一性。系统概念在工业设计中有两层含义：①不再把设计对象看成是孤立的东西，而是把它放在相关系统中考虑；②单个产品也被看作一个由多个单元组合而成的系统，并以此来实现产品在使用功能上的互换性、灵活性和无限的补充性。系统设计的思想与当今的产品族设计思想一脉相承。

（4）智能设计方法。智能设计是采用人工智能技术完成设计任务的方法。依据对设计行为某一侧面的认知，智能设计方法主要有以下 6 种。

①基于规则的方法。基于规则的智能设计方法是将设计过程中运用的产生规则知识表示出来构成设计知识库，并通过对这些规则设计知识的推理和利用来完成设计[20]。

②基于实例的方法。基于实例的智能设计方法源于人类设计者，它能够通过借鉴以往的设计案例来完成新设计任务。该方法建立"从设计要求到设计解映射"的设计实例库，在设计时根据新设计问题的设计要求从实例库中搜索最为接近的设计参考实例，并通过对选出的设计参考实例进行调整或组合，从而形成新设计问题的解[21]。

③基于约束满足的方法。基于约束满足的智能设计方法，是把设计方案视为一个设计约束不断得到满足的形成过程的方法。该方法把各种设计要求和限制都转化为对设计变量或设计空间的约束，通过对设计空间的搜索或采用其他方法来寻求一个满足各种设计约束的设计解[22]。

④基于形状文法的方法。形状文法由一组表达基本单元的词汇和定义单元合法配置的语法及相应的语义构成，设计任务即寻找由文法定义的空间（所有可能解）与语义空间（满足需求的解）的交集[23]。这种方法需要前期对形态塑造规则（文法）进行大量研究[24]。

⑤基于神经网络的方法。人脑的生理基础是神经元及其互连关系。基于神经网络的智能设计方法，采用人工神经网络技术实现分布式设计知识的表示与推理，从而模拟人类在设计时大脑的思维活动。该方法具有自学能力并能够对人类在设计中运用常识知识、模糊知识及不完整知识的行为进行模拟[25]。

⑥基于进化计算的方法。基于进化计算的方法是将设计问题模型化为生物进化过程。在遗传算法中，用编码代表基因，用繁殖、杂交和突变算子模拟进化过程。采用遗传算法的编码规则表示设计方案和设计知识，设计过程就可以转换为基因样本种群的进化过程。生物的进化机制从两个角度影响设计方法：

一是生物的进化是一个"优胜劣汰"的过程，由此指导设计的优化过程[26]；二是生物通过进化获得新的形态和功能，由此指导产品的形态生成[27]。

参 考 文 献

[1] 濮良贵，纪名刚. 机械设计[M]. 北京：高等教育出版社，2008.

[2] 卢秉恒，李涤尘. 增材制造（3D 打印）技术发展[J]. 机械制造与自动化，2013(04)：1-4.

[3] 蒋雯. 产品创新设计理论与方法综述 [J]. 包装工程，2010，31(2)：130-134.

[4]《黑龙江档案》编辑部. 面向未来的中国制造 2025[J]. 黑龙江档案，2017 (5)：106.

[5] 李乐山. 工业设计思想基础[M]. 北京：中国建筑工业出版社，2001.

[6] 王受之. 世界现代设计史[M]. 广州：新世纪出版社，1995.

[7] TAKAHASHI M. From Idea to Product – the Integrated Design Process [M]. Hong kong：Hongkong Productivity Council，1999.

[8] 胡飞，杨瑞. 设计符号与产品语义[M]. 北京：中国建筑工业出版社，2003.

[9] 诺曼·唐纳德·A. 设计心理学[M]. 北京：中信出版社，2003.

[10] POOLE S，SIMON M. Technological Trends Product Design and the Environment[J]. Design Studies，1997，18(3)：237-248.

[11] PAHL G，BEITZ W. 工程设计学[M]. 北京：机械工业出版社，1992.

[12] SUH N P. Axiomatic Design as a Basic for Universal Design Theory：Universal Design Theory[C]. Aachen：Shaker Verlag，1998：3-24.

[13] SOUCHKOV V. TRIZ：a Systematic Approach to Conceptual Design：Universal Design Theory[C]. Aachen：Shaker Verlag，1998：223-234.

[14] 黄旗明，潘云鹤. 产品设计中技术创新的思维过程模型研究[J]. 工程设计，2000，02：1-4.

[15] TOMIYAMA T. General Design Theory and Its Extension and Application：Universal Design Theory[C]. Aachen：Shaker Verlag，1998：25-44.

[16] ANDESON D M，JOSEPH Ⅱ B J. 21 世纪企业竞争前沿——大规模定制下的敏捷产品开发[M]. 冯娟，李和良，白立新，译. 北京：机械工业出版社，1999.

[17] 孙守迁，包恩伟，潘云鹤. 基于组合原理的概念创新设计[J]. 计算机辅助设计与图形学学报，1999，11(3)：262-265.

[18] ROBERT H S. Computational Model for Conceptual Design Based on Extended Function Logic[J]. Artificial Intelligent for Engineering Design Analysis and Manufacturing，1996(10)：255-274.

[19] UMEDA Y. Supporting Conceptual Design Based on FBS Modeler[J]. Artificial Intelligent for Engineering Design Analysis and Manufacturing，1996(10)：275-284.

[20] WALLACE D R. A Computer Model of Aesthetic Industrial Design [D]. Cambridge：Massachusetts Institute of Technology，1991.

[21] 张晓丽，李鑫，郭智春，等. 基于 CBR 的机械产品智能设计方法研究[J]. 大连理工大学学报，2008(6)：60-65.

[22] SIDDIQUE Z，ROSEN W D. On Combinatorial Design Spaces for the Configuration Design of Product Fami-lies [J]. Analysis and Manufacturing，2001，(15)：91-108.

[23] HSIAO S W，WANG H P. Applying the Semantic Transformation Method to Product Form Design[J]. Design Studies，1998，19(3)：309-330.

[24] CHEN K，OWEN C. Form Language and Style Description [J]. Design Studies，1997，18(3)：249-274.

[25] HSIAO S W，HUANG H C. A Neural Network Based Approach for Product Form Design[J]. Design Studies，2002，23(1)：67-84.

[26] CAPPLLO F，MANCUSO A. A Genetic Algorithm for Combined Topology and Shape Optimisations[J]. Computer-Aided Design，2003 (35)：761-769.

[27] SATO T，HAGIWARA M. IDSET：Interactive Design System using Evolutionary Techniques [J]. Computer-Aided Design，2001 (33)：367-377.

第 2 章
增材制造设计方法

 传统制造中的机械创新设计是机械系统设计、计算机辅助设计、优化设计、可靠性设计、摩擦学设计、有限元设计等众多现代设计方法的总和，相比传统设计，创新设计采用新的技术手段、技术原理和非常规的方法，以满足市场及用户需求，提高竞争能力。增材制造技术作为一种新颖的、非常规的特种制造方式，必然给创新设计带来新的活力。与传统制造方式、传统创新设计方法相比，增材制造的设计准则与方法成为了增材制造技术推广的一道门槛，而对增材制造设计准则与设计方法的探讨将帮助我们跨越这个门槛，从而充分发挥增材制造技术的优势，将其推广至各行各业。

 本书探讨增材制造设计方法，其总体原则是基于增材制造技术的能力，结合系统的综合设计来最大化地提高产品的性能。因此本章内容重点从增材制造能力、约束以及设计思想角度介绍面向增材制造的相关设计因素与设计方法，如图 2-1 所示。

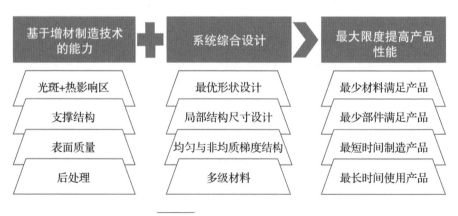

图 2-1　增材制造设计方法

2.1 增材制造技术的能力

与传统制造技术相比，增材制造技术具有特殊的能力，也就是我们常说的优势。

1. 可以成形复杂特征结构

增材制造技术最大优势就是能制造复杂结构。不论制件结构多繁杂，对于增材制造技术来说都是逐个层厚截面轮廓的叠加，越复杂的结构越能体现出直接增材制造技术的优越性，而传统减材和等材加工技术的难度都随着零件的复杂程度而增加。但是，面对复杂结构的批量生产，暂没有找到合适的加工工艺既能满足加工效率的要求，又能降低加工成本。宝马 DTM 赛车动力系统安装的高精度铝合金水泵轮是通过增材制造技术成形的，取代了之前使用的塑料零件，满足了极端环境下维持工作的条件。这个例子证明了增材制造技术在小批量生产方面的优势，在制造这 500 个水泵轮的过程中，不需要复杂的加工设备或者模具，使以需求为导向的生产有更好的成本效益。图 2 - 2 为增材制造的水泵轮。

图 2 - 2

增材制造的水泵轮

2. 可以成形多孔结构

传统方法制造的零部件内部大多为实心金属，通过轻量化设计使零件在达到强度要求的同时减轻质量。而增材制造技术可以成形几乎任意形状的复杂结构，因此该技术在轻量化设计方面具有极大的优势。通过计算机的拓扑优化设计、多孔结构设计等方法，可使零件在满足使用要求的情况下减少零件的质量，提高材料的利用率，实现零件轻量化。图 2 - 3 所示为经过拓扑优化结构设计的摩托车架和多孔结构零件。

图2-3 拓扑优化结构设计的摩托车架和多孔结构零件

3. 可以成形中空结构

传统工艺通过减材制造设计出的零件是实心的,但在特殊场合如航空航天领域需要轻量化的零件,把零件设计成中空结构无疑是最佳方法,这就需要使用增材制造技术。此外,由于空心模型使用的材料较少,因此在制造过程中产生的热量较少,这也是空心化的一个重要好处,因为更少的热量会导致更稳定的工艺,并降低制造变形的潜在风险。

4. 可以成形一体化零件

传统加工工艺需要通过焊接、铰接、栓接等工艺将零件装配起来构成结构件或部件,增材制造技术能够实现结构的一体化成形,简化了焊接、栓接等装配过程,甚至能够通过免装配设计实现整个部件的一次性成形(图2-4、图2-5)。

图2-4

结构一体化增材制造的火箭推进引擎[1]

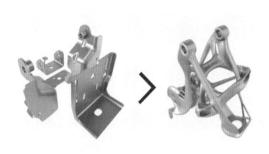

图 2 - 5
结构一体化的增材制造座椅支架

5. 可以成形复合材料、多材料

每种材料都具有自身的功能特点，采用单种材料成形的传统零件制造方法已不能满足工业及生活需求。例如，航天航空与机械工程领域、电气领域、热力学领域以及生命医学领域等迫切需要具有特殊功能或性能的机械零件或产品，这些具有特殊功能的机械零件或产品往往需要具有多种不同性能的材料。增材制造成形由于是采用材料添加原理来实现的，因而在成形过程中仅需增加所需的材料种类，即可实现多材料的实体成形，因此，在众多的材料成形工艺中具有十分独特的优势。目前国外的梯度功能材料种类丰富，包括金属 - 金属、金属 - 非金属、非金属 - 非金属等多种材料的连接，并且研究人员对增材制造技术成形功能梯度材料的组织和性能演变进行了系统的研究，建立了功能梯度材料从设计到最终零件成形的完整流程和相应的梯度材料设计及成形数据库[2]。SLM 成形多材料结构零件如图 2 - 6 所示。

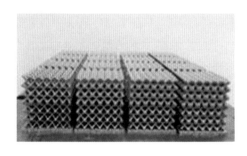

图 2 - 6
SLM 成形多材料结构零件

6. 缩短制造周期

与传统加工方式不同的是，增材制造技术可针对不同的结构特点，选择多种加工方式配合生产，得到最优的生产解决方案。表 2 - 1 是一个气缸盖成形的传统的工序流程。

表 2-1　采用传统制造工艺制作 465Q 气缸盖的工序流程[3]

序号	主要加工内容	设备	备注
1	缸盖毛坯压力铸造	压力铸造机	设计者相关
2	粗铣顶面、气缸盖罩结合面，锪螺栓位平面，钻孔	立式加工中心	设计者相关
3	粗铣底面、钻扩铰底面孔及攻螺纹	立式加工中心	设计者相关
4	粗精铣端面、圆弧面，钻前后端面孔及攻螺纹	立式加工中心	设计者相关
5	铣轴承座侧面	数控（NC）专机	设计者相关
6	精铣顶面、气缸盖罩结合面，扩铰工艺孔	立式加工中心	设计者相关
7	精铣圆弧面，粗镗凸轮轴孔、止口，钻铰前后端面销孔	立式加工中心	设计者相关
8	铣进排气侧面，钻进排气侧面孔	立式加工中心	设计者相关
9	钻、攻火花塞孔	立式加工中心	设计者相关
10	水道试漏	试漏机	—
11	回油道、内腔试漏	试漏机	—
12	锪弹簧座，钻气门导管底孔	立式加工中心	设计者相关
13	粗、精锪进排气门座孔和气门导管底孔	立式加工中心	设计者相关
14	中间清洗	清洗机	—
15	压装气门导管、气门座	压装机	—
16	铰气门导管孔、锪铰气门座锥面	立式加工中心	设计者相关
17	燃烧室试漏	试漏机	—
18	钻摇臂轴孔	数控（NC）专机	设计者相关
19	水道试漏	试漏机	—
20	精镗凸轮轴孔	数控（NC）专机	设计者相关
21	铰摇臂轴孔	数控（NC）专机	设计者相关
22	精铣底面	数控（NC）专机	设计者相关
23	最终清洗	清洗机	—
24	压装水堵塞	压装机	—
25	完工检验、入库		

如果采用金属零件的增材制造工艺，除了在设计阶段节省大量的设计时间外，对制造周期的缩短也有巨大优势，如表 2-2 所示。

表 2 - 2　基于 SLM 3D 打印直接制造工艺的缸盖生产工序流程[3]

序号	主要加工内容	设备	备注
1	3D 打印直接快速成形气缸盖	3D 打印直接制造设备	设计者相关
2	精加工导管孔与气门座锥面	立式加工中心	设计者相关
3	精加工凸轮轴孔	立式加工中心	设计者相关
4	精加工摇臂轴孔	NC 专机	设计者相关
5	精加工底面	NC 专机	设计者相关
6	精加工销孔	立式加工中心	设计者相关
7	打磨抛光其他面、孔	喷砂机	—
8	水道试漏	试漏机	—
9	回油道、内腔试漏	试漏机	—
10	中间清洗	清洗机	—
11	压装气门导管、气门座	压装机	—
12	燃烧室试漏	试漏机	—
13	最终清洗	清洗机	—
14	压装水堵塞	压装机	—
15	完工检验、入库	—	—

7. 改变制造模式

随增材制造技术发展的生产制造以及销售模式都会发生改变，装配、配送、仓储等繁杂流程的简化也能节约很多的经济成本，虽然材料和设备成本都比传统加工提高了，但是时间成本和设计成本都明显减少，这些变化带来了丰厚的经济效益与明显的社会进步。

2.2　增材制造技术的约束

增材制造的设计就是最大化地发挥增材制造技术的优势，成功完成零件的设计，满足客户对产品的使用要求。设计目的的传递与实现需要充分了解增材制造技术的约束，尤其是工艺限制，需了解这些限制对零件设计的影响。例如，使用金属材料粉末床熔融工艺设计支撑结构时，如果没有很好的了解认知，很难设计出合适的支撑结构保证零件精度和防止翘曲。成形方向会影响到零件的尺寸公差、表面粗糙度和力学性能，为了使零件获得最佳的特征比例系数和细微形状，制造过程中可能需要对工艺参数和零件几何尺寸进行优化。因此了解和量化工艺条件限制是有必要的，设计者应该清晰认识到增材制造技术也不是万能的，同样也有其约束条件。具体表现如下：

1. 成本约束

增材制造技术的主要优势是能灵活制造各种结构复杂、多种材料复合、定制化的零件。而对于大批量简单形状的零件，增材制造技术的时间和成本则超过传统制造方式。当然对于精细复杂结构件以及小尺寸的结构件，一次成形生产上百或者上千个，可能比现有制造方式更加高效，更加节约成本，所以对于产品一定要综合考虑产品的量与量化后的成本。

2. 性能约束

增材制造技术所用的原材料不同，增材制造工艺不同，增材制造产品的力学性能和物理性能将是不同的。

与传统制造相比，相同成分的材料用增材制造技术成形后性能可能会出现差异，性能能否满足使用要求，是设计者需要考虑的约束条件。同时，相同成分材料，同种增材制造方式，采用的成形过程工艺参数不同，成形出来的性能也会出现差异，工艺的可变性是约束设计的另一重要条件。因此设计者要充分考虑到材料种类、材料成分、增材制造工艺的不同对成形性能的影响，保证性能满足使用要求。

此外，设计者还应了解材料的各向异性。在一些工艺中，成形平面（X、Y 方向）的性能与成形方向（Z 方向）上是不同的，这导致对于一些金属材料，通过增材制造技术获得的产品大部分力学性能比采用锻造法获得的更好，但抗疲劳和抗冲击强度等性能不如传统制造。

3. 数据约束

计算机辅助设计与电子计算机断层扫描（computed tomography，CT）有许多文件源用于 STL 或 AMF 文件。由于 CT 切片扫描层厚和分辨率、扫描仪的点云质量和其他扫描数据分辨率的限制，其转化过程中可能会发生错误。

通常，增材制造零件模型被转化为 STL 或 AMF 文件，该文件由三角形定义的几何图形组成。三角形的尺寸影响表面平滑度和精度，较小的分辨率也会导致较大的 STL 或 AMF 文件，以致成形过程数据处理量大增，进而增加成形成本。

4. 成形尺寸约束

每种增材制造工艺都有一定的成形范围，增大某种增材制造工艺的成形尺寸范围可能会带来新的问题，如金属增材制造件中应力问题、成形过程中拼接问题等。如果零件尺寸大于增材制造工艺的成形范围，则需要考虑将零件分成多个子零件，这些子零件在制造完成后再进行组装。同样对于不同的增材制造工艺，不同的增材制造设备应当考虑尺寸带来的技术可行性及成本可行性等新问题。

5. 几何形状约束

(1)悬垂几何结构。在一些增材制造工艺中，需要使用支撑结构来防止悬垂几何结构塌陷或翘曲。如果所选工艺需要使用支撑结构，设计者应考虑如何去除支撑。对于一些功能丰富的设计，如桁架、中空、空腔等，去除支撑可能会产生许多问题。设计者应制定移除支撑方案，即在零件内部设计孔洞、改变零件的成形方向来减少支撑等。与增材制造技术供应商沟通充分了解所选工艺对支撑的需求是至关重要的。通常通过调整零件的成形方向，减少朝下的面，可使其成为"自支撑"，以达到减少支撑设计的目的。

(2)突变几何结构。在以热源为能量源的热驱动工艺中(例如粉末床熔融、定向能量沉积、材料挤出等工艺)，厚度突变会导致变形或降低精度问题。较厚的区域会保留热量，引起变形，类似于注塑成形和压铸中突变几何结构的影响。

(3)封闭几何结构。如果因设计原因导致未成形的材料在零件的封闭腔体中无法清除，将会产生额外的质量。对于粉末或液体成形材料，这些材料一旦泄漏，可能会产生危险。可以设计孔洞、槽等结构来清除未成形材料(大多情况这些孔洞可以使用焊接或填补的方法封闭)；或可以设计两个开口孔，使用压缩空气或溶剂来完全清除未成形的材料。

6. 分层约束

所有的增材制造设备在制造零件前会将零件几何形状进行离散。离散化可采取几种形式：许多增材制造设备用逐层叠加的方式制造零件；在材料和胶结剂喷射工艺中，使用离散的微滴材料沉积成形；在其他工艺中，使用离散轨迹(如激光)加工材料等。

由于零件几何形状的离散化，层与层之间分层明显，所以零件外表面不光滑，有时候零件可能存在小的内部孔洞。

在离散这一过程中，根据零件 STL 文件模型沿着高度 Z 方向离散成具有一定厚度的切片层，只保留了每一切片层轮廓以及对应的实体，而连续表面信息被切片层的外轮廓包络面取代的现象即是台阶效应。如图 2-7 所示，弧形表面被阶梯分布的外轮廓所取代。

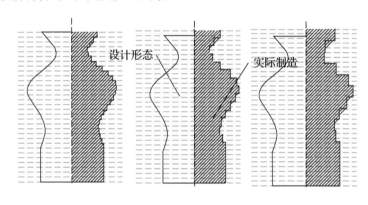

图 2-7　台阶效应产生示意图

从图 2-7 可以看出，分层厚度越大，丢失信息越多，成形误差也越大，这种原理性误差只能通过减少层厚的方式来降低，无法根本性消除。这些台阶效应可能是应力集中点、裂纹起始点，并且会降低疲劳寿命。尽管零件外表面的台阶纹能通过机械加工或抛光去除，但内表面不容易去除，此外台阶纹对设计零件的疲劳寿命和断裂性能有影响。

几何形状离散化还有其他的影响，例如：细小特征丢失；相对于成形方向倾斜的薄壁或支柱成形后变厚；如果薄壁和细柱结构接近水平放置，由于层与层之间重叠部分较少，会导致薄壁和细柱非常薄弱；小的负荷特征(如孔、洞)成形后的尺寸比设计值小且变形。

7. 最小分辨率约束

不同增材制造工艺与增材制造设备成形精度不同，且很多因素都会影响到成形精度，如成形速度、光斑尺寸、像素等，下面以光斑约束为例介绍。

如图 2-8 所示，SLM 成形通过激光聚焦光斑在铺粉平面上进行选区扫描，此时在聚焦光斑作用下成形的熔池的宽度决定了成形几何特征极限，当设计的几何特征小于熔池宽度时，最终成形零件尺寸会大于设计的尺寸。而熔池宽度不会小于激光聚焦光斑直径，因此激光聚焦光斑直径限制了 SLM 成形最小尺寸，这使在设计薄壁、尖角等微细结构时就必须考虑 SLM 实际成形能力。激光光斑直径一般由 SLM 设备的硬件决定，如广州雷佳 Dimetal-100，设备采用 200W 掺镱双包层连续式光纤激光器，波长为 $1.075\,\mu m$，焦距为 163mm，光束扩束前的束腰直径为 3mm，光束质量因子 $M^2 < 1.1$，采用 3 倍扩束处理，经 $f\text{-}\theta$ 透镜，理论上光斑直径大小可采用下式计算：

$$d = \frac{4\lambda M^2 f}{\pi n D_0} = \frac{4 \times 1.075 \times 1.12 \times 163}{\pi \times 3 \times 3} = 30\,\mu m \tag{2-1}$$

式中：d 为理论光斑最小值；f 为透镜焦距；D_0 为激光束扩束前的束腰直径；λ 为光纤激光波长；M 为光束质量因子；n 为扩束倍数。

光斑

实际轮廓

理论轮廓

图 2-8

光斑约束

由式（2-1）可得，理论上聚焦光斑为 $30\,\mu m$，但由于光学传输设计精度以及机械精度等问题，SLM 设备实际测量激光光斑直径 d 为 $70\,\mu m$。在增材制造过程中应充分考虑工艺本身的尺寸最小分辨率给成形精度带来的约束，这对于微小、精密特征的成形尤为重要。

8. 后处理约束

许多增材制造工艺需要后处理，最终用户也可能会提出后处理要求。如在泵液压系统中，残留的粉末容易损坏液压系统；在医疗应用中，如果是植入物或需要消毒/非活性的零件，粉末或树脂污染可能会成为一个问题。在一些应用中需要采用额外的措施来确保增材制造零件达到要求。后处理可以使用各种机械的、化学的、热学的方法。当然也有可能后处理没有办法达到要求，比如医疗中多孔结构粉末黏附的颗粒，当多孔结构非常微细时，很难达到完全清除。

此外，一些增材制造工艺在成形零件时需要使用支撑结构，成形后有些支撑结构需要去除。有些支撑可以使用溶剂移除，但有些支撑需机械方法去除，设计者应考虑这些额外操作需要的时间。此外，设计者还需了解支撑结构可能会影响被支撑表面的表面粗糙度或精度。除了移除支撑结构，可能还需要其他后处理，包括粉末清除、表面抛光、机械加工、热处理和添加涂层等。

根据精度和表面粗糙度要求，零件可能需要精加工、抛光、磨削、喷丸处理（例如，金属零件可能要求热处理以消除残余应力），也可能需要涂装、电镀或树脂浸渗等，零件的细小特征可能会被破坏，表面微小特征也可能会被破坏，因此，任何后处理方式都会带来一定的设计约束。

2.3 增材制造设计因素

增材制造设计需要和增材制造生产进行必要的沟通，以保证设计目的的传递和实现。而目前增材制造技术发展速度很快，各种增材制造设计软件、增材制造工艺日新月异，设计者实现设计意图与增材制造工艺的完美契合，就需要充分认识到增材制造技术中与设计相关的因素。

在面向增材制造的设计方法中，首先要考虑相关设计因素：①产品使用因素；②产品经济成本因素；③产品几何特征因素；④数据处理因素；⑤产品材料性能因素；⑥产品增材制造工艺因素等。

2.3.1 产品使用因素

在设计产品的时候，要充分考虑产品在其使用寿命中所处的工作环境，如产品的工作环境温度、接触作用物质，还应考虑产品对环境的影响，如产品能耗、废物回收再利用等因素。

1. 增材制造产品所处工作环境温度影响

(1)暴露温度。应明确产品暴露的最高温度和最低温度，设计者应保证被选零件材料在其使用寿命周期内，在规定的温度范围内使用能保持物理性能，并且设计的产品能正常工作。应该考虑在产品使用寿命周期内，周期性的温度变化可能会导致永久地降低材料性能（如老化）。

（2）工作温度。在产品使用寿命周期的工作温度范围内，材料性能不应超过所要求的性能，设计者应保证被选零件材料在工作温度范围内能保持所需的几何形状和材料性能，如热膨胀系数，在接近或达到膨胀温度范围时，产品的热膨胀可能改变零件的几何形状和材料性能，配合零件之间的热膨胀系数不匹配可能导致应力和潜在失效，热膨胀系数测试方法应符合 GB/T 4339—2008 的规定。

2. 增材制造产品工作环境影响

（1）接触性物质反应。外界气体、液体接触可能使增材制造产品材料发生化学反应，导致材料膨胀、降解或其他不良影响。产品在使用过程中，可能与外界物质摩擦导致物理性磨损，接触周围材料和环境被腐蚀等。

（2）接触性辐射反应。包括非电离辐射，如可见光、无线电波、微波和低频紫外光等有害辐射可能影响材料性能。电离辐射，如 α 射线、β 射线、γ 射线和 X 射线等也可能影响材料性能。

（3）接触性生物反应。与生物材料接触可能导致增材制造产品的材料降解或性能改变。这些生物材料可能包括人的体液或组织、动物的体液或组织、植物或植物组织、藻类或其他微生物等，中国或其他国际法规规定了这些因素，设计者应参考相关规定。

3. 增材制造产品对环境的影响

（1）增材制造生产过程能耗影响。增材制造生产过程会消耗能量，应考虑此部分能量相比传统制造是否增加，带来的能量成本是否在可接受范围内，比如激光选区熔化增材制造过程，在电转化为光时，光电转化率大约为 25%，光被粉末吸收，吸收能量达到一定阈值后，粉末才熔化，在凝固过程中再释放热。此外成形粉料缸体和成形缸升降、铺粉小车运动、辅助的冷却系统、气体循环系统都需要消耗能量。因此要充分评估增材制造生产过程能耗，同时还需要考虑零件后处理和精加工相关的能耗。

（2）增材制造产品后续生命周期能耗影响。在产品后续使用过程，需要考虑产品的能耗。如采用增材制造技术，能减少零件中的材料使用，降低产品

的质量，产品在使用生命周期中将节约大量成本。例如，飞机质量每减少
1kg，每年可以节省数千升的燃料并减少数百万千克 CO_2 排放量，因此即使
增材制造工艺消耗大量能源，也并不意味着它不宜被使用，而是应考虑整个
替代工艺链的总体影响（能源、水、碳排放、废料等）。所以在采用或拒绝使
用增材制造技术之前，应确定所选的材料、工艺以及产品对整个生命周期的
影响，鼓励设计者使用现有的设计自由度，创造性地设计零件并实现能耗的
降低。

（3）增材制造废物产生、回收与再利用。产品被拆除和回收分离后剩下的
材料通常被认为是废物。在增材制造工艺中，产品中需要被丢弃的部分应被
认为是废物，包括支撑结构（金属支撑除外）、清洁溶剂和粉末床熔融设备中
不能再循环利用的粉末；可回收性是指回收零件或产品中所用的材料的能力，
回收的材料成为后续制造工艺的原材料。通常，金属材料容易回收，许多热
塑性材料是可回收的（一定程度上），如 ABS、聚碳酸酯（用于材料挤出工艺）
和聚酰胺（用于聚合物粉末床熔融工艺），但热固性聚合物通常不可回收，通
常用于材料喷射和立体光固化工艺的光敏热固性聚合物是不可回收的。尽管
大多数材料在技术上是可回收的，但由于物流、分离问题或经济性等各种因
素，许多特定材料不能进行商业回收，在评估选择材料时建议用户考虑这方
面因素。再使用是指在不破坏零件几何结构的情况下作为初始用途使用，通
常，再使用的零件可以用于对零件性能要求不高的场合，也可以翻新并且作
为其初始用途使用。

2.3.2　产品经济成本因素

对于增材制造来说，要充分考虑设计成本、生产成本、后处理成本及产
品库存、运输成本等因素。

（1）设计成本因素。增材制造技术广泛的设计自由度可能是个很大的优
势，但设计却可能会花费大量时间和成本，且花费相当多的时间来优化制造
过程，以确定最佳工艺参数设置、零件方向、支撑结构和固定方式等，这样
的迭代工作使制造成本非常高昂。相比之下，如果生产者充分了解传统工艺
和材料，使用传统制造可能会更划算。

（2）生产成本因素。生产成本因素包括材料成本、增材制造工艺成本和时
间成本。

①材料成本。设计者要考虑增材制造技术中使用的材料与传统制造技术中使用的相比，性价比如何，适合增材制造技术使用的材料在生产过程中是否会增加成本，成本增加多少，同时考虑不同的材料是否符合产品规范，此时需要综合考虑材料的力学和其他物理性能，选择最合适材料。

②增材制造工艺成本。设计者需要对所选工艺进行成本分析，选用何种增材制造工艺可以满足需求，其中哪种增材制造工艺成本最低，选定的增材制造工艺其设备成本如何、寿命如何，均摊下来的折旧成本有多少。此外，还需将增材制造工艺与传统制造工艺的成本进行比较。

③时间成本。一件产品生产需要多长时间，多件产品生产需要多长时间，大批量产品需要多长时间，需要设计者综合考虑。对于小批量或定制化零件，增材制造技术有可能比需要大量装配或使用模具的传统制造成本低。生产成本取决于一次成形中可以制造多少零件，有必要区分增材制造工艺是一次成形多个零件，还是一次成形一个零件。对于精密小零件来说，可能增材制造过程中一次成形几百甚至上千个，此时增材制造技术的时间成本可能远低于其他传统制造工艺。合理摆放零件，可以减少订单的平均成形时间和总体生产时间。此外零件生产交货周期中，增材制造设备数量对应的时间成本也需要考虑，毕竟每台增材制造设备也需要被计为相关成本。

(3)后处理成本因素。为实现零件所需的质量或性能可能需要去除支撑、抛光、热处理(如退火)、喷涂、精加工等后处理过程。要了解后处理所需的人工时间和专业技能。如果一段时间内需要大量的零件，最好使用或开发一个自动化后处理方法。在后处理过程中，需要提前考虑后处理对产品的精度、表面粗糙度、力学性能的影响，并出具后期的报告。

(4)产品库存、运输成本因素。增材制造产品的库存量将影响到产品的成本，集中制造与分散制造方式对产品交付过程中的运输成本也有一定的影响。

2.3.3　产品几何特征因素

增材制造为复杂几何形状的设计提供了更大的设计灵活性和自由度，产品的几何因素是设计中最能体现设计工作主观能动性的部分，几何因素可以表现为产品的集成性与具体的几何结构特征。

1. 零件集成性因素

对增材制造技术来说，能使用多种材料、复杂形状或零件合并的方法设计多功能零件具有显著的经济效益。例如，可以使用多种材料一次性成形一个零件；可以尽可能将更多的有用的特征集成在一个零件上；可以减少零件的数量实现多个零件直接组合成一个零件，组合的零件甚至可以发生运动，形成具有运动副的无需组装的单个零件。

(1)为了让产品具有更好的工业外观特征，也可以采用不同颜色材料，不同成分材料区分表达，层次分明。同时在一个零件中，根据使用时需要的不同性能，要求高性能与轻量化结合，此时多种材料的最大性能化分布成为选择。由不同材料制造一次成形，通常叫做多材料体素一体化。

(2)为零件增加更多的装配特征，可以保证后期的装配。零件设计过程中应考虑后期的装配，将装配特征集成到零件上，如增加卡扣、定位特征和支撑其他零件的特征(肋、筋)，此外还有销、孔和配合接头(燕尾槽)等。在设计装配特征上进行创新，尽可能将更多有用的特征集成在一个零件上，用简单的设计保证后期装配。此外设计者需分析装配操作的经济性，以便与增材制造以外的制造工艺进行比较。

(3)好的设计应在保证性能的前提下，减少产品的零件数量。将相同材料制造、彼此没有相对运动、不影响其他零件装配的相邻零件进行合并，这种几何设计方法通常叫作零件一体化，是标准的面向装配设计的因素。

(4)由相同材料制造、彼此有相对运动、不需要装配便可以使零件之间进行相对运动的几何设计方法通常叫作免组装一体化，如能设计出转动副、移动副和凸轮机构等具有相对运动的运动副。在粉末床熔融工艺中，清除运动副中的粉末后，运动副便能运动；在立体光固化工艺中，运动副中的液体树脂流出后，运动副便能运动；在其他需要支撑结构的工艺中，如果运动副区域内的支撑材料能够被去除、被溶解，运动副便能运动。

2. 零件具体几何结构特征因素

设计者通过对零件的形状和结构进行优化设计，能获得最小质量、最大刚度等性能。在优化设计中，要充分了解增材制造产品的精度、表面粗糙度以及最值特征等因素。

(1)精度和精密度。精度是指增材制造零件实际尺寸和理论尺寸之间的接近程度，精密度是指增材制造工艺的重复性。尺寸误差的平均偏差和标准偏差常用来测量制造工艺的精度和精密度，这些值通常取决于成形方向和零件尺寸。

（2）表面粗糙度。表面粗糙度是指增材制造零件表面和理想表面（表面纹理）之间的偏差。表面粗糙度通常取决于成形方向、原材料和工艺参数（如层厚）。

（3）最小特征尺寸。最小特征尺寸是指制造工艺能够制造的最小结构特征，可能包括实体（如肋结构和凸台）或孔洞。对于一些最小特征尺寸，支撑结构和粉末能否被去除是个重要的考虑因素（如盲孔的支撑和粉末去除）。当 CAD 模型特征尺寸接近设备的极限分辨率时，有的增材制造工艺不能制造出尖角或其他精细形状。

（4）最大高宽比。与最小特征尺寸相关的是最大高宽比，最大高宽比是指宽度特征与高度或长度特征之间的关系。短薄特征能成功地成形出来，但细长特征可能出现断裂、破碎或其他问题导致成形失败。

（5）最小特征间距。最小特征间距是指相邻特征之间的最小距离。例如，增材制造的装配件中，相对运动零件之间最小的间隙对于确保制造过程中零件或特征不黏结在一起十分重要。

（6）推荐的配合。装配配合是指生产出来的零件在装配时的配合特征，如间隙配合、过盈配合和过渡配合等。配合形式取决于装配件的功能：当零件需自由移动时选择间隙配合，当零件需要紧密连接时选择过盈配合，当零件之间需要拆装时选择过渡配合。

（7）最大零件尺寸。最大零件尺寸是指增材制造设备在 ISO/ASTM52901 中定义的 X、Y 和 Z 方向上可制造的最大尺寸。零件尺寸可能大于所选工艺或设备成形范围，设计者可将零件分成多个子零件，每个子零件有合适的成形范围。

（8）最大无支撑特征。本要素适用于需要使用支撑结构的增材制造工艺，在成形过程中朝下的面（如悬垂）可能需要支撑。通常，需要使用支撑的表面存在一个最小角度（从垂直方向，即 Z 轴方向测量），该临界角度取决于特征的尺寸或长度。最大无支撑特征的概念是指没有支撑结构的情况下，在临界角度上能精确成形的最大特征尺寸。

2.3.4 数据处理因素

对于增材制造设计数据处理因素包括多个操作软件的数据传输、网格化数据生成以及支撑切片处理。

(1)多个操作软件数据传输因素。如果设计过程包括多个操作软件，设计者应考虑不同软件的数据导入导出功能。不同软件间传输的数据文件，需要考虑最大限度满足下游所有软件的要求。例如，通过曲面包覆设计的实体零件，如果下游软件只识别曲面，而不认其实体零件，则无法继续。上游软件设计是英制，下游软件只识别公制或市制，则尺寸比例将发生变化。

(2)网格模型因素。增材制造文件模型通常使用 AMF 或 STL 文件，这两种文件是将 CAD 表面离散化为三角形面片(网格)，网格是增材制造软件所要求的格式。设计者在设计时应检验零件的网格模型以保证采用合适数量的三角形面片，以准确表达 CAD 模型，在考虑保留高分辨率的网格或体积数据的同时，考虑网格数据的大小。三角面片不应该缺失，满足每条边至少被两个面片共有，不应重叠，法方向应一致等。

(3)支撑与切片因素。增材制造过程中零件的成形方向也应考虑，成形方向也就是零件的摆放方向决定了支撑结构的有无、多少以及后处理的方便性。在设计自由度允许的情况下，应最大限度地减少悬垂区域，以降低支撑材料浪费并提高生产效率。在确定零件成形方向时还应考虑成形高度以及成形过程中残余应力和收缩变形的影响。此外，为了适配增材制造技术，零件所有的薄壁区域应设计足够厚，以满足增材制造设备及切片软件等预处理软件的最小厚度要求。

2.3.5 产品工艺和材料性能因素

工艺选择包括对工艺和材料的选择，工艺参数的设置会影响零件质量和性能。为了便于选择，以下列出每个工艺的主要工艺变量。为了满足应用要求，首先需要满足应用性能需求，故应充分考虑材料的性能，同时有一部分增材制造生产的零件具有各向异性，需要满足各方向最低性能。当然，设计者可以利用其各方向性能差异的特点，进行面向功能使用的设计，提出相应的解决方案。

在对产品材料选定的基础上，设计者基本上可以确定要使用什么材料来达到他们的设计目的。接下来，进一步考察这种材料是否可以适用增材制造技术，如果否，换一种材料，材料与增材制造工艺选择进行往复式的思考与验证。

设计者还要认识到材料性能与后处理工艺的关联性，如热处理对性能的影响等，增材制造技术直接生产的产品可能不满足性能要求，但是通过后处理也有可能满足性能要求。

1. 增材制造工艺选择

在考虑采用何种增材制造工艺时，需要基于"增材制造工艺选择"展开讨论，就如一件产品，最先考虑采用现有的增材制造方式是否可以完成，也就是在选择制造工艺上，优先考虑增材制造技术，并深入探讨哪种工艺可以完成。增材制造工艺因素和注意事项对增材制造工艺的选择非常重要，可优先考虑以下七种。

1）胶黏剂喷射

胶黏剂喷射能加工所有的粉末材料（陶瓷、金属和聚合物），具有重复性和再现性，有控制孔隙特性（如尺寸、形貌和体积率）的能力。将胶黏剂喷射到粉末床内是一种控制化学性能、物理性能、力学性能的手段。由于粉末能支撑制造中的零件，故几乎很少需要支撑结构，这种支撑称作"自支撑"。关键工艺变量包括粉末选择，胶黏剂选择，配方、粉末与胶黏剂的相互作用，浸渍剂的选择，饱和度（单位体积粉末中胶黏剂的量）和后处理。

2）定向能量沉积

定向能量沉积工艺是将金属原材料喷射或输送到聚焦的能量源中，形成一个熔池，在熔池中成形零件或实物，本质上是一种利用粉末熔覆或送丝的焊接工艺。原则上，任何能焊接的金属合金都宜使用定向能量沉积工艺。常用材料包括钢和其他各种合金，也可能是混合粉末、梯度材料。由于原材料充分熔融且快速冷却，所以能获得良好的冶金性能，其屈服性能通常达到或优于铸造，然而残余应力是个问题。该工艺可以在任何金属基材上成形，通常用来制造或修复金属零件。由于此工艺的特性以及该工艺不使用支撑结构，故需要使用五轴设备制造复杂的零件。对于制造零件（而不是修复零件），零件在平台上成形，完成后应以机械加工的方法移除，其关键工艺变量包括激光功率、材料输送速率、扫描速度和建造气氛(压力、惰性气体选择和气体流速)。

3) 材料挤出

在材料挤出工艺中,线材或膏体通过喷嘴挤出,以逐层叠加的方式制造零件或实物。需要使用支撑结构来支撑悬挑特征,支撑材料是零件材料或可回收材料(通常是可溶的材料,如蜡、可溶性聚合物等)。基于线材的挤出系统通常使用非晶态热塑性聚合物材料。复合(填充)材料可由热塑性聚合基材和一个或多个填充材料组成,如陶瓷纳米颗粒和短纤维,膏状挤出系统可使用从胶合物到陶瓷或半固态金属到有机硅等各种材料。由于逐层叠加的挤出工艺,零件性能存在各向异性,所以成形件平面的性能强于 Z 轴方向,其关键工艺变量包括材料成分、喷嘴直径(丝材直径)、材料输送速率、扫描速度、挤出温度、成形腔气氛及温度。

4) 材料喷射

材料喷射工艺将液体材料以微滴(如喷墨、凝胶雾化、原子雾化)的形式沉积,其材料(也称油墨)包括光敏树脂、纳米油墨分散体、溶液、蜡、生物材料等,通常利用成排的喷嘴可以实现材料高速率沉积。在一些工艺中,通过多个喷嘴在不同区域沉积不同材料或组合多种材料等方式来控制材料的组成。如果沉积导电材料,可在零件外表面或嵌入零件内部制造电子电路。由于液滴尺寸小,尺寸范围在 $16 \sim 30\ \mu m$,成形后零件的致密度高且表面光滑。该工艺需要使用支撑结构,根据沉积的材料可使用可溶性支撑,关键工艺变量包括液体材料配方(成分、溶剂体系、固体含量)、沉积温度、基板温度、气体载体(气溶胶喷射)、基板间距、成形模式和沉积模式(扫描速度、液滴生成速率、扫描间距等)。

5) 粉末床熔融

粉末床熔融工艺使用能量源熔融粉末颗粒以形成零件截面,能量源通常为激光或电子束,但也可以是其他能量源,比如使用加热灯管通过选区加热的机理制造零件。在熔融一层粉末之后,新的一层粉末铺在成形区域上,准备进行下一层粉末的熔融。粉末材料主要使用金属和半结晶热塑性聚合物,也可以是陶瓷和其他材料。最常用的聚合物材料为聚酰胺(商品名尼龙),也可使用弹性材料、玻璃填充聚酰胺和其他增强材料;金属材料可使用各种合金,包括钢、钛、镍合金、钴铬合金和铝合金。对于聚合物,该工艺通常会制造出具有一定孔隙的零件，以保证尺寸精度；对于金属材料，由于粉末材料完全熔融，零件接近全致密。聚合物材料粉末床熔融工艺中粉末本身可支撑零件，通常不需要支撑结构。相反，金属材料粉末床熔融工艺需要支撑结构将零件固定在成形平台上以保证尺寸精度和防止翘曲变形。粉末床熔融关键工艺变量包括激光/电子束能量、扫描速度、扫描策略、粉末组分、粉末粒径分布和粉末床温度。

6）薄材叠层

薄材叠层工艺将薄片状材料切割成所需零件截面的形状并逐层黏结来制造零件。不同叠层工艺可用不同顺序实现这些操作，一些先切割后叠加和黏结，另一些先叠加后黏结和切割。已有的黏结方式包括胶水黏结、聚合物薄片熔融、高温和高压下固结和超声波焊接等。最初薄片叠层工艺使用纸张，但其他研究和商业系统已经开发出了塑料、金属和陶瓷片材以及复合材料等，制造出的零件通常致密度较高。对于先堆叠后切割片材的工艺，由于薄片堆叠部分嵌入零件内部，则需要后处理以移除多余材料。薄材叠层的关键工艺参数包括薄片材组成、薄材厚度、黏结机理和材料、切割工艺选择（如激光、刀）以及其他因素。

7）立体光固化

类似于粉末床熔融工艺，立体光固化工艺也使用能量源制造零件截面。该工艺使用的材料是液体树脂，能量源照射树脂表面后引发光聚合反应。光固化是最常见的反应类型，但是一些研究机构也在探索热引发反应，材料仅限于光或热引发的热固性聚合物。目前，商用和很多正在进行的研究都使用丙烯酸酯或环氧树脂材料系统，聚氨酯、水凝胶和其他化学材料在内的新材料也在被研究和探索。与制造相同尺寸零件的其他增材制造工艺相比，立体光固化成形零件常被认为具有优异的尺寸精度和表面粗糙度。该工艺需要支撑结构，通常使用树脂槽中的材料，关键工艺变量包括工艺方式（激光扫描或掩模沉积）、能量源功率、扫描图案或掩模图案、激光扫描速度或掩模显示持续时间以及层厚。

2. 增材制造材料选择

在材料基础性能与结构性能方面，应该着重考虑力、热、电性能等几个方面。

(1)力学性能。在力学性能上增材制造技术成形的产品具有很大的不确定性，设计者不应该消极对待，应该充分提出创新解决方案。同时通过测试样件的平台尺寸、样件在平台中位置、样件的摆放方向及工艺信息等来保证力学性能，确保产品和测试样品之间的性能关联性，通过测试样品来判断能否确保产品的力学性能。

①拉伸强度、拉伸模量、断裂延伸率。这些常见的拉伸力学性能的实验方法应符合 GB/T 228.1—2010 和 GB/T 1040.2—2018 的有关规定。对于用增材制造工艺制造的零件，要充分考虑各向异性。

②弯曲强度与弯曲模量。弯曲强度、弯曲模量是常见的力学性能，通常用来表示材料在弯曲载荷下抵抗变形和破坏的能力。弯曲性能试验方法应符合 GB/T 9341—2008 的有关规定。对于用增材制造工艺制造的零件，同样要充分考虑各向异性。

③冲击强度。冲击强度是材料抵抗摆锤冲击的能力，冲击强度实验方法应符合 GB/T 1843—2008 的有关规定。其冲击强度应低于传统制造工艺制造的相同或类似材料的零件，尤其是孔隙较多的产品。

④抗压强度。抗压强度指的是材料抵抗轴向挤压或压缩力的能力，抗压强度测试方法应符合 GB/T 1041—2008 和 GB/T 7314—2017 的规定。

⑤剪切强度。剪切强度是指在不断裂的情况下，材料自身抵抗相对错动变形的能力。剪切强度实验方法应符合 HG/T 3839—2006 的规定。

⑥疲劳强度。疲劳强度是指在一定数量的交变载荷作用下产生破坏时的应力值，以及在无限多次交变载荷作用下而产生破坏的最大应力值。有时候，由于层间、沉积截面的裂纹扩展或残余孔隙，增材制造技术成形的零件疲劳性能比传统制造的零件差，而设计裂纹限制孔可以防止裂纹扩展。主要疲劳载荷的方向和零件表面质量可能影响零件的寿命，但在缺陷因素得到明确控制时，增材制造产品的疲劳性能可能优于传统制造的零件。

⑦蠕变性能。蠕变性能指的是受高温影响，在荷载作用下零件变形的现象。塑料零件蠕变性能应符合 GB/T 2039—2012 的规定，金属零件的蠕变性能应符合 GB/T 11546.1—2008 的规定。

(2)热性能。热性能包括热变形温度、玻璃化转变温度（T_g）以及材料熔点等。

①热变形温度。热变形温度是指聚合物在特定荷载下变形的温度。热变

形温度的测定应符合 GB/T 1634.2—2019 的规定，测试在多个压力下进行，包括 0.45MPa 和 1.80MPa。热变形温度高对于在高于常温下使用的零件是有利的。

②玻璃化转变温度。玻璃化转变温度是指聚合物材料从刚性状态转变为熔融态或高弹态的温度。对于使用固态—液态—固态相变的工艺来说，对增材制造工艺和高温环境下使用的零件，T_g 是个重要参数。

③熔点。熔点是指在标准大气压下固体变成液体的温度。

(3)电性能。电性能包括体积电阻率、介电常数、损耗因数、介电强度等。

①体积电阻率。体积电阻率是指绝缘材料抵抗泄漏电流的能力，实验方法应符合 GB/T 1410—2006 的规定。

②介电常数。介质常数是指介质中电场与原外加电场(真空中)的比值，这一特性与介电材料有关。介电材料常用于电容器、压电材料、执行器、天线以及更普遍的对电磁场产生响应的材料中。介电常数的测量方法应符合 GB/T 1409—2006 的规定。

③损耗因数。损耗因数是指介电材料中的功率损失与电介质传输中总功率的比值，测量方法应符合 GB/T 1409—2006 的规定。

④介电强度。介电强度是指材料在不被击穿的情况下所能承受的最大电压，测试方法应符合 GB/T 1408.1—2016 的规定。

(4)其他性能。此外还要充分考虑增材制造产品材料的相对密度、硬度、可燃性、吸水性等材料性能。

①相对密度。在23℃的温度下，材料单位体积的质量与同体积蒸馏水的质量之比，测量方法应符合 GB/T 1033.1—2010 的规定。

②硬度。也称洛氏硬度，是指对材料施加载荷时测量压痕的深度，洛氏硬度实验方法应符合 GB/T 3398.2—2008 的规定。硬度计法是一种测量聚合物、弹性体和橡胶的硬度测量方法。GB/T 2411—2008 给出了两种类型的硬度计。

③可燃性。可燃性是指材料助燃的能力，与人类生活的任何领域都有很高的相关性，如航空航天和汽车工业。防火测试方法应符合 GB/T 2408—2008 的规定。

④吸水性。吸水性是指在规定的环境下，将聚合物材料浸入水中，在规定的时间内测量聚合物质量增长的百分比。吸水性的测试方法应符合

GB/T 1034—2008 的规定。

3. 后处理与检测认证

(1)后处理。增材制造工艺很重要的一个环节是后处理，而后处理方法很大程度取决于工艺、材料以及结构设计，要求设计者在设计时充分考虑各种因素。如果使用支撑结构，支撑结构应移除。有时候可以用机械去除，有时候可以用溶剂溶解去除。对于使用金属作为材料的工艺，为了支撑零件并在制造过程中保持形状，零件通常固定在成形平台上，并使用机械加工移除，支撑结构的表面总是比制造的其他零件的表面更粗糙。在光固化工艺中，由于零件浸没在树脂槽中，从设备取出后其表面将留下一层薄薄的树脂，残留的树脂应进行清理，很多情况下，要二次固化零件表面和内部未完全固化的树脂。使用粉末床工艺(粉末床熔融或胶黏剂喷射)，零件应从粉末中取出并进行清理。由于粉末比较细小，在清理零件时应对执行后处理操作的人员进行保护。在许多情况下，用户可以通过改变支撑结构的排列密度和位置以及支撑点大小和位置来控制支撑结构的生成。

(2)检验与标准认证。增材制造最终产品应该是经过后处理的产品，产品在增材制造及后处理后，最终质量与性能需要一个标准认证。目前，检验方法各种各样，标准规范不一。设计者应与质量控制团队合作以确定是否有合适的检验和认证流程，以及是否需要对正在设计的零件类型制定新的检验和认定流程。

(3)可重复性要求。最终产品设计定型后，需要一个完整的设计与增材制造工艺规范，采用特定的材料进行特定的设计，生产出满足性能要求的零件。此设计、制造过程应是可重复的。

2.4 增材制造设计方法

2.4.1 整体设计策略规划

在充分考虑增材制造设计因素后，针对材料如何选择，零件尺寸是否符合设备的成形空间，零件特征(定制化、轻量化、复杂几何结构)是否适合采用增材制造技术，要对设计的产品进行最终评定，决定是否采用增材制造工艺，其评定流程如图 2-9 所示[4]。同时对增材制造产品设计策略进行进一步规划。

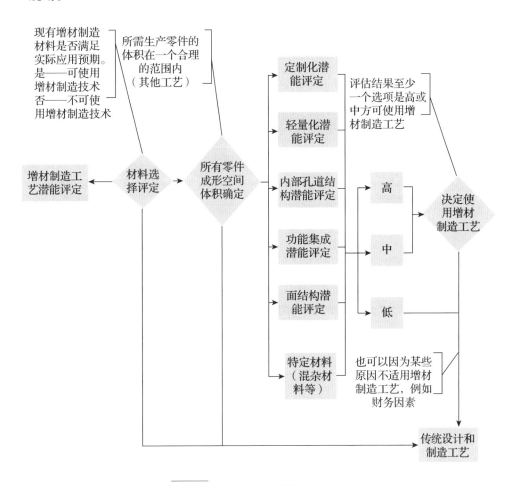

图 2-9　增材制造工艺的评定流程

参考典型机械零件的结构设计流程，增材制造工艺设计总策略如图 2-10 所示[4]。其中，成本是主要的决策依据，在条件允许的情况下，设计者可以用质量、交货周期或其他决策依据代替成本。另外，设计者除考虑功能特性、力学性能和工艺特性等相关技术因素外，还应考虑选择增材制造工艺所带来的风险。

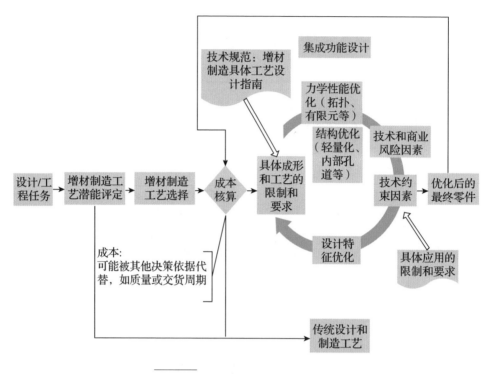

图 2 - 10　增材制造工艺设计总策略

2.4.2　正向设计方法

1. 正向设计概念

正向设计多是一个从无到有的过程，即设计人员首先在大脑中构思产品外形、性能和大致技术参数等，然后通过绘制图纸建立产品的三维数字化模型，最终将这个模型转入到制造流程中，完成产品的整个设计制造周期。

增材制造技术是未来制造业的发展趋势，其优势是显而易见的，它可以实现传统手段无法制造的设计，比如复杂轻量化结构、点阵结构、多零件融合一体化等。

增材制造技术不仅仅是工艺的革命，它还带来了设计的革命，带来了全新的设计可行性，使改变设计理念成为必然，即以增材制造技术为基础，设计中需要践行背后的增材思维。在面向增材制造的设计中，需要重新审视原有设计，关注增材制造工艺与其他工艺的不同之处，充分发挥该技术的优势。

华南理工大学杨永强教授提出"制造改变设计"理念，该理念中，正向设计是核心思想，仿真优化是核心技术[3]。基于增材思维的设计是一场设计的革命，它完全打开了设计枷锁。在制造（DFM）、装配（DFA）等基于减材制造的传统设计方法中，设计人员少有用武之地，而基于增材制造技术，设计人员可以真正回归用户需求，进行面向功能的设计（DFF）或面向增材制造的设计（DFAM），按照价值、功能和能量的观点，使设计与工艺、设计与制造之间不再是因果与顺序的关系，而是互为激励的活系统，以效法自然的方式实现大型/超大型构件或结构系统、复杂/超复杂构件或结构系统、多品种小批量个性化产品的低成本创新设计和快速制造，乃至创造超常结构实现超常功能。

正向设计是相对于逆向设计而言的，并没有严格的中文定义，一般指以系统工程理论、方法和过程模型为指导，面向复杂产品和系统的改进改型、技术研发和原创设计等的一种设计方法。设计过程从功能与规格的预期指标确定开始，构思产品的零组件需求，再由各个元件的设计、制造以及检验、测试等程序来完成。

2. 正向设计软件

增材制造技术类别多种多样，但是其核心都是将三维模型切片，逐层加工，因此增材制造技术所应用的正向设计软件一般是三维建模软件，不同的应用领域建模软件有所不同，以下介绍一些常见的正向设计软件。

1) Pro/Engineer [5]

Pro/Engineer（Pro/E）软件是美国参数技术公司（Parametric Technology Corporation，PTC）的重要产品，在目前的三维造型软件领域中占有重要地位。Pro/E 软件作为当今世界机械 CAD/CAE/CAM 领域的新标准而得到业界的认可和推广，是现今主流的模具和产品设计三维 CAD/CAM 软件之一。

Pro/E 软件第一个提出了参数化设计的概念，并且采用了单一数据库来解决特征的相关性问题。另外，它采用模块化方式，用户可以根据自身的需要进行选择，而不必安装所有模块。Pro/E 软件的基于特征方式，能够将设计至生产全过程集成到一起，实现并行工程设计。它不但可以应用于工作站，也可以应用到单机。Pro/E 软件可以分别进行草图绘制、零件制作、装配设计、钣金设计、加工处理等，保证用户可以按照自己的需要进行选择使用。

（1）参数化设计。相对于产品而言，可以把它看成几何模型，而无论多么复杂的几何模型，都可以分解成有限数量的构成特征，而每一种构成特征，都可以用有限的参数完全约束，这就是参数化的基本概念。

（2）基于特征建模。Pro/E 软件是基于特征的实体模型化系统，工程设计人员采用具有智能特性的基于特征的功能去生成模型，如腔、壳、倒角及圆角，可以随意勾画草图，轻易改变模型。这一功能特性给工程设计者提供了在设计上从未有过的简易和灵活，特别是在设计系列化产品上更是有得天独厚的优势。

（3）单一数据库。Pro/E 软件是建立在统一基层上的数据库，不像一些传统的 CAD/CAM 系统建立在多个数据库上。单一数据库就是工程中的资料全部来自一个库，使每一个独立用户在为一件产品造型而工作，不管他是哪一个部门的。换言之，在整个设计过程的任何一处发生改动，亦可以前后反应在整个设计过程的相关环节上。例如，一旦工程详图有改变，数控（NC）工具路径也会自动更新；组装工程图如有任何变动，也完全同样反应在整个三维模型上。这种独特的数据结构与工程设计的完整结合，使一件产品的设计能够结合起来。此优点使设计更优化，成品质量更高，产品能更好地推向市场，价格也更便宜。

（4）直观装配管理。Pro/E 软件的基本结构能够使用户用一些直观的命令，如"贴合""插入""对齐"等很容易地把零件装配起来，同时保持设计意图。高级的功能支持大型复杂装配体的构造和管理，这些装配体中零件的数量不受限制。目前该系统提供特征造型和尺寸驱动联合设计概念，具有较强的动态变形能力。

2）Unigraphics NX [6] 软件

Unigraphics NX（UG）是西门子数字工业软件公司（Siemens Digital Industries Software Coroporation）出品的一款产品工程解决方案软件，它为用户的产品设计及加工过程提供数字化造型设计和验证手段。Unigraphics NX 软件针对用户的虚拟产品设计和工艺设计的需求，提供了经过实践验证的解决方案。作为交互式 CAD/CAM 系统，它功能强大，可以轻松实现各种复杂实体及造型的建模。

西门子公司将创新者 Materialize 公司的增材制造技术整合到自己备受称赞的 NX 软件中，以简化从初始设计到最终产品制造的过程。

这个新解决方案着眼于粉末床熔融和材料喷射工艺，利用 Materialize 公

司的技术让 NX 计算机辅助设计、制造和工程(CAD／CAM／CAE)软件准备
CAD 模型。据说它可将从产品设计到完成增材制造的时间减少 30%。

西门子公司和惠普公司合作，将惠普公司的多射流熔融(multijet fusion，
MJF)增材制造技术与西门子公司的旗舰 NX 软件进行整合，来开发和制造产
品，其设备如图 2‐11 所示。这款软件已经汇集最好的设计和制造工作流程
软件，以获得最佳的制造效果，如产品制造速度快、质量高、成本低，完全
符合现代数字工业时代的要求。新软件被称为"用于惠普 MJF 的西门子 NX
AM"，现在可从西门子 PLM 软件里获得，作为西门子基于增材制造技术端到
端、设计到生产解决方案的一个延伸。

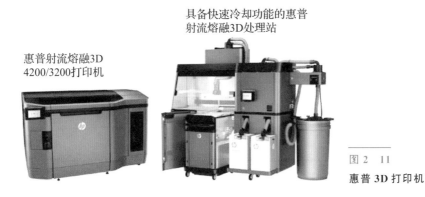

具备快速冷却功能的惠普
射流熔融3D处理站

惠普射流熔融3D
4200/3200打印机

图 2　11
惠普 3D 打印机

3）SolidWorks[7]软件

SolidWorks 软件是一套基于 Windows 的 CAD/CAE/CAM/PDM 桌面集
成系统，由美国 SolidWorks 公司于 1995 年 11 月研制开发的，其价格仅为工
作站 CAD 系统的四分之一。该软件采用自顶向下的设计方法，可动态模拟装
配过程。它采用基于特征的实体建模，自称 100% 的参数化设计和 100% 的可
修改性，同时具有中英文两种界面可供选择，其先进的特征树结构使操作更
加简便和直观。该软件于 1996 年 8 月由生信国际贸易有限公司正式引入中
国，由于其基于 Windows 平台，而且价格合理，在我国具有广阔的市场
应用。

SolidWorks 软件功能强大、组件繁多，使其成为领先的、主流的三维
CAD 解决方案。SolidWorks 软件能够提供不同的设计方案、减少设计过程中
的错误以及提高产品质量。SolidWorks 软件不仅提供强大的功能，而且对每
个工程师和设计者来说，操作简单方便、易学易用。

3D Systems 公司发布了 3DXpert 的新版本，优化三维模型的结构和晶格形状，达到减重、增加强度的目的。这款软件将可用于达索系统的 Solid Works CAD 平台，优化工程塑料、金属零部件的成形效果。

借助全新的 3DXpert 设计工具，SolidWorks 用户可以生成复杂的几何图形、轻量级零件以及新的表面纹理，以实现特定功能或美学效果。3D Systems 公司表示，该工具可以提升产品开发速度，缩短上市时间，并可以降低总体运营成本。图 2 – 12 为 3DXpcr 软件增材制造样件。

图 2 – 12
3DXper 软件增材制造样件

4) MDT[8] 软件

MDT 是 Autodesk 公司开发的基于特征的参数化实体造型软件，同时具有 NURBS 软件的曲面造型能力。

(1)基于特征的参数化实体造型。用户可十分方便地完成复杂三维实体造型建模，可以对模型灵活地编辑和修改。

(2)基于 NURBS 的曲面造型，可以构造各种各样的复杂曲面，以满足如模具设计等方面对复杂曲面的要求。

(3)可以比较方便地完成几百甚至上千个零件的大型装配。

(4)MDT 软件提供相关联的绘图和草图功能，提供完整的模型和绘图的双向联结。

该软件的推出受到广大用户的欢迎，至今为止，全世界累计销售已达 7 万套，国内已销售近千套。由于该软件与 AutoCAD 软件同时出自 Autodesk 公司，因此两者完全融为一体，用户可以方便地实现三维向二维的转换。MDT 软件为 AutoCAD 软件用户向三维升级提供了一个较好的选择。

5）其他软件系统

Catia 系统是法国达索（Dassault）飞机公司 Dassault Systems 工程部开发的产品[9]。该系统是在 CADAM 系统（原由美国洛克希德公司开发，后并入美国 IBM 公司）基础上扩充开发的，在 CAD 方面购买了原 CADAM 系统的源程序，在加工方面购买了著名的 APT 系统的源程序，并经过几年的努力，形成了商品化的系统。Catia 如今已经发展为集成化的 CAD/CAE/CAM 系统，它具有统一的用户界面、数据管理以及兼容的数据库和应用程序接口，并拥有 20 多个独立计价的模块。该系统的工作环境是 IBM 主机以及 RISC/6000 工作站。如今 Catia 系统在全世界 30 多个国家拥有近 2000 家用户，美国波音公司的波音 777 飞机便是其杰作之一。

Cimatron CAD/CAM 系统是以色列 Cimatron 公司的 CAD/CAM/PDM 产品，是较早在计算机平台上实现三维 CAD/CAM 全功能的系统[10]。该系统提供了比较灵活的用户界面，优良的三维造型、工程绘图，全面的数控加工，各种通用、专用数据接口以及集成化的产品数据管理。

Cimatron CAD/CAM 系统自从 20 世纪 80 年代进入市场以来，在国际上的模具制造业备受欢迎。近年来，Cimatron 公司为了在设计制造领域发展，着力增加了许多适合设计的功能模块，每年都有新版本推出，市场销售份额增长很快。1994 年北京宇航计算机软件有限公司（BACS）开始在国内推广 Cimatron 软件，从版本 8 起进行了汉化，以满足国内企业不同层次技术人员的应用需求。用户覆盖制造、科研、教育等领域，目前已销售 200 多套，市场前景看好。

3. 正向设计约束

由于增材制造技术消除了传统制造的大部分限制，让传统制造技术难以成形的复杂设计直接转化为最终产品变得更加容易，导致传统的制造设计约束，如避免尖角、使焊接线最小化、拔模角度和恒定的壁厚都过时了，设计人员不再需要严格遵守最初的概念和规范。但尽管增材制造技术的成形自由度极高，也并不意味着可以成形任意形状的零件。

不合适的设计也可能造成加工失败。如果在优化设计阶段就考虑了制造条件的约束，那便能在一定程度上保证成形质量，避免成形失效。设计师应该在产品设计的早期就考虑工艺的限制，并从产品设计的角度规避工艺的局限性，从而使设计自由度与成形自由度更加契合。与传统制造技术相比，增材制造技术直接将数字模型转换为最终产品，因此设计人员必须创建最终产品全面而完整的数学模型。增材制造 CAD 模型必须具有更高的质量，并且包含比传统工艺所需更完整的信息。即便增材制造零件的造型可能非常复杂，但也是由基本几何元素所组成的。Adam 和 Zimmer[11]针对使用非金属材料和金属材料的增材制造工艺，提出了一种独立于工艺过程的设计方法，即构件式由标准几何元素组成，标准几何元素可分为三种：①基本元素——基本几何形状，如圆柱；②连接元素——基本元素间相互接触的区域，如关节；③组合元素——两个或多个基本元素及其连接元素的组合，如悬垂结构。关于 SLM 成形几何结构的研究，几何成形约束大致可按照特征归纳为以下几类[12]：

(1)薄壁特征。由于激光选区熔化所用激光光斑的聚焦尺寸存在限制，因此无法制造出壁厚小于光斑直径的薄壁零件。而且壁厚过小的薄壁件的力学性能难以保证，易折损，不具有实用价值。薄壁的理论最小极限尺寸为单道熔道宽度。

(2)尖角特征。由于激光光斑的形状可认为是一个圆形，虽然光斑尺寸只有几十至一百多微米，但对于精细结构如尖角特征，会导致尖角形状、尺寸产生较大误差，在产品设计时应尽量避免过于精细的尖角特征。精细结构的夹角存在最小极限。

(3)孔特征。由于激光光斑尺寸有极限值，而且受到激光加工过程中热影响区扩散的影响，熔道宽度大于光斑尺寸，若孔径过小则熔道会堵塞孔洞，与成形方向垂直的孔特征的存在最小尺寸。成形效果除了受激光光斑尺寸影响外，对于平行于成形方向的孔特征而言，还存在激光深穿透的影响，孔径越大，悬垂面积越大，挂渣量越多，形状精度及尺寸精度越差。因此其不仅存在最小极限尺寸，同样存在最大极限尺寸。

(4)高纵横比特征。高纵横比零件热量聚集效应更为明显，累积的热应力容易引起翘曲、开裂等缺陷，零件难以成形，因此几何特征的纵横比不能过大。

(5)间隙特征。激光加工过程带来的热扩散可能会使得间隙中黏附上未完全熔融的粉末颗粒，影响间隙的尺寸。为保证间隙的尺寸不受过大影响，间隙尺寸不能过小。合理的间隙特征可用于免组装机构的一体化设计及成形，保证其成形后的活动自由度。

　　根据不同材料特性以及不同的增材制造工艺参数，获得的几何约束可能略有偏差。刘洋[13]认为 SLM 成形 316L 不锈钢材料的直壁特征存在尺寸下限，设计壁厚应大于 0.3mm；外尖角与内尖角存在尺寸下限，不宜小于 8°。平行于成形平面的圆孔存在尺寸下限，设计孔径应大于 0.3mm；垂直于成形平面的圆孔存在尺寸下限，设计孔径应大于 0.4mm，同时存在尺寸上限，设计孔径不应超过 2mm。平行于成形平面的方孔存在尺寸下限，设计边长应大于 0.3mm。垂直于成形平面的方孔存在尺寸下限，设计孔径应大于 0.5mm，同时存在尺寸上限，设计孔径不应超过 1.5mm。圆柱特征存在尺寸下限，设计直径应大于 0.5mm。方柱特征存在尺寸下限，设计边长应大于 0.5mm。细长杆的纵横比存在上限，纵横比范围应小于 50。竖直平面间隙尺寸不应小于 0.15mm，而倾斜平面间隙和曲面间隙的尺寸不应小于 0.2mm。杨雄文[14]通过对 SLM 成形 316L 不锈钢材料的典型几何特征的极限成形尺寸进行研究，获得了壁厚为 0.15mm 的直壁特征、平行于成形平面的直径尺寸为 0.4mm 的圆孔、垂直于成形平面的直径尺寸为 0.5mm 的圆孔、垂直于成形平面的直径尺寸为 0.3mm 的方孔、直径尺寸为 0.1mm 的圆柱、跨度为 3mm 的水平悬垂结构和极限尺寸为 0.2mm 的间隙特征等。

4. 正向设计规则

　　由于增材制造正向设计中存在的设计约束，在零件设计过程中需要遵循一定的设计规则[15]：

　　1）零件成形摆放位置

　　零件在使用过程中，存在某些对表面质量要求较高的"工作区域"，在加工过程中，由于应优先保证"工作区域"的成形质量，避免在"工作区域"出现加工悬垂面或支撑结构，因此需要一个合理的摆放位置，既保证"工作区域"的成形质量，又保证一定的成形效率。

　　在激光选区熔化成形工艺中，零件是通过粉末床逐层堆叠起来的，因此受激光作用的粉末熔融变成熔池后，除了通过空气散发热量，底层也是重要的散热途径。当熔融粉末的下层为已凝固的金属固体时，热量传播较快，熔池很快凝固并与下层固体精密结合。当熔融粉末的下层同样为粉末时，由于粉末的热传导系数远低于金属固体，因此熔池的热量散发不够迅速，熔池下表面的粉末受热烧结并黏附在悬垂结构下表面，使悬垂结构的表面质量变得粗糙，后期需要做进一步的处理以提高表面质量。悬垂角度低于45°的表面需要添加支撑以避免成形失败，但支撑结构也会影响表面质量。在增材制造的结构优化设计中，应考虑零件加工摆放位置，避免去除过多的材料而产生过多的加工悬垂面，或是添加过多支撑结构影响"工作区域"成形质量。在零件设计前期考虑摆放因素影响时应优先保证"工作区域"的成形质量，具有复杂几何形状零件在摆放因素中可能难以保证所有关键表面的成形效果，通常需要在表面质量、结构细节、加工成本和支撑数量之间进行权衡取舍。可以在零件设计的早期便使用加工处理软件 Magics 评估各个摆放方向，以确定最有效的方式，并在此基础上继续进一步的设计。

2）自支撑结构

传统减材制造的零件在加工初始阶段处于最稳定、刚度最高的状态，随着材料的去除，刚度逐渐减弱。但增材制造恰恰相反，零件处于一种从初始不稳定状态到最终稳定状态的变化过程。每一次加工循环都得保证零件刚度可以抵抗力，包括零件自身重力、加工设备施加的外力、热应力等，而不发生变形。为了保证成形顺利，设计师通常会选择加入支撑结构，使零件在加工中一直处于一种刚度更强的状态。但考虑到支撑结构的拆除以及拆除支撑对最终零件质量的影响，如何尽可能地减少支撑也是在产品设计阶段应该注意的。产品设计阶段应考虑增材制造成形时的零件摆放位置，调整成形危险区的结构实现自支撑功能以减少支撑结构，或是在不影响零件性能的前提下加入自支撑结构。比如说，由于圆孔的形状，其精度难以保证，尤其是平行于成形平面的圆孔，可通过优化孔的形状设计成水滴状或菱形，水滴孔与菱形孔都是孔洞的边越往上越聚拢收缩，不存在倾斜角过低的悬垂面，孔洞的下部为孔洞的上部提供了支撑。自支撑结构是以零件结构自身作为支撑载体来提高其在成形过程中的稳定性，自支撑结构一方面可以加强零件的刚度，避免成形过程发生翘曲折断等变形，另一方面可以充当热传导的路径，有效减小热应力。

某些必须添加支撑的情况，如悬垂角度低于45°的悬垂面、面积过大的悬垂面等，需要增加支撑以固定零件或更好地散热，应考虑支撑添加位置及拆除支撑等后处理手段的便捷性等，避免损伤零件。尤其是拆除薄壁件的支撑容易使薄壁件本体发生变形。零件内部的支撑由于工具难以触及，也会影响支撑拆除的效率。不合理的支撑设计会增大样件被毁的风险，不论如何进行支撑的拆除，都会增加成本，延长制造周期。因此设计时应考虑通过改变设计、改变零件摆放等方式来尽量避免为零件添加支撑结构。

3）加工余量

在某些对表面质量要求较高的场合，SLM 直接成形的金属零件不一定能达到所要求的成形质量，表面可能存在波纹、粉末黏附、拆除支撑后的残渣等，需要进行后续处理以提高表面质量，因此设计时应保留一定的余量，使后续处理后能达到要求的表面粗糙度。

4）工艺、材料、设备的合理选择

增材制造的工艺类型、材料种类、成形设备等均会对零件的成形产生不同程度的约束，影响零件的成形质量。这些因素的共同作用影响了零件的收缩率、表面精度、尺寸精度和形状精度等。考虑到这些限制，设计人员必须选择合适的增材制造工艺以满足特定材料零件应具有的功能，或是在产品设计过程中考虑到增材制造工艺的约束，通过修改设计方案进行补偿。

5）后处理及检测技术

与传统制造方式所得到的形状较为规整的零件不同，增材制造技术可成形具有复杂曲面构型或是内腔结构的零件，这也为后处理及质量检测带来了新的挑战。设计人员应在早期产品设计时便考虑到后处理及质量检测的便捷性，尤其需要确保"工作区域"的表面质量优化处理及检测。

2.4.3　逆向设计方法

1. 逆向设计概念

逆向设计是基于逆向工程的设计思路，逆向工程也称反求工程、反向工程，是与传统产品设计（正向工程）相对的概念。它是以已有产品和资料为基础，进行消化吸收、改革创新、改进优化的生产过程。任何新产品的问世都包含着对已有科学技术的继承、反思和借鉴，所以逆向的思维在工程中的应用古已有之。逆向工程这一术语起源于 20 世纪 60 年代，但从工程的广泛性去研究、从逆向的科学性进行深化是从 20 世纪 90 年代开始的[16]。

逆向工程在机械工业领域是产品改进创新开发的重要技术。传统的机械设计和机械制造技术通过 CAD、CAE 和 CAM 从无到有进行设计加工，存在设计生产周期长的问题，逆向工程的应用省略了部分从无到有的设计和计算，只改进需要改进的地方，缩短了设计周期，在一定程度上提高了生产效率。

现在逆向工程以现有实际产品为工程对象，重构实际产品的 CAD 模型为研究内容，得到比实际产品更加优化的数字模型为研究目标。目前，重构实际产品的数字模型已经在产品优化设计、医疗、文物复原、破损零件修复、再制造等行业中得到了广泛的运用。其基本工作思路：①用三坐标测量仪或其他测量技术获取产品的点云数据（point cloud）；②用逆向工程软件对获取的点云数据进行处理，重构产品的 CAD 模型；③对得到的产品 CAD 模型进行优化设计。逆向工程的一般工作流程如图 2－13 所示。

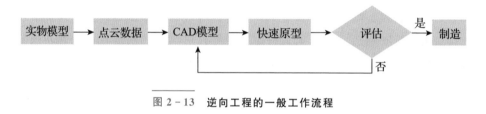

图 2 - 13　逆向工程的一般工作流程

2. 逆向设计技术发展

目前逆向工程已发展为 CAD/CAM 系统中的一个相对独立的研究分支，相关领域包括几何测量、图像处理、计算机视觉、几何造型和数字化制造等。在国外，已经有多种成功应用于工业领域的逆向工程系统：Kwok 开发的逆向工程系统将 CMM 与 AutoCAD 图形软件包结合起来，一个测量点由三坐标测量仪（Coordinate measuring machine，CMM）进行数字化，将其自动转换为 IGES 文件，用线框图形的形式表达模型，不含有任何实体信息。Motavalli 等开发的逆向工程系统，第一阶段是数据采集阶段，综合运用接触式和非接触式两种测量方式，在非接触测量阶段摄像机首先摄入零件图像，图像经过处理后用二维线框形式画出物体的轮廓边界；第二阶段的扫描图像经过处理生成数控代码，移动接触式扫描测头可在物体表面上获得更精确的数据点[17-19]。

模型重构技术依赖于测量技术和计算机软件技术的发展，走在发展前列的有美国 Geomagic 公司开发的正逆向结合建模工具 Geomagic Design

Direct，是业内唯一一款结合了实时三维扫描、三维点云和三角网格编辑功能以及全面 CAD 造型设计、装配建模、二维工程图等功能的三维设计软件[20]。此外，还有美国 ImageWare 公司的 Surfacer，英国 MDTV 公司的 STRIM and Surface Reconstruction。一些主流的 CAD 和 CAM 软件也开始集成逆向工程的模块。目前由国内逆向工程领域人士参与开发的逆向工程软件有 QuickFrom[21]。

3. 逆向设计软件介绍

（1）ImageWare 软件。由美国 EDS 公司研发，利用了 NURBS 技术，易于操作，是知名的逆向工程软件，在上海大众、上海交大等单位都得到广泛应用。

（2）Geomagic Studio 软件。由美国 Raindrop 公司开发，是著名的逆向工程及检测软件。可以实现从扫描的点云数据拟合，直接转换为 NURBS 文件。Geomagic Studio 软件主要包括 Qualify、Shape、Wrap、Decimate、Capture 五个模块，各有侧重。

（3）CopyCAD 软件。由英国 DELCAM 公司开发，是功能丰富的逆向工程软件，它可以生成点云数据的 CAD 曲面。CopyCAD 软件的用户界面十分友好，并且能使用户快速地编辑点云数据，创建高质量的复杂曲面。该软件可以设置选取曲面边界，进而能够自动生成光滑曲面，同时，也能确保曲面之间的连续性。

（4）RapidForm 软件。由韩国 INUS 公司开发，可将点云数据拟合为连续的多边形网格。RapidForm 软件效率高，可以扩大扫描设备的应用范围，提高扫描质量；运行速度快，处理能力强，使大量的点云数据能得到快速处理，不论是离散的还是间断的点云，RapidForm 软件都可以轻易地转换成适合后续处理的点云。RapidForm 软件通过滤点云工具以及表面偏差分析技术帮助用户减少在扫描中产生的不良点云。

（5）Catia 软件。法国达索系统公司开发的一款 CAD/CAE/CAM 软件，由于内嵌庞大的集成解决方案，它基本可以覆盖所有的产品制造领域，符合几乎所有工业生产设计的需要。较之于 UG 和 Pro/E 等其他三维软件，Catia 软件被更广泛应用于航空航天制造、汽车船舶制造、机械制造、电子产品制造、仪器零件设计等领域。如著名的飞机制造商美国波音公司，以及汽车制造企业克莱斯勒、宝马、本田等公司。在 Catia 软件中，数字曲面编辑（difitized shape editor）模块以及快速曲面重构（quick surface reconstruction）模块是逆向工程专用的模块，它们除了善于对点云数据进行处理之外，还提供了应用灵活的各种曲面、曲线拟合命令。

（6）Mimics 软件。是一套高度整合而且易用的三维图像生成及编辑处理软件，它能输入各种扫描的数据（CT、MRI），建立三维模型进行编辑，输出通用的 CAD、FEA（有限元分析）、RP 文件，可以在计算机上进行大规模的数据转换处理。Mimics FEA 模块可以将扫描输入的数据进行快速处理，输出相应的文件格式，用于 FEA 及 CFD（计算机模拟流体动力学），用户可用扫描数据建立三维模型，然后对表面进行网格划分以应用在 FEA 分析中。FEA 模块中的网格重新划分功能对 FEA 的输入数据进行最大限度的优化，基于扫描数据的亨氏单位，可以对体网格进行材质分配。

4. 逆向数据获取方式

（1）三坐标测量法。三坐标测量仪是 20 世纪 60 年代发展起来的一种高效率高精度的测量设备。早期的主要用来检测零件外形尺寸、形位公差等。如今，三坐标测量仪开发了检测曲线、曲面的数控程序功能，使检测数据结果能与其他设备共享，利用相应的测量检测软件可以实时对所测元素进行误差分析[22]。三坐标测量仪的优点是测量精度高，处理较为方便，测量点不多，对被检测产品的表面材质没有特别要求，只要没有复杂内部结构、自由曲面或者其他无明显的特征不规则几何尺寸，都可以测量。但三坐标测量仪的红宝石测头容易划伤实物表面，且接触式测量速度慢，三坐标测量仪保存在计算机中的是测头球心的位置，和实际测量点坐标需要进行不同方向的测头半径补偿。三坐标测量仪对测量环境要求较高，需要特别的恒温、恒湿房间，设备体积较大，移动不便，价格昂贵且必须由专业人员操作。

（2）便携机械臂测量法。便携机械臂测量法是三坐标测量仪的补充，与三坐标测量仪的测量原理类似，只是由旋转机械臂代替丝杠移动。测头及传感器位于爪部，空间旋转灵活，容易对零件内部的孔进行测量，提高了测量灵活度，但同时牺牲了测量精度。

（3）激光三角法。其利用激光光源、被测件表面和标定点三者构建三角形，计算出被测件表面的空间坐标。这种方法扫描速度快、效率高，测量精度也有所保障。三坐标激光扫描仪在逆向工程数据测量方面有取代三坐标测量仪的势头，但美中不足的是对被测表面的光线反射要求较高，太强或太弱都影响测量，激光强度的控制比较困难。且对于深槽、深孔等激光无法照射到或无法反射回接收器的地方，无法实现测量。

(4)激光干涉法。光源发射出两束相干光，照射到被测物体表面，然后通过测量它们的光程差，即可测算出物体的高度分布，因为光的波长很多，故而这种方法精度较高。这种方法仅适用于高度落差变化不大的曲面，且在测量时容易受到外界光线干扰，通常在暗室进行。

(5)计算机视觉法。采用计算机的视觉原理，被测件在同样的环境下，用不同视角拍摄照片，以该环境为参照，来确定被测件的三维坐标。该方法操作简单、速度快，但精度不高，且受到拍摄角度的限制，内凹的结构不易测量，常用来测量表面高低变化不大的物体。

(6)数码照相测量法。半导体光电器件领域的不断发展，使大量高分辨率的数字相机应运而生。现在，很多 CCD 分辨率较高的单反相机也相继使用在三维测量之中。和计算机视觉法类似，此方法也是通过不同角度拍摄照片，再对图像进行自动匹配。不同的是，数码照相测量法不是靠空间参照，而是根据光可逆性的特点，利用双摄像头同时拍摄照片的方法，巧妙地消除了视野盲区这一光学扫描的共同问题。数码照相测量法测量数据的精度较高、操作方便、成本较低。

(7)断层测量法。断层测量法越来越被广泛应用，可以分为非损坏性测量和损坏性测量。非损坏性测量中的典型方法如 CT 法，较强的透射能力可以在不损坏产品的情况下测量内部结构与形状，但测量精度较低、扫描时间长、成本高，多用在医疗领域。损坏性测量中的典型方法是层析法，即采用逐层剖切、逐层扫描的方法获得零件不同横断面的轮廓数据。对测量形状无特殊要求，精度高，最大的缺点就是损坏了实物。其中，工业 CT 是指应用于工业中的核成像技术，其基本原理依据被检测物体对辐射的减弱和吸收特性，此特性与物质性质有关，将具有一定能量和强度的 X 射线或 γ 射线辐射到被检测物体上，测量辐射在被检测物体中的衰减规律及分布情况，再利用探测器陈列获得的物体内部详细信息，最后用计算机信息处理和图像重建技术将信息以图像形式显示出来。

(8)莫尔条纹法。此方法是将变化的光栅打到被测实物的表面上，如果被测实物表面不平整，光栅条纹就会发生扭曲，即引起相位偏移，经过计算机计算就能得出相位偏移量，从而获得被测实物的三维几何信息。

（9）三维扫描仪。大体分为接触式 3D 扫描仪和非接触式三维扫描仪。其中非接触式三维扫描仪又分为光栅 3D 扫描仪（也称拍照式三维描仪）和激光扫描仪。而光栅三维扫描仪又有白光扫描或蓝光扫描等，激光扫描仪又有点激光、线激光、面激光的区别。三维扫描仪的用途是创建物体几何表面的点云，这些点可用来插补成物体的表面形状，越密集的点云可以创建越精确的模型（这个过程称作三维重建）。若扫描仪能够取得表面颜色，则可进一步在重建的表面上粘贴材质贴图，即材质映射。下面对两种类型的扫描仪进行详细介绍：

①手持式 3D 扫描仪原理。手持式三维扫描仪是在拍照式三维扫描仪基础上设计的产品，扫描创建物体表面的点云图，这些点可用来插补成物体的表面形状，点云越密集创建的模型越精准，可进行三维重建。线激光手持三维扫描仪，自带校准功能，采用 635nm 的红色线激光闪光灯，配有一部闪光灯和两个工业相机，工作时将激光线照射到物体上，用两个相机来捕捉这一瞬间的三维扫描数据，由于物体表面的曲率不同，光线照射在物体上会发生反射和折射，这些信息会通过第三方软件转换为三维图像。在扫描仪移动的过程中，光线会不断变化，而软件会及时识别这些变化并加以处理。光线投射到扫描对象上的频率为 28000 点/s，所以在扫描过程中移动扫描仪，即使扫描时动作很快，也同样可以获得很好的扫描效果，手持式三维扫描仪工作时使用反光型角点标志贴，与扫描软件配合使用，支持摄影测量和自校准技术。

手持三维扫描仪能生成激光扫描技术的高质量数据，保持高解析度，同时在平面上保持较大三角形，生成较小的 STL 文件。设备的形状和质量分布经过合理设计，有利于长时间使用，避免用户发生肌肉酸疼问题；功能多样，且方便用户使用，允许在狭小空间内扫描几乎任何尺寸、形状和颜色的物体。操作员可以用定位功能根据需要360°移动物体；可装入手提箱，携带到作业现场或者工厂间，转移方便。

②拍照式结构光三维扫描仪扫描原理。拍照式结构光三维扫描仪是一种高扫描速度、高精度的三维扫描测量设备，因类似于照相机拍摄照片而得名，是为满足工业设计行业应用需求而研发的产品。它采用非接触白光光栅扫描

技术，这是一种结合了结构光技术、相位测量技术、计算机视觉技术的复合三维非接触式测量技术，具有高效率、高精度、高寿命、高解析度等优点。它可以测量各种材料的模型，测量过程中被测物体可以360°翻转和移动，能实现对物件的多视角测量和分块测量，系统会进行全自动拼接。在获取表面三维数据的同时，还能迅速获取纹理信息，得到逼真的物体外形，特别适用于复杂自由曲面逆向建模。拍照式三维扫描仪目前主要应用于产品研发设计（RD，如快速成形、三维数字化、三维设计、三维立体扫描等）、逆向工程（RE，如逆向扫描、逆向设计）及三维检测（CAV），是产品开发、品质检测的必备工具。

5. 逆向设计的关键技术

真实的对象可以通过如 CMM、激光扫描仪、结构光源转换仪或者 X 射线断层成像设备等三维扫描技术进行尺寸测量。这些测量数据通常被认为是点集，缺乏拓扑信息，通常会被制作成多边形网格、NURBS 曲线或者 CAD 模型等文件。由于顶点云本身并不像三维软件里的模型那样直观，所以如同3 - matic、ImageWare、PolyWorks、RapidForm 或者 Geomagic 这些软件都提供了将顶点云变成能可视或者被其他应用软件如 3D CAD、CAM、CAE 识别的格式的功能。

逆向工程的关键技术包括数据采集、数据预处理、数据分割、曲面与模型重构[23]。

1）数据采集

目前，采集设备正朝高精度、高速度、集成化趋势发展，其对应的采集方法主要分为接触式采集法和非接触式采集法两大类。接触式采集法中，三坐标测量仪（CMM）应用比较广泛。其通过 X、Y、Z 三轴运动机构与接触式探头对物体规划好的测量路径进行逐点测量，得到物体表面各点的三维坐标。虽然避免了冗余数据的产生，但由于测量原理的局限性，不适合测量橡胶、黏土等软质物体以及古董等不允许有划痕的物体。

非接触式采集法一般通过声波、光线、磁场等基本物理模拟量的特性和原理，将物理模拟量通过一定的算法转化成物体表面的三维坐标。非接触式测量法在工程应用中越来越广泛，但由于测量原理的局限性，不可避免会产生大量冗余数据和噪声点。

2）数据预处理

无论何种采集法，采集的数据均会受到光线、振动、仪器标定等非人为因素与人为因素的干扰，使采集的数据产生误差。非接触式采集法采用面扫描方式获得数据，在数据分割之前要对数据做滤波、精简、光顺等处理。

（1）噪点去除。不管是接触法还是非接触法，都无法避免采集到噪点，去除噪点是逆向工程中数据处理的首要任务。逆向工程中最初步的噪点去除方法是依靠计算机图形显示，人工剔除明显的噪点，显然，该方式只适用于数据量较小的接触式测量。对大的点云数据的噪点去除常用程序判断滤波法、N点平均滤波法及预测误差递推辨识与卡尔曼滤波相结合的自适应滤波法等。这几种方法借鉴了数字图像处理中的概念，即将点云数据视为图片信息进行处理。但这些方法必须保证，在去除噪点的同时又尽量不能破坏真实数据，所以每种滤波法都应根据不同的情况选择恰当的阈值，以防将被测件上的棱线点作为噪点被去除。

（2）数据多视图拼合。在逆向工程中，在对被测物体进行扫描的过程中，常常无法在同一视图下扫描完整，造成这一情况的原因有以下两种：①被测物的特征形状比较复杂，测量仪无法一次获取所有特征数据，所以往往要建立多个坐标系，分别加以测量，通过多视图拼合获得完整的点云数据；②很多被测物在测量时，需要将产品先进行固定而后再开始测量，但如此会导致夹具夹住的部分无法被检测，必须单独测量。通常要根据被测件特点，选择几个恰当的方向，但又要有足够多相同的特征部分，以尽量少的视图捕捉到实物的所有结构特征，减少数据多视图拼合的复杂程度。

3）数据分割

数据分割是曲面重构前的关键一步。物体外形特征一般由基本曲面（圆柱面、平面、球面等）和自由曲面混合构成，因为物体的曲面类型不同，重构的方法不同，所以要按曲面类型分割数据。数据的分割分为基于测量的分割和自动分割，接触式测量采用基于测量的分割方法：首先，根据物体外形特征将曲面人为地分割成不同类型的子曲面并对子曲面特征做标记；其次，根据标记做测量路径规划，测量规划路径上的点云数据；最后，将不同类型的子曲面数据分别保存，实现数据分割。非接触式测量采用基于边的自动分割方法：首先，将点云数据转化成三角片网格，建立清晰的拓扑关系；其次，用基于曲率的边界识别法识别出切矢不连续的锐边和曲率不连续的过渡区域；最后，对特征边进行轮廓追踪，在三角片网格上提取出特征区域，实现数据分割。

4）曲面与模型重构

曲面重构是建立曲面几何关系的过程。根据造型方式不同，分为基于 B 样条曲线的曲面重构和 B 样条曲面直接拟合。前者根据测量的点云数据，使用差值或逼近的方法拟合出 B 样条曲线，再使用放样、扫掠等造型方法将 B 样条曲线重构成曲面。后者根据测量的点云数据直接拟合出 B 样条曲面，适合处理散乱的点云数据。在建立曲面的几何关系后，还要建立面与面的拓扑关系。曲面间采用桥接、延伸、相交、剪裁等方式拼接，再通过实体造型方法得到三维模型[24-26]。

6. 逆向设计的优点和应用

逆向设计具有重要意义，可以提升设计自由度，缩短设计周期，降低设计成本，消化、吸收和创新国外先进技术等。

1）提升设计自由度

对产品设计的评价并不总是以最佳的使用效果为衡量标准，因为常常最优设计并不切实可行。主要原因是产品表面具有过于复杂的曲面造型而无法用传统的方式建立 CAD 模型，导致设计师不得不放弃最佳方案。而随着逆向工程技术得到应用，产品的复杂程度和 CAD 模型的创建难度不再相关，都可以通过先做实物样件结合接触式或非接触式扫描的方式来获取 CAD 模型[27]。逆向工程技术在产品设计中可使设计人员专注于产品的功能设计，而不用担心模型建立的问题，减少了对设计者的束缚。

2）缩短设计周期、降低设计成本

在经济高度发达的今天，缩短产品的设计周期是企业增强产品市场竞争力一种极其重要的方法。在这个周期中，需要先建立计算机的三维模型，逆向工程技术可以通过扫描模型样件或产品实物并经过适当处理，快速、方便地建立 CAD 模型，节约大量的建模时间。同时，由于基于逆向工程的增材制造技术，很多模型的细节之处或样件的局部修改都可以得到完成，极大地缩短建模时间，企业设计成本也大幅降低。

3）消化、吸收和创新国外先进技术

国内外的先进技术往往是商业秘密，像传统正向设计那样，先有产品的图样、技术文档、安排工艺等几乎不可能，而产品实物的获得就相对容易很多，可成为最重要的"研究"对象。逆向工程技术提出之初的研究和应用的重点大多放在外形上。随着市场全球化的发展，如何更快更好地发展科技和经济，充分利用先进国家的科技成果加以消化吸收和创新，进而发展自己的技术已经成为各行各业的头等大事。

4）逆向设计的应用

(1)外观设计与外形改进。逆向工程用于产品的设计与改进，通常直接应用 CAD 软件设计研究，抛弃了原先依赖的三维实体模型设计，大大缩短设计与加工时间，也更适合设计具有复杂曲面的产品。

(2)实物模型加工。在一些如风洞等大型实验项目(航天航空、汽车制造等)的建立时，往往需要符合产品设计要求的三维模型，这些模型通常具有复杂的自由曲面，传统的正向工程难以获得，而逆向工程就适合制造出满足空气动力学要求的复杂三维曲面模型[28]。

(3)模具设计。以往的模具设计，先要有产品造型，而现在越来越多的客户无法提供造型，仅有实物，或者提供的实物也要经过一些修改。应用逆向工程，测量数据就能得到实物模型，再经过反复修改最终满足用户需求。这样比起在真实模具上修改，效率大幅提高。

(4)破损修复。破损文物或艺术品、产品零件等也能应用逆向工程进行修复。凭借专业的工业级 CT，工程师可以获得物体的内外部特征及缺陷进行修复，同时，还可以拥有相应的艺术价值与科研价值。以逆向增材修复为例，逆向工程及增材制造技术对复杂结构件的修复是对损坏零件进行逆向工程建模及将重构模型进行增材制造，并将重构件代替原损坏件，恢复产品功能的修复过程。修复流程可分为待修复结构件分析、点云数据获取、三维模型生成、产品增材制造成形以及修复测试五部分[29]。

①待修复结构件分析。要实现复杂结构件的修复，首先要对其结构特点与功能进行分析，了解设计特点、图形特征、使用材料以及工况。如使用的材料特殊无法用增材制造技术实现时便只能使用数控车床（CNC）加工的方式，或零件本身从市场上采购较为方便也不适合用逆向工程的方式增加修复时间和成本。对结构件的分析是为了确认是否采用逆向工程及增材制造的方式修复。

②点云数据获取。要实现复杂结构件的逆向工程修复，需要对结构件的结构特征（如尺寸、形状、曲面特征）、特征位置等进行点云数据获取，获取方式可分为非接触式方法和接触式方法，如图 2–14 所示。非接触式方法多用于曲面特征的获取，利用声学、光学和电磁学的手段进行数据获取，如激光扫描；接触式方法多用于尺寸、位置等特征的获取，利用机械关节臂、三坐标测量仪、机床测头等手段进行获取。近年来，出现了非接触式与接触式结合的方式，通过在三坐标测量仪上安装高精度非接触式光学扫描仪，实现待测量产品的可编程特征扫描。

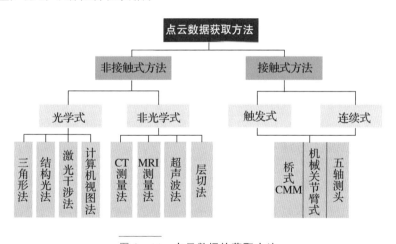

图 2–14　点云数据的获取方法

③三维模型生成。将获取的点云数据导入逆向软件，通过逆向软件将点云数据拟合出实体特征并生成三维模型。模型三维实体生成除了直接应用点云数据，按点、线、面、体的传统方式外，还可直接应用逆向软件的模式进行。市面上存在的逆向软件主要有两类：一类是以逆向模块的形式嵌入到通用的 CAD/CAM 软件中，如 UG 软件中的 QuickShape 模块、Pro/E 软件中

的 SCAN - TOOLS 模块；另一类是专用的逆向软件，如 EDS 公司的 Image ware 软件、Raindrop Geomagic 公司的 Geomagic 软件、DELCAM 公司的 CopyCAD 软件、Paraform 公司的 Paraform 软件、PTC 公司的 ICEMSurf 软件、中国台湾智泰科技公司的 DigiSurf 软件、AliasWaveffont 公司的 Surface Studio 软件以及 Materalice 公司的 Mimics 软件等[30]。逆向软件的选择要根据产品特征、点云数据的特点以及模型的后续用途要求进行。

④产品增材制造成形。增材制造技术是通过二维成形的面三维叠加来实现零部件制造的一种新型增材制造技术，产品的结构与造型设计不受传统制造工艺的限制，可以实现任意复杂结构的成形。增材制造技术的应用使结构件的制造效率大大提高，降低了制造的难度。将三维模型导入进行 STL 文件转化，而后将转化好的 STL 文件导入 3D 打印机切片软件进行切片，最后进行打印并对产品进行后处理，从而得到想要的产品。其中切片的目的就是将空间三维问题转化为 X 和 Y 的平面运动问题并进行路线优化，包括有文件校核，确定摆放方位、增加支撑和设置切片参数四个过程。

⑤修复测试。增材制造成形的零件要进行测试以确保达到预定的目的，需要将零件替换到原先的位置，先观察是否能正确地安装配合，再根据设备的使用功能进行测试，观察空载运行是否有异常，再负载运行测试是否满足功能要求，最后停止后观察零件是否有损坏。测试通过后才可结束整个设备的修复工程。

2.4.4　自由设计方法

1. 自由设计概念

自由设计是以实现功能为直接目的，过程是围绕功能展开的设计。功能是指事物或者方法所发挥的有利作用，一个零件能够应用于实际场合，实际上是实现其功能的过程。使用者在使用零件时，也经由零件功能满足需求。功能作为零件存在的根本原因，是每一个零件设计时必须重点考虑的。在不同的使用场合、不同的角度，零件的功能有很多种类，总体上可以分为物质功能和精神功能两大类(图 2 - 15)。物质功能有技术功能、环境功能和实用功能；精神功能有审美功能、象征功能和教育功能。工程设计中的功能设计主要是指技术功能设计，其他的功能设计更多的是在工业设计中体现。

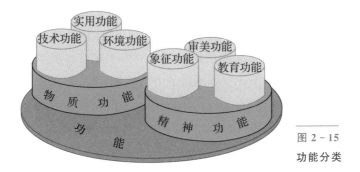

图 2 – 15
功能分类

设计者通过对结构、组织、成分等的设计来实现零件功能。自由设计就是要借助增材制造技术，通过综合设计零件的（外形）结构、组织（如分层结构、相组织）、材料成分等，实现零件预期的功能。

由于增材制造技术直接一次性成形，故设计期极少考虑加工约束，设计期时间短。传统的设计方法中，设计者在设计过程中必须考虑具体制造工艺，防止设计的零件无法制造出来；但是采用 3D 打印技术，设计者在设计过程中很少甚至无需考虑设备能不能加工的问题，大大简化了设计工作量。

2. 自由设计的特征

1）非标准原材料形状及成分

为了减少制造工序、使加工量最少及控制制造成本，在传统的设计中，往往要求零件的形状、尺寸以及材料成分尽量接近标准材料。在设计之初，需要对标准材料（包括材料的成分以及形状，如从材料成分方面考虑：钢材、铜材、铝材等；从材料形状方面考虑：板材、棒材、管材等）作一番考察，选择合适的材料，并在此基础上设计零件的形状和尺寸。尽管标准材料的设计建立在大量应用经验的基础上，有一定的实用性，但从设计的角度看，在一定程度上与面向功能相抵触。与传统加工方法不同，增材制造技术基于离散/添加原理，采用材料堆积成形零件，逐步添加材料过程中，可以添加不止一种材料，也不存在工序多少和加工量（指去除材料量）大小的问题。因此，自由设计首先需要建立的理念应该是无需再考虑零件的原材料形状，成形材料也可以是两种以上的，即采用非标准原材料形状及成分。只有突破了标准材料的思维局限，才可以在零件设计中更关注实现零件功能。

2）无刀具特征

传统设计必须考虑零件制造过程中加工刀具与零件表面的干涉。增材制造技术通过材料逐层添加堆积成形，并不像传统加工方法是利用刀具去除材料的，因此，在自由设计中，不存在为避免刀具干涉而设计的特征。去除了刀具特征，可以使零件的形状和结构更简单，另一方面，零件的数字化模型包含的信息更少，也有利于计算机处理。

如表2-3中对比项目①所示，零件的两个表面相交而形成边界时，理论上应该是产生一个直角特征。在传统设计中，考虑到如果刀具从一个面进刀并沿着另一个面出刀，受加工刀具本身刀具角的影响，刀具无法加工出直角边界，因此需要增加圆角特征，并且保证圆角半径与刀具角不干涉。在自由设计中则无须考虑这些因素，不必对边界作任何处理，零件设计时仅需将方块特征作布尔运算即可。需要特别说明的是，此处的圆角特征并非泛指设计过程采用到的任意圆角特征。在采用圆角特征进行面过渡以避免应力集中的情况下，圆角特征是不能随意取消的，这与为了避免刀具干涉而增加圆角特征情况不同。

在传统设计中，退刀槽和越程槽是轴设计中常见的特征之一。针对车削加工的凹槽称为退刀槽，针对磨削加工的凹槽则称为越程槽，两者所起的作用是相同的。如表2-3中对比项目②所示，为了在加工轴表面时方便退刀，并且保证装配时轴与零件能够靠紧，需要在台肩处设计一凹槽作为退刀槽。增材制造技术绝大多数都是无刀具成形，在自由设计中极少需要考虑退刀问题，因此不采用退刀槽和越程槽特征，轴的形状仅是简单的圆柱体组合。

键槽在轴设计中是最常见也是最重要的特征之一。键槽用于安装键；键通过键槽，在轴与轴上零件之间起到运动和力传递的作用。键槽的形状影响键的运动和力传递效果，同时由于键槽对轴体积的削减而影响到轴的强度。传统的加工方法中，轴上的键槽多采用铣刀加工而成。如表2-3中对比项目③和④所示，立铣铣刀沿着轴的径向从轴圆周表面进刀，最后沿着轴的径向从轴圆周表面退刀，在键槽的两个端部都留下铣刀特征；在卧铣加工中，铣刀沿着轴的轴向从轴端面进刀，最后再沿着轴的径向从轴圆周表面退刀，在键槽的端部留下铣刀特征。在自由设计中，对键槽的形状设计要求则更简单，可以不考虑铣刀的进刀和退刀所留下的特征。这样的键槽形状有利于键的运动和力传递，尤其对于在需要轴向固定的场合效果更明显；相应地，键的形状设计也可以简单化。

表 2 - 3　传统设计与自由设计的刀具特征对比

对比项目	传统设计	自由设计
① 刀具角	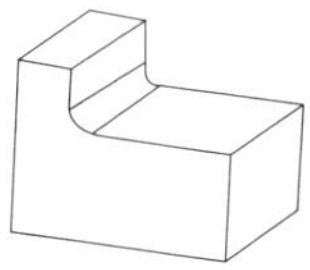	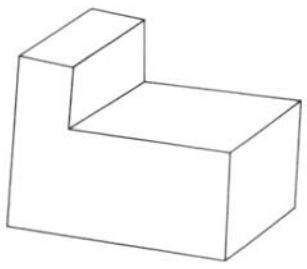
② 退刀槽	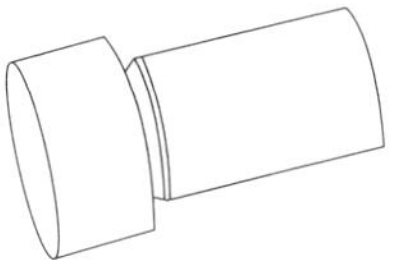	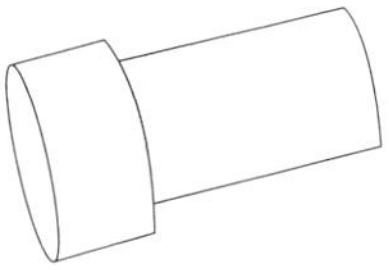
③ 立铣铣刀特征	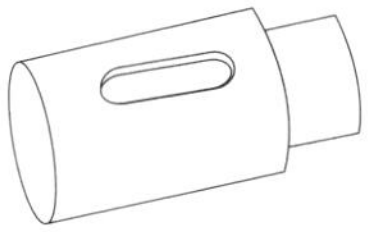	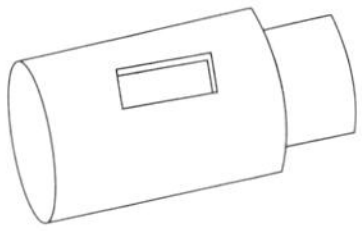
④ 卧铣铣刀特征	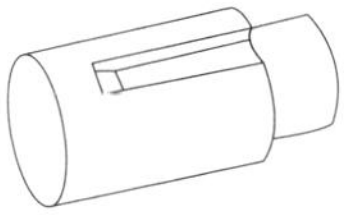	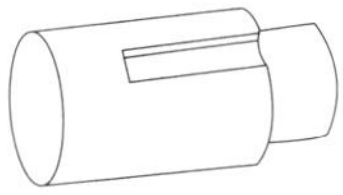

3）无装夹特征

夹具用于使零件在加工过程中处于正确的位置，起到定位和夹紧作用。传统结构设计，都必须考虑装夹，某些特殊形状的零件甚至需要设计专门的装夹结构。无装夹是增材制造技术的主要特点之一，自由设计也不再考虑装夹结构。

扁平薄板的装夹通常是比较困难的，容易变形、不好定位、难以保证夹持力等特点使在传统结构设计中一般要求为薄板设计装夹结构。如表 2 - 4 所示的对比项目①，当薄板上有大尺寸圆孔或者薄板表面需要加工时，需要为薄板设计出辅助圆孔用于装夹，加工时将薄板固定在工作台上；如果薄板厚度太小，甚至需要考虑是否要为薄板设计用于嵌入垫块的结构。在自由设计中则不用考虑这些因素，只需为薄板设计出实现功能的特征和其他为了添加装夹设计的特征。

表 2 – 4 传统设计的装夹特征与自由设计的无装夹特征对比

对比项目	传统设计	自由设计
① 辅助孔		
② 辅助凸缘		
③ 辅助安装面		
④ 特征形位关系		

如表 2-4 所示的对比项目②，零件大平面需要加工而零件又不方便装夹时，通常需要为零件设计辅助凸缘，用于装夹，凸缘在零件加工完成后再切除。如表 2-4 所示的对比项目③，轴承盖端面需要加工，但一般的卡爪长度不够长，难以夹在轴承的外缘；而轴承另一端的外缘是圆弧面，卡爪难以将轴承夹紧，这种情况下往往需要为轴承设计辅助安装面，在零件加工完成后再切除。在自由设计中，辅助凸缘和辅助安装面的结构都可以不作考虑，不但简化了设计，而且也大大减少了工序、节约材料、降低成本。

为了避免重新装夹工件，在传统设计中通常希望零件的加工面都限定在一个平面上，因此在零件设计中，也要求各个特征尽量采用同一个基准面，而且最好与基准面是平行或垂直。如表 2-4 所示的对比项目④的零件，为了避免多次装夹影响零件两端圆孔的形位关系，需要将两端圆孔连通，以实现一次装夹即可完成两次钻孔。但在自由结构的设计中，形位关系可以依据功能需求设计，因此没必要将两端圆孔连通。

4）自由孔结构

孔结构在零件设计中常常遇到，用于连接、定位，甚至是直接实现零件功能的主要结构。在传统加工中，孔结构多是采用钻孔、镗孔等手段加工；在增材制造技术中，孔结构直接成形出来，这就决定了自由结构的设计中零件的孔结构允许根据功能需求进行设计，不受限制，也即自由孔结构；孔结构的自由化，可以使零件更好地实现功能。表 2-5 归纳出几种常见的孔结构设计对比。

表 2-5　传统设计与自由设计的孔结构对比

对比项目	传统设计	自由设计
① 斜孔	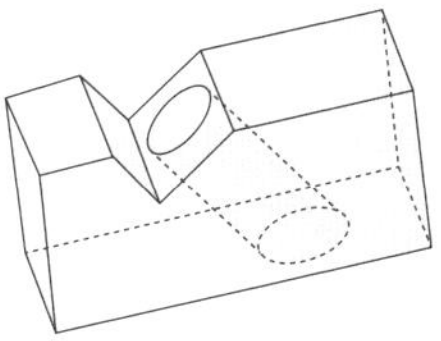	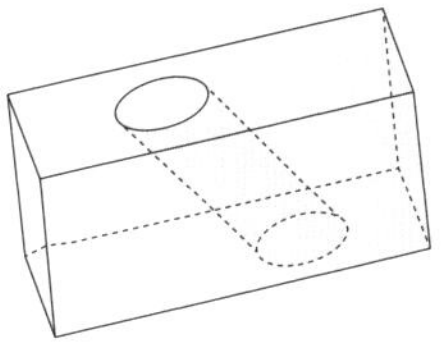
② 平底孔	不允许	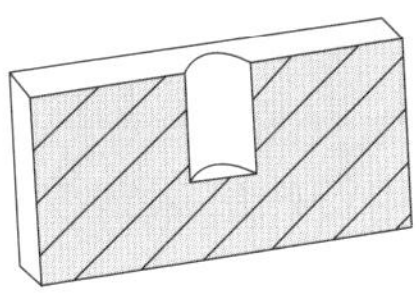
③ 内部孔	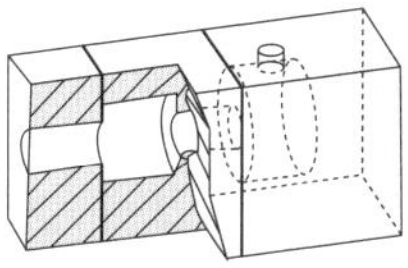	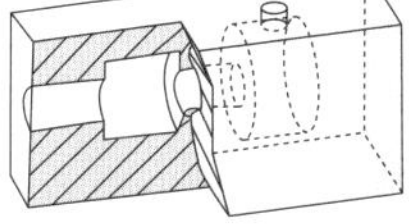
④ 细长孔	尽量避免	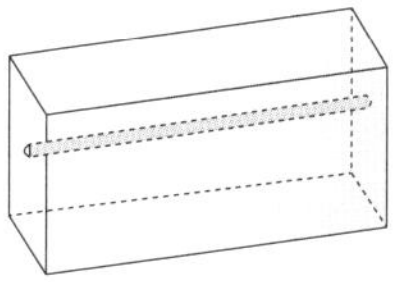

如表 2-5 所示的对比项目①，自由设计允许斜孔结构。在传统加工中，斜孔的加工难度远高于垂直孔（孔轴线与零件表面垂直），钻孔时必须采用特

殊的装夹装置，因此设计中尽量避免出现；在无可避免时，也需要在零件表面设计出一个与孔垂直的铣面，以方便钻孔，避免采用特殊夹具。在自由结构的设计中则可以直接设计出斜孔，零件的结构更加简单。

如表2-5所示的对比项目②，自由设计允许平底盲孔结构。在传统设计中，盲孔结构通常以一个锥形面结束，以方便钻孔；一旦采用平底盲孔结构，零件的加工难度就大大增加。在自由设计中，设计盲孔时不再考虑孔底部的锥形面，甚至允许在孔上设计出全螺纹特征。

内部孔(弯曲孔)结构在传统结构设计中是不允许存在的，原因很明显：孔加工时，刀具无法进入零件内部。但是，在很多设计场合却需要为零件设计出内部孔，比如用于冷却的零件，常常要求具有内部孔结构以便通入冷却介质。在这种情况下，传统结构设计中需要采用多个直孔代替内部孔，再把不需要的出口塞死，一定程度上限制了零件设计思路和功能实现。在自由结构的设计中，则允许有内部孔结构。如表2-5所示的对比项目③，零件的内部孔径比端头的孔径大，中间的孔径又变小，这种复杂的内部孔结构在自由结构的设计中是允许存在的。而在传统设计中，当零件必须采用这种结构时，不得不将零件分解为几个单元件，避免内部孔结构。

细长孔是指孔长度和孔径之比太大的孔。细长孔在传统加工方法中通常需要采用特殊的深钻技术加工，甚至要求为细长孔设计和加工相应的专属刀具，因此要尽量避免，在自由设计中则不受此限制。如表2-5所示的对比项目④，面向自由结构的设计中允许零件带有细长孔结构。

5）自由表面

表面干涉是针对传统设计而言的，指零件存在两个或两个以上的表面会在零件加工时难以装夹或使刀具与表面发生碰撞，实际表面干涉也是加工方法导致的。自由设计针对的加工方法是增材制造技术，不会出现表面干涉情况。如表2-6所示的对比项目①，零件由两个圆柱体特征垂直交叉而成，在交叉处形成相贯线，加工其中一个圆柱体表面时会破坏到另一个圆柱体的表面；若采用传统车床加工，零件也难以装夹。这种结构在传统设计中是要尽量避免的。

表 2 - 6　传统设计与自由设计的表面干涉对比

对比项目	传统设计	自由设计
① 复杂相惯线	尽量避免	
② 刀具难以到达的表面	不允许	
③ 刀具与表面干涉的结构		
④ 复杂曲面	尽量避免	

　　如表 2 - 6 所示的对比项目②，零件由一个圆柱体和一个方块倾斜交叉而成。这种结构不但存在对比项目①所示零件中，还存在刀具无法进入的结构，这种结构在传统设计中是不允许的。

　　类似的表面干涉情况在为零件设计孔结构时也经常遇到，如表 2 - 6 所示的对比项目③，在传统设计时，为避免钻头与侧壁的干涉，必须使孔与侧壁之间保持一定的距离，而自由设计则不受距离的限制。

　　允许表面干涉是自由设计的主要特点之一，零件的外观形状可以自由设计，这就使在自由设计中可以针对不同的功能需要设计出个性化零件。如表 2 - 6所示的对比项目④，自由设计可以为零件设计出复杂曲面；而在传统结构设计中，复杂曲面的设计必须慎重，因为普通的机床难以精确地加工出复杂曲面，即使是采用多轴数控机床，复杂曲面加工能力也是有限的。

3. 自由设计方法

　　针对增材制造技术的制造能力与约束，充分考虑设计因素后，需要研究其创新设计方法，改善传统设计方案，从而使面向增材制造的结构设计更加完美，更适应机械设计的发展。

在以往，创新设计的产品结构过于复杂，由于传统制造铸、锻、车、铣、磨、镗工艺的局限性，很难将其原型加工出来，因此在传统制造的创新设计中不得不考虑加工难度的问题，为了降低加工难度需要对产品结构做一些改变。增材制造技术的出现可以在一定程度上不再妥协于制造方式，将功能与结构实现最大化结合。在结合机械创新设计方法与增材制造技术优势后，基本上可以提出以下增材制造自由设计方法：增材制造材料变元设计方法、增材制造零件数量集成化设计方法、增材制造形状优化设计方法等。

1）增材制造材料变元设计方法

增材制造材料变元设计方法重视材料变元的科学性，优化材料的成分，优化材料种类，将不同材料成分、不同材料种类合理的组成放置在零件最需要的部位，从而组成新的产品，使其具有连续或者不连续的产品性能。例如，在对一种材料进行增材制造后，获得了理想的刚性性能，而在某一个零件中需要这种刚性性能，就将这种材料应用到这个零件中。更进一步如果这个零件各部分对刚性的要求不同，那就将对应不同刚性性能的材料放在所需要的位置上。在机械结构的设计中，需要根据性能要求来调整相应的材料成分或种类。增材制造材料变元设计强调要充分发挥材料的自身特性与优势，要切实保证结构的质量。在强度与韧性、刚性与柔性等各种复杂矛盾的要求中，增材制造技术提供了一种材料变元方法，将材料的成分进行微量的改变来获得不同的性能，将材料的种类进行改变来获得不同的性能，通过材料的成分与种类的各种复合，创造出需要的特定性能。在增材制造材料变元设计过程中要充分考虑材料之间的连接性与过渡性，考虑材料的使用寿命等。如对某一个机械结构的不同位置的使用需求不相同，有些易磨损位置需要变元为硬度高、耐磨性好的材料，保证该位置长期稳定，提高该零件的整体寿命，这就要求对不同位置的材料使用情况进行合理优化。由于机械产品中各零件是由不同材料制造的，材料种类繁多，不同材料、相同形状的零件对同一种机械结构来讲，功能大相径庭，多材料、复合材料的增材制造方式提供了一种利用材料变元法进行机械结构设计的创新方法。

2）增材制造零件数量集成化设计方法

机械产品设备的内部是一个完整的机械系统，包含的零件不同，作用也不同。在设计时，设计人员需要对每个结构的尺寸进行详细推敲，最终确定最优的排列组合方式。对一些数量相对较多的零件，应仔细盘查其数据，以保证性能完备、设计合理以及装配方便。当然也应考虑能否在保证功能与性能的基础上，尽可能减少零件的数量，减少整体的设计及装配工作量，进而大大减轻设计人员及装配工人的劳动强度，节省产品制作时间，并提升产品性能。比如垫片、螺栓和螺母是机械结构中最常见的组成部分，三者的有效配合提高了机械结构的稳定性，但是如果一个结构中垫片、螺栓和螺母数量过多，在拆卸时就会产生很大的难度，并且还有可能因为拆卸方法不当造成对机械结构的损伤。对此在创新设计时就可以采用数量变元的方法，将其设计成一体化多功能的螺钉，减少使用数量，保证工作的效率和安全程度。这就需要针对零件的轮廓线、轮廓面、工作面、加工面和整个零件数量做相应的设计改变。

在以前，想法是好的，但是设计出来，往往很难生产制造，或者增加的成本是不能接受的，迫使人们转用更容易生产制造的设计，尽可能将零件拆解成简单结构形状，后期再组装装配。增材制造技术可以轻易地制造以前不能完成的复杂结构，甚至是将以前必须装配的运动副结构，通过增材制造技术一体化生产出来，实现免组装。增材制造零件数量集成化设计方法，其设计优化方式显得简单而有效，并且设计得当的情况下能够很好地体现出设计的价值。

3）增材制造形状优化设计方法

形状优化设计也是增材制造创新设计方法中常见的一种手段。通过对机械结构一些零件表面结构或是整体结构的改变，就能让零件的规格变换，达到优化力学性能的目的。设计人员也可以通过尺寸变量的方式来优化零件的尺寸，并获得最佳尺寸，从而实现零件应用优化的目的。为了增加结构质量，提升力学性能，可以通过改变零件部件的形状来对整体的结构做出一定的优化调整。设计人员应尽可能地在保证使用功能与性能的前提下，充分考虑形状及尺寸满足可靠性要求。

参 考 文 献

[1] MM 现代制造. 3D 打印的火箭引擎一体化推力室[EB/OL]. [2019 - 08 - 22]. https：//www. sohu. com/a/335658708_804415.

［2］明宪良，唐晔，汪小明，等．多尺度构型—多材料融合的功能结构增材制造技术［J］．工业技术创新，2018，5(04)：34－40.

［3］杨永强，吴伟辉．制造改变设计：3D打印直接制造技术［M］．北京：中国科学技术出版社，2014.

［4］国家市场监督管理总局，中国国家标准化管理委员会．GB/T 37698—2019增材制造设计要求、指南和建议［S］．北京：中国质检出版社，2019.

［5］美国参数技术公司．软件简介［EB/OL］．［2019－12－12］．https：//www.ptc.com/.

［6］西门子．软件简介．［2019－12－12］．https：//www.plm.automation.siemens.com/.

［7］SolidWorks．软件简介［EB/OL］．［2019－12－12］．https：//www.solidworks.com/.

［8］Autodesk．软件简介［EB/OL］．［2019－12－12］．https：//www.autodesk.com.cn/.

［9］法国达索飞机公司．软件简介［EB/OL］．［2019－08－22］．https：//www.3ds.com/zh/.

［10］于云丽．Cimatron正式发布CAD/CAM一体化解决方案—旗舰产品CimatronE7.0版本［J］．制造技术与机床，2005(10)：1－1.

［11］ADAM G，ZIMMER D．Design for Additive Manufacturing—Element transitions and aggregated structures［J］．CIRP Journal of Manufacturing Science and Technology，2014，7(1)：20－28.

［12］肖泽锋．激光选区熔化成型轻量化复杂构件的增材制造设计研究［D］．广州：华南理工大学，2018.

［13］刘洋．激光选区熔化成型机理和结构特征直接制造研究［D］．广州：华南理工大学，2015.

［14］杨雄文．激光选区熔化成型件尺寸精度研究及在免组装机构直接制造中的应用［D］．广州：华南理工大学，2015.

［15］宋长辉．基于激光选区熔化技术的个性化植入体设计与直接制造研究［D］．广州：华南理工大学，2014.

［16］蔡勇．逆向工程与建模［M］．北京：科学出版社，2011.

［17］HUANG M C，TAI C C．The Pre-Processing of Data Points for Curve Fitting in Reverse Engineering［J］．International Journal of Advanced

Manufacturing Technology，2000，16(9)：635 - 642.

[18] MOTAVALLI S，BIDANDA B. A part image reconstruction system for reverse engineering of design modifications[J]. Journal of Manufacturing Systems，1991，10(5)：383 - 395.

[19] 肖尧先，映林. 产品反求 CAD 建模工程化技术研究[J]. 中国机械工程，2003(04)：315 - 318.

[20] 金涛，陈建良，童水光. 逆向工程技术研究进展[J]. 中国机械工程，2002(16)：86 - 92.

[21] 祖文明. 逆向工程技术的应用及国内外研究的现状及发展趋势[J]. 价值工程，2011，30(21)：30 - 31.

[22] 刘伟军，孙玉文. 逆向工程——原理、方法及应用[M]. 北京：机械工业出版社，2009.

[23] 陈宏远，刘东. 实物逆向工程中的关键技术及其最新发展[J]. 机械设计，2006，08：1 - 5.

[24] 何荣. 逆向工程中基于特征曲面的重构算法研究[D]. 杭州：浙江大学，2007.

[25] 王晓辉，刘清荣，郭楠. 基于逆向工程的三维曲面重构软件的研究[J]. 赤峰学院学报(自然科学版)，2015，03：44 - 45.

[26] 李刚. 基于逆向工程的自由曲面重构技术研究[D]. 济南：山东大学，2009.

[27] 任雯. 基于实例的反求工程方法研究与应用[D]. 北京：华北电力大学，2014.

[28] 金涛，童水光. 逆向工程技术[M]. 北京：机械工业出版社，2003.

[29] BAE S H，Choi B K. NURBS surface fitting using orthogonal coordinate transform for rapid product development[J]. Computer Aided Design，2002，34(8)：683 - 690.

[30] 陈君梅. 基于 CMM 及 UG 软件的反求建模研究[D]. 广州：华南理工大学，2004.

第 3 章
增材制造创新材料设计

每一种重要的新材料得到应用，都把人类支配自然的能力提高一个新的水平。随着数字化和信息化技术的进一步发展，具备非均质组织结构与细微机械结构、二维或三维梯度功能，能实现材料组织结构与零件功能和性能的最佳组合的数字化材料结构及其组装，将是科学技术发展的必然需求。

3.1 增材制造创新材料设计概念

现代先进制造业发展的明显特点是性能好、功能强、小批量、多品种、技术含量高。其设计思想的实现也强烈依赖于新材料、新工艺的研发水平、制造水平、制造设备能力，增材制造技术是实现设计思想和制造理念的一项重要技术。

基于增材制造技术的材料结构性能一体化的创新设计中，材料创新设计是核心基础。创新材料设计，名义上是对材料的设计，实际上可结合更多的元素（如材料的构成信息、材料种类及微观结构单元的物理属性）进行集成设计。增材制造技术为创新材料设计提供更多可能性（图 3 - 1）。

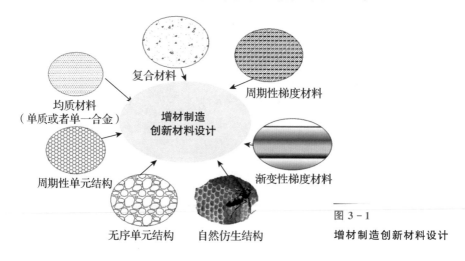

图 3 - 1
增材制造创新材料设计

美国的 Object 公司采用 PolyJet Matrix 技术(一种新的增材制造技术)设计出一系列不同类型的增材制造设备,例如,ObjetEden500V、Objet Eden350/350V 等,其工作原理是通过控制打印头上的各个喷嘴,根据方位和模型类型从指定的喷嘴喷射设置好的模型材料。因具备喷射矩阵的管理能力,可全面控制喷射材料的力学特性,使用户可以选择和构建出最适合、最贴近设计目标的材料。Object 公司将 PolyJet Matrix 技术所生成的材料定义为数字化材料(digital material)[1]。数字化材料是由两种同时喷射的模型材料合成的复合材料,其力学特性有别于合成它的两款原始模型材料。此外各种各样的增材制造工艺为材料设计创新提供了有力的工具手段。增材制造创新材料设计是增材制造过程中材料由单质元素到复合材料,由复合材料到梯度材料、数字化材料等发展的过程,在这一过程中,增材制造材料有自由组合和自由变化的特性,为增材制造材料设计提供了有力的工具与方法,同时材料在成形过程中无须按传统材料成形方式进行大量预置,在增材制造过程中可逐步微量添加形成新型的功能材料。故增材制造成形复杂结构形状产品时,材料依据结构进行优化分布,实现材料的理想分布,这一概念称为增材制造创新材料设计。这里将增材制造创新材料设计分为以下几部分:

(1)增材制造增强性复合材料设计。增材制造在增强性复合材料设计过程中,通常在原有体系中加入特殊的微量元素(如单质材料、合金材料或颗粒增强材料等),从而提升原有材料的性能,形成新的复合材料。由于新加入的成分相对原有材料体系量少且单一,基体还是原有材料,因此称为增强性复合材料。

(2)增材制造梯度性多材料设计。从材料的结构角度来看,梯度功能材料与均一材料、复合材料不同,它选用两种(或多种)性能不同的材料,通过连续地改变这两种(或多种)材料的组成和结构,使其界面消失导致材料的性能随着材料的组成和结构的变化而缓慢变化,称为增材制造梯度性多材料。

(3)增材制造结构性材料设计。增材制造是由点到线到面的成形过程,在这一过程中,可以把增材制造产品离散成像素点,每一个像素点都可以对应不同的材料,通过数字化方式表示材料组成的规律性与周期性,称为增材制造数字化结构材料。此部分也应包括通过微结构组成的宏观结构,即材料结构一体化，增材制造创新材料设计对构建理想的材料结构一体化产品有重要的指导意义。

3.2 增强性复合材料设计

常用的工程材料普遍存在一种缺陷，即难以兼顾轻质、高强和坚韧等优异的力学特性，且只能实现单一的功能，如坚硬的陶瓷往往容易断裂，而柔韧性较好的橡胶和塑料的刚度和强度又都很低。而增强性复合材料的增材制造，通过将基体和增强材料结合起来，形成具有一定功能和性能的材料，使增强性复合材料兼具各种单一材料的独特性能。

增材制造增强性复合材料具有如下优势：①复合材料的常规制造技术（例如模塑、铸造和机械加工）通过材料去除或等体积变形过程来制造具有复杂几何形状的产品。尽管这些加工方法可以很好地控制和监测复合材料的制造过程和性能，但难以对复杂内部结构进行构建或需要相当复杂的模具制作流程。而增材制造技术能定制化制造各种复杂结构的产品，特别是内部结构较为复杂的产品；②传统制造通常将颗粒、纤维或纳米增强材料掺入聚合物中制造出具有优异力学性能和出色功能性的聚合物基复合材料，而增材制造技术的优势是能够定量运用这些增强颗粒、纤维或纳米材料，并做到增强材料的有序或特定分布，从而实现增材制造工艺的灵活性与结构材料的独特性完美结合。

3.2.1 增强性聚合物基复合材料设计

目前，在增材制造领域，对大部分单种聚合物已经取得非常出色的研究成果，开发具有改善性能的增强性聚合物复合材料方面也取得了较大的进展，研究人员采用各种增材制造工艺来制造聚合物复合材料。增材制造技术可以通过材料的预置，以及在成形过程中利用多材料增材制造模块，实现增强性聚合物基复合材料成形。例如，熔融沉积成形、激光选区烧结成形、立体喷墨打印成形、立体光固化成形等，此外还有一些其他增材制造工艺仍在开发或仅由少数研究人员使用。每种技术在制造复合材料中都有其自身的优点和局限性，制造工艺的选择取决于原材料、成形效率和分辨率、最终产品的成本和性能需求。表 3-1 介绍了聚合物复合材料常用增材制造工艺及特点[2]。

表 3-1 聚合物复合材料常用增材制造工艺及特点

增材制造工艺	原材料状态	典型材料	优点	缺点
FDM	丝材	热塑性材料，如 PC，ABS，PLA	低成本，高强度	容易造成各向异性，喷嘴堵塞
SL	液态光敏树脂	光固化树脂	高分辨率	材料限制，成本高
SLS	粉末	PCL 和聚酰胺粉	强度好，支撑易去除	成本高，表面黏粉
3DP	粉末	几乎任何材料粉末	低成本，容易实现多材料，支撑易去除	胶黏剂喷射堵塞，胶黏剂污染
DLP	液体或糊状	PCL，PLA，水凝胶	高分辨率，材料柔软	机械强度低，速度慢

1) 颗粒增强聚合物复合材料设计

颗粒增强剂由于成本较低而被广泛应用于改善聚合物基体的性能，无论是 SLS 技术中以粉末的形式还是 SL 技术中以液体的形式，或者 FDM 技术中以细丝的形式，聚合物都容易与颗粒混合。用于增材制造技术的各种颗粒增强聚合物材料可以使复合材料改进性能，如通过添加玻璃珠、铁或铜颗粒来提高拉伸/储能模量，通过添加铝和氧化铝改善耐磨性，通过添加陶瓷或钨颗粒改善介电常数。

采用 SL 技术制造散热器复合结构，如图 3-2 所示。这种复合结构是通过向丙烯酸酯树脂中添加高达 30% 的微金刚石颗粒形成的。当散热器在相同温度下加热时，复合散热器的温度要高于纯聚合物散热器的温度，证明通过添加金刚石颗粒可提高材料的热传导率[3]。

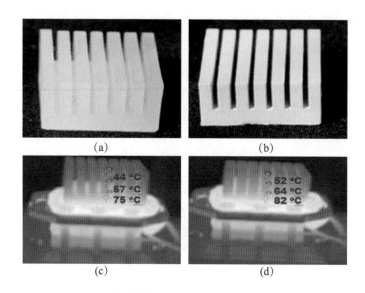

图 3-2 增材制造散热器

(a)丙烯酸树脂；(b)30%金刚石颗粒的复合材料；(c)丙烯酸树脂聚合物
散热器的红外图像；(d)在100℃下加热 10min 的复合材料散热器[3]。

采用 FDM 技术使用钛酸钡（$BaTiO_3$）/ ABS 增材制造金刚石光子晶体结构，如图 3-3 所示。通过掺入 $BaTiO_3$ 颗粒及改变其颗粒含量可以调节相对介电常数。在 $BaTiO_3$ 质量分数为 70% 时，与纯聚合物相比，增材制造的颗粒增强复合材料相对介电常数提高了 240%。此外，由于增材制造技术的灵活性，有效介电常数张量的主要成分可以通过颗粒的尺寸及分布来进行调整[4]。

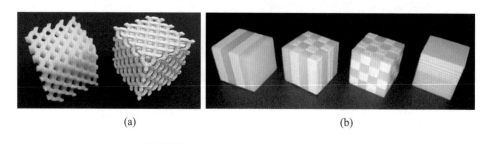

图 3-3 增材制造金刚石光子晶体结构

（a）增材制造 ABS 聚合物（左）和质量分数 50% $BaTiO_3$ / ABS 聚合物复合材料的金刚石光
子晶体结构；(b)ABS 聚合物和质量分数 50% $BaTiO_3$ 的组合增材制造的周期性结构和渐
变结构。

2）纤维增强聚合物复合材料

向聚合物基体材料中添加纤维增强材料可显著改善其性能。用于生产纤维增强聚合物复合材料的常见增材制造技术是 FDM 和 3DP。FDM 技术将聚合物粒料和纤维在掺混机中混合，输送到挤出机中制成长丝，可以通过第二次挤出过程确保纤维均匀分布。3DP 技术将聚合物浆料和纤维混合，直接挤出。实际上，基于粉末的增材制造技术不是制造纤维增强复合材料的理想选择，因为很难在粉末-纤维混合物上形成平滑的层。

复合材料的纤维取向和孔隙率在决定最终复合材料零件的性能方面起到重要作用。在纤维增强复合材料设计中，与压缩成形（CM）的 ABS 零件性能相比，FDM 的碳纤维增强 ABS 复合材料具有更明显的孔隙（约 20%），如图 3-4(a)所示，而压缩成形样品几乎没有孔，这是由于沉积线之间存在间隙以及聚合物与纤维之间黏合不良。但是，增材制造样品的拉伸强度明显提高到与压缩成形样品的拉伸强度接近，如图 3-4(b)所示。这是因为在增材制造过程中，更多的纤维沿承重方向排列，弥补了孔隙率的负面影响[5]。

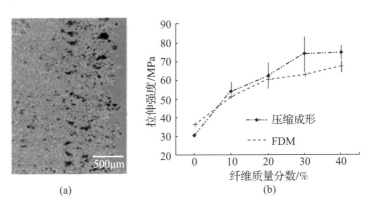

(a)　　　　　　　　　　(b)

图 3-4　FDM 增材制造的 ABS/碳纤维复合材料

(a)增材制造的 ABS/质量分数 30%碳纤维复合材料的抛光表面显微结构；
(b)纤维含量和制备方法对增材制造的 ABS/碳纤维复合材料的拉伸强度的影响。

纤维含量对增材制造零件力学性能的影响也是一个重要研究课题。FDM制备的 ABS/碳纤维复合材料随着纤维含量的增加而显示出抗张强度和模量的增加，并且在质量分数为 40%的纤维负载下最大可增加 115%和 700%[5]。也有研究表明纤维质量分数为 5%时，增材制造部件的力学性能最佳，较高的纤维填充率容易引起孔隙率升高，从而使增材制造部件的性能下降[6]。虽然目前纤维增强材料具有巨大的应用潜力，但纤维含量增加容易导致喷嘴堵塞，另外，由于韧性的损失，难以将具有较高纤维负载的复合材料制成用于 FDM（成形）的连续长丝。因此，所得复合材料的性能受到低纤维含量的限制。进一步了解增材制造材料的流变特性并增加纤维含量至关重要，应用增塑剂和增容剂可能是改善原料加工性能的一种方法。目前，大多数研究仅提出可通过在聚合物基体中添加短纤维作为增强剂实现纤维复合材料的增材制造，并能进一步提高增材制造中聚合物复合材料力学性能。典型的短纤维包括玻璃纤维和碳纤维（CF）。基于连续纤维的增材制造设备原理如图 3-5 所示，该增材制造部件使用两个打印头分别挤出碳纤维增强热塑性塑料（CFRP）和尼龙，两种材料在导引管路作用下混合为三明治结构，中间是碳纤维增强热塑性塑料，顶部和底部是尼龙聚合物。与短纤维增强的 PLA 复合材料相比，连续纤维增强复合材料的力学性能大大提高。但是，在某些情况下，样品中仍存在纤维的不规则性和不连续性。尽管与纯聚合物相比，复合材料的力学性能有了很大的改善，但改善程度仍低于计算的理论值。

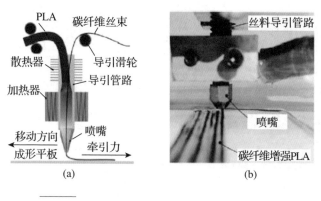

图 3-5　连续碳纤维的增强材料增材制造原理图

(a)主视图；(b)俯视图。

为达到提高复合材料力学性能的效果，在设计过程中可结合使用颗粒增强与纤维增强方式。例如，单独采用纤维增强方式，存在复合材料在增材制造过程中产生孔隙的缺陷，严重损害增强性复合材料的力学性能，因此研究人员在研究如何减少孔隙的形成方面曾做出大量努力。有研究学者发现，用可膨胀的微球作为聚合物添加剂，可有效减少增材制造零件的孔隙率。在微球负载量为 11% 时，增材制造零件的孔隙率从 17% 降低至 7%。通过使用微球颗粒增强和纤维增强相结合的方式进行复合材料设计，有望大大提高增材制造复合材料的力学性能。

此外，通过 3D 直写技术也可制造轻质的多孔复合材料，如图 3 - 6 所示。使用碳化硅晶须和碳纤维增强环氧树脂制造的仿生性木结构，具有可控的结构和力学性能。通过调节纤维和晶须增强物的排列，可以获得具有所需刚度和韧性的高度优化的结构[7]。

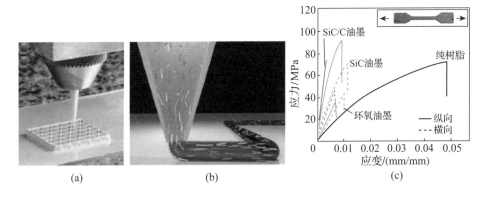

图 3 - 6　多孔复合材料增材制造过程

(a)复合材料增材制造的过程；(b)在复合材料沉积过程中，高纵横比填充剂在喷嘴内逐渐对齐的示意图；(c)组成变化的增材制造拉伸样品和由纯环氧树脂铸成的对照样品的应力与应变曲线。

3) 纳米增强复合材料

纳米材料，如碳纳米管、石墨烯、石墨、陶瓷和金属纳米粒子通常表现出独特的力学、电气和热性能。因此，人们往往通过将纳米材料添加到增材制造的聚合物基体材料中来获得高性能的功能性增材制造复合材料。

纳米材料可被用于改善增材制造复合部件的力学性能，有研究表明，添加 5%(质量分数)的纳米二氧化钛(TiO_2)、10%(质量分数)的碳纳米纤维或 10%(质量分数)的多壁碳纳米管的增材制造复合材料的拉伸强度与未填充的聚合物部件相比，分别提高了 13.2%、39% 和 7.5%，所有增材制造的复合材料部件均表现出伸长率降低及脆性增加。除了改善力学性能外，通过添加碳基纳米材料(如碳纳米管、碳纳米纤维、炭黑和石墨烯)，可以获得增强的电性能。此外将石墨烯增强的 ABS 复合材料通过 FDM 技术成形到计算机设计的模型中，导电率明显增加。例如，研究中表明添加 5.6%

（质量分数）石墨烯，ABS 纳米复合材料的导电率增强了 4 个数量级[8]。将纳米 TiO_2 和纳米黏土掺入聚合物基体中可以大大提高增材制造纳米复合材料的热稳定性，如使用 SL 工艺制造混合 $Bi_{0.5}Sb_{1.5}Te_3$ 的热电复合材料，表现出超低导热率，这对于热电应用是有利的[9]。纳米粒子在聚合物基复合材料中的均匀分散对于增材制造增强性复合材料至关重要，为了避免纳米粒子团聚并确保纳米粒子与聚合物之间的良好界面键合，在进行增材制造过程之前需要对纳米粒子进行表面化学处理，如采用乳液聚合、硝酸处理、金属盐处理等。经过化学表面处理的复合材料能改善材料的致密度，从而提高力学性能及导电性能。

无论是采用颗粒增强、纤维增强还是纳米增强方式进行聚合物基复合材料增材制造设计，均需在增材制造过程中调整相应的工艺，才能满足材料设计的最终要求。

3.2.2 增强性金属基复合材料设计

金属基合金材料（metal matrix composites，MMC）不仅具有高比强度、高热/电导率特性，同时还具备抗辐射、阻燃、不吸潮、不放气以及尺寸稳定性好等特征，被广泛应用于航空航天等对材料性能要求较高的领域。现有的增材制造金属基合金材料设计，主要以金属（铝、钛、铜）或者合金材料为基体，以陶瓷颗粒、晶须、纤维等为强化相，增强相的加入能显著提升材料的硬度、抗拉强度、弹性模量和其他力学性能。增材制造金属基合金材料设计主要有以下三种：

（1）颗粒增强相金属基复合材料设计。利用陶瓷颗粒等作为增强相提高材料的性能。例如，2017 年，发表在 Nature 上的文章报告[10]，7075 系新型超高强度铝合金具有非常优异的性能，如强度、抗氧化性能等，但是7075 系铝合金一般用锻压的方法来成形，并不适合用 SLM 工艺成形，原因在于用 SLM 工艺成形过程中，7075 系铝合金会产生微裂纹，并且晶粒粗大。这些问题可以通过原位引入纳米晶核剂解决，如原位引入纳米 Zr 颗粒，可增加形核剂，细化晶粒，强度超过传统铝合金水平（图 3-7）。目前这种应用也在逐渐增多。

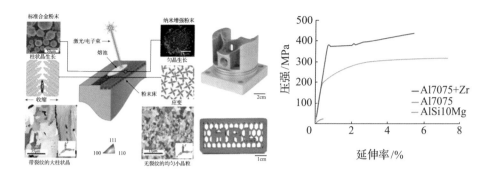

图 3 - 7　7075 系铝合金原位引入纳米 Zr 颗粒[10]

此外，可在原来单质元素的材料或者合金材料基础上引入所需的单质或合金材料成分，从而达到特定的使用目的。以医用 Ti - Nb 为例，通过 SLM 微熔炼特点，抑制成分偏析和界面缺陷，可获得近全致密、高强度和良好的生物活性及耐蚀性医用 Ti - Nb 合金。与纯 Ti 相比，Nb 的加入增加了 β 相含量，细化了晶粒，有效提高了强度、钙磷沉积能力及耐蚀性。此外对于 Nb 含量不同，SLM 成形 Ti - Nb 合金多种性能也将受到影响[11]。

（2）纤维增强金属基增材制造材料创新设计。一般情况下采用纤维牵引制造工艺，也就是利用基体和纤维直接润湿性来制造金属基复合材料的工艺。如图 3 - 8 所示，以 $Sn_{50}Pb_{50}$ 为基体，镀 Cu 碳纤维为增强体，利用温度和速度来控制复合材料的界面润湿性、界面反应程度以及纤维的分散程度，并通过拉伸实验和 SEM 分析进行验证，发现界面反应程度和润湿性能都随着制造温度的上升而增加，随着制造速度的提高而减小，纤维的分散性随着制造速度的提高而变弱[12]（图 3 - 9）。

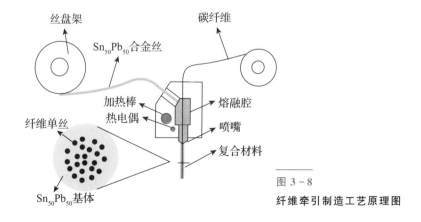

图 3 - 8

纤维牵引制造工艺原理图

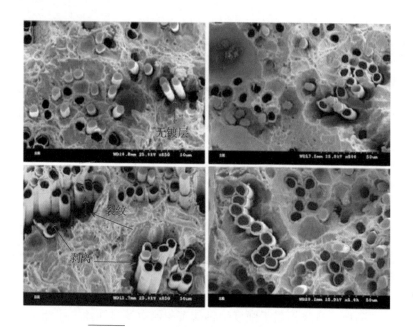

图 3 - 9　不同制造速度下的复合材料断口 SEM

(3)增材制造微熔性多材料直接合成性材料设计。对于一部分金属复合材料，由于传统铸造、锻造、粉末冶金方式工艺很难分散，直接导致其成分不均、工艺复杂、结构复杂难制造。增材制造过程中从点开始，逐步形成线、面的工艺方式，特别是微熔性工艺为金属复合材料成形创造了条件。如在制备 TiAl/TiB2 金属复合材料时，逐道逐层堆积微熔池可保证增强相均匀分布，激光局部作用可保证增强相组成、分布与相位可控。通过控制 TiB_2 添加速率，可以控制增强相在基体的不同部位具有不同的质量分数，从而实现微观组织和宏观性能的控制(图 3 - 10)。

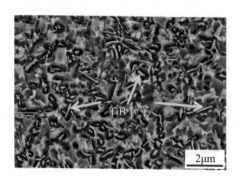

图 3 - 10

Ti 中加入硼元素原位生成 TiB_2 增强相[13]

3.3 多孔结构材料设计

多孔结构材料是一类包含大量孔隙的材料，主要由形成材料本身基本构架的连续固相和形成孔隙的流体相（多为气相）组成。设计者可通过改变支架的形状、尺寸和总孔隙度调节多孔结构材料的减噪、减振、绝热和能量吸收等力学或功能特性[14]，多孔材料按照材质组成的不同主要分为多孔金属、多孔陶瓷和泡沫塑料。一般的有机和陶瓷等多孔材料总是难以同时满足强度、塑性、高温等使用条件的要求，多孔金属作为一种由金属骨架和孔隙构成的新型结构功能材料[15]，同时具备多孔结构（如高比表面积、高孔隙率、轻质高强、延展性）和金属材料（如导电导热、抗腐蚀、抗疲劳、生物相容性）的特性，在一定程度上弥补了以上各类多孔材料的不足，从而得到迅速的发展[16]。

多孔金属材料主要包括金属气凝胶（metal aerogels，又称纳米多孔金属（nanoporous metals））、金属泡沫、金属点阵材料。其中，金属气凝胶是尺寸在纳米级的一类特殊的具有韧带和孔穴相互贯穿的双连续纳米网格结构材料，故又称纳米多孔金属。金属泡沫广义地讲可以等同于多孔金属材料，也有学者认为金属泡沫特指此类具有无序结构的多孔金属材料。这类结构由于发展时间长、制备工艺简单、成本低而得到众多科研工作者的青睐。早期的多孔金属多是由发泡法制备出的无序、大孔的金属泡沫，如多孔铝；而现如今多孔金属泡沫的结构设计和制备侧重在具有分级结构的金属泡沫，即具有纳米、微米或者毫米级的孔穴组成的多级结构泡沫。这类结构的优势在于涵盖微孔/介孔/大孔，使其具有一些特殊的性质，例如，将具有微孔/介孔分级结构的金属泡沫应用于催化领域，其介孔有利于催化剂的扩散，而微孔有利于活性位点的增加，以此来极大地提高催化活性。此外，另一种比较有代表性的多孔材料为长程有序的点阵材料（lattices），有些学者称为结构材料（architected materials），这类材料由梁、面片等结构组成基本胞元，在三维空间中不断重复形成的三维周期性结构，是一类特殊的、有序的多孔材料，通常具有体对称性，因此被广泛地用于结构设计和性能预测。在生活中常见的类似的结构有桥梁的桁架、建筑工地上的脚手架、地标性建模

(如埃菲尔铁塔)等[16]。

复杂结构件中除了承载功能外，往往还需要兼具散热、减振、换气等其他功能。在轻量化砂型的设计上，理想的多孔砂型必须综合考虑高温环境下的力学性能和物理性能，使砂型强度能够满足铸造生产，抵抗物理载荷；同时可以排出气体和进行热交换。因此可从孔型、尺寸、孔隙率和连通性等方面出发，设计出力学性能优良的连通性孔隙结构。随机的多孔结构几乎不可能定量地分析其性质[17]。

多孔结构材料的力学性能，在很大程度上受到内部填充结构几何形状的影响，也就是说结构单元可以清晰地定义多孔结构的宏观特性。而不同的填充结构、同一结构不同的参数设置都会呈现出不同功能梯度的内部连续多孔结构模型，结构优化便基于此进行设计。目前，多孔结构材料的设计方法主要分为构造实体几何法设计、基于图像/影响设计、基于隐式曲面设计和基于拓扑优化设计[17]。

3.3.1　多孔结构材料设计约束

多孔结构的制造受限于增材制造工艺约束，受几何特征分辨率、轮廓精度、几何悬垂等因素影响。

(1)几何特征分辨率。几何特征分辨率的引入可以为多孔结构设计支柱直径、孔隙大小提供依据。成形几何特征的分辨率对多孔结构设计和加工具有重要影响，是多孔结构成形的重要参考依据，即多孔结构设计时支柱直径不能小于可成形的最小薄板厚度和圆柱直径。

(2)轮廓精度。STL 文件是增材制造技术中最常用的文件格式，这种文件格式是用三角面片近似地表达原始 CAD 模型的边界，一般来说，同一模型转换时三角面片数量越多，则 STL 文件模型就越逼近原始模型，但同时也会使 STL 文件变大。如果同一模型转化时三角面片数量较少，则一些微小的几何特征在经过格式转换后会产生失真。此外，即使 STL 文件几乎保留了所有的几何特征，几何缺陷也可能发生，某些微小几何特征加工出来后，可能会与原设计轮廓特征不相符。为了尽量避免这种情况，可以采用扫描截面轮廓来改善轮廓精度。加入轮廓扫描之后，从原理上能够保证加工出的轮廓为圆形，如图 3-11 所示。

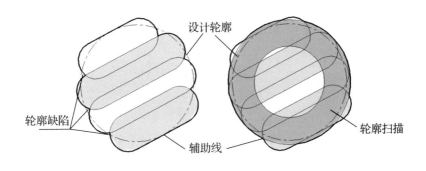

设计轮廓

轮廓缺陷

辅助线

轮廓扫描

图 3 - 11　轮廓扫描改善轮廓缺陷

（3）几何悬垂。SLM 工艺通过层与层之间的重叠搭接堆积成形，对于具有倾斜特征的几何体成形时，加工层厚和倾斜角度决定了重叠搭接面的相对面积，尤其对于多孔结构中细小尺寸的支柱，如果倾斜角度和层厚选择不合理，可能会导致层与层之间的重叠面很小或者无重叠面，从而导致支柱和多孔结构成形失败。如图 3 - 12（a）所示，图中支柱的倾斜角度为 30°，支柱直径为 d，加工层厚为 t_p，λ 表示层与层之间的重叠长度，ψ 表示相邻层产生的悬垂长度。

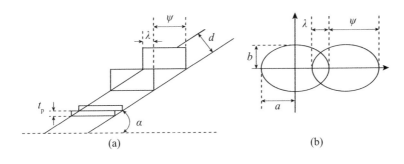

图 3 - 12　倾斜支柱层间重叠面分析示意图

（a）倾斜支柱侧视图；（b）倾斜支柱正视图。

如图 3 - 12（b），设支柱为一圆形截面，当它为倾斜摆放时，半短轴 b 等于圆形支柱半径的 $d/2$，半长轴 a 为

$$a = \frac{1}{2}\frac{d}{\sin\alpha} \tag{3-1}$$

悬垂长度由式（3-2）给出，悬垂长度和重叠长度之和即为椭圆的半长轴，

即式(3-3)，重叠长度可以用式(3-4)求出。

$$\psi = \frac{t_{\mathrm{p}}}{\tan\alpha} \tag{3-2}$$

$$\lambda + \psi = 2a \tag{3-3}$$

$$\lambda = \frac{d}{\sin\alpha} - \frac{t_{\mathrm{p}}}{\tan\alpha} \tag{3-4}$$

通过图 3-13 可以更好地理解悬垂材料质量积累效应，当支柱直径 d 和倾斜角均较小时，层与层之间的重叠类似悬臂梁结构。

下面对质量效应做定性分析，如图 3-13(a)所示，当悬垂面积较大时，第 $i+2$ 层以上所有层的材料质量都累加施于第 $i+1$ 层上，相对于第 $i+1$ 层而言，质量 G 即为其载荷，可表示为

$$G = \sum_{i+2}^{n} m_{\mathrm{oh},i+2}\, g \tag{3-5}$$

式中：$m_{\mathrm{oh},i+2}$ 为第 $i+2$ 层材料的质量；n 为扫描层的数量。

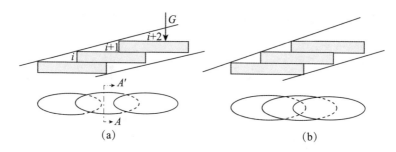

图 3-13　材料累加效应示意图

(a)悬垂较大时；(b)悬垂较小时。

所以第 $i+1$ 的有效剪应力可以表示为

$$\tau_s = \frac{G}{A_f} \tag{3-6}$$

A_f 为第 $i+1$ 层的最小截面积，如图 3-13 的 $A-A'$ 面，$A-A'$ 的面积由截面的长度和高度决定，截面的长度即 $A-A'$ 面与椭圆相交的交线长度，由椭圆方程可知：

$$y_f = \sqrt{b^2\left(1 - \frac{x_f^2}{a^2}\right)} = \sqrt{b^2\left(1 - \frac{(a-\lambda)^2}{a^2}\right)} = \frac{b}{a}\sqrt{\lambda(2a-\lambda)} \tag{3-7}$$

所以第 $i+1$ 层的最小截面积为

$$A_f = 2y_f t_p = \frac{2bt_p}{a}\sqrt{\lambda(2a-\lambda)} \tag{3-8}$$

第 $i+1$ 层的有效剪应力 τ_s 可以由式(3-6)计算得到，这里列出了 τ_s 的计算方法，仅用于分析导致支柱不可加工的悬垂面质量效应。

首先从理论上分析支柱可加工应该满足的临界条件。如图 3-13（b）所示，当增大支柱直径和倾斜角时，相邻层的悬垂长度和面积会减少；第 $i+2$ 层的质量被第 $i+1$ 层和第 i 层共同承受，相比图 3-13（a）而言，第 $i+1$ 层的有效剪应力 τ_s 要小，在这种情况下，重叠长度 λ 要大于悬垂长度 ψ，即重叠长度 λ＞椭圆的半长轴 a。

设定一个比例系数 $C(1<C<2)$，当 $\lambda = Ca$ 时，即重叠长度 λ 是半长轴 a 的 C 倍时，是支柱加工可加工所需满足的临界基本条件，代入式(3-8)可以得到支柱直径与加工层厚之比与倾斜角 α 的关系：

$$\alpha_{cc} = \arccos\left[\left(1-\frac{C}{2}\right)\frac{d}{t_p}\right] \tag{3-9}$$

图 3-14 所示为不同比例系数 C 条件下，临界倾斜角 α_{cc} 和支柱直径与层厚之比 d/t_p 的关系。分析可知，当支柱直径小于加工层厚时较难成形，所以这种情况不做考虑。当 $C=1$ 时，第 $i+2$ 层和第 i 层在 Z 轴方向是临界搭接，当 $C=2$ 时，即重叠长度 λ 等于 2 倍椭圆半长轴 a，也就说是层与层之间 100% 重合，无悬垂面，此时倾斜角为 90°。所以支柱能被加工的 C 取值在 1 和 2 之间。不同的增材制造工艺，对应的 C 值应该不同，合理的 C 值只能通过实验的方法来确定。

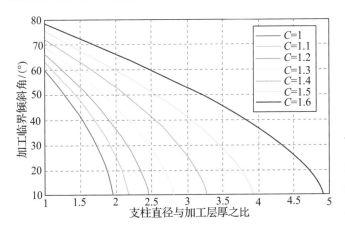

图 3-14

不同比例系数下临界倾斜角和支柱直径与层厚之比的关系

3.3.2 构造实体几何法

构造实体几何（constructive solid geometry，CSG）法是一种传统的 CAD 技术，目前常用的商业 CAD 设计软件如 UG、Catia、Pro/Engineer、SolidWorks 等都支持该技术，构造实体几何法是三维计算机图形学和 CAD 中的程序化建模技术。在构造实体几何中，可以使用逻辑运算符将不同实体组合成复杂的曲面或者实体。由构造实体几何法构造的复杂模型，通常可以由非常简单的体元组合形成，体元是最简单实体，指形状简单的物体，比如球体、立方体、圆柱体、圆锥体、棱柱体等。当然不同的软件包可能包含不同的体元，比如有些软件支持对复杂的实体进行构造实体几何处理，有些则不支持。构造实体的过程就是根据集合理论将体元通过布尔逻辑组合在一起，如并集、交集和补集。在建模软件包中，基本的几何体都可以用数学公式来表达，通常这些实体可以通过构建参数的程序来描述。如果实体几何是由参数或者程序构建的，则可以通过修改逻辑运算或者对象的位置来对复杂对象进行修改。例如，一个多孔单元可以通过图 3-15 所示的运算来构建。

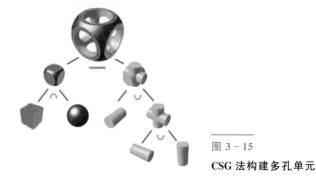

图 3-15

CSG 法构建多孔单元

此外还可以采用阿基米德或柏拉图几何多面体，构建线框模型作为多孔单元结构。

利用构造实体几何法除了可以构造规则的结构，也可以构造随机的结构。使用一些 CAD 软件来辅助设计多孔结构，将简单的实体组合成有复杂外形的孔结构，形成庞大多孔数据库。在构建一个外部轮廓不规则的多孔结构体时，可以将构建的多孔结构体与外部轮廓模型进行布尔运算。还有一种方法就是先构建多孔的负模型，然后用外部轮廓模型减去多孔负模型获得多孔产品模型。

　　对于用构造实体几何法建模的多孔结构，可以通过复杂的数学模型对孔径、孔隙率和比表面积等参数进行表征优化，并对孔隙率和单轴的刚度等参数进行表征，用渐近均匀化方法计算这些单元库的各向异性刚度张量等。

　　构造实体几何法构造的实体可以兼容增材制造的数据格式，也兼容有限元分析软件的数据格式，构造实体几何法可以用相对简单的实体来构造复杂的几何模型，因此构造实体几何法在多孔结构的设计中得到了广泛的应用。但是在多孔结构设计的时候，无法对其结构性能和力学参数进行有效地控制及估测，使设计的过程没有依据和规则可参考。

　　本书以多孔股骨近端修复体为例进行说明：我国每年都有大量的股骨肿瘤患者需要进行人工股骨置换，除了少量采用异体骨外，大部分采用金属植入体，为制造出满足患者个性化要求以及与人体弹性模量匹配的股骨植入体，通过构造实体几何法构建单元多孔的三维阵列以及 CT 逆向反求的外形模型，将两者布尔交运算获得股骨植入体，流程如图 3－16 所示。

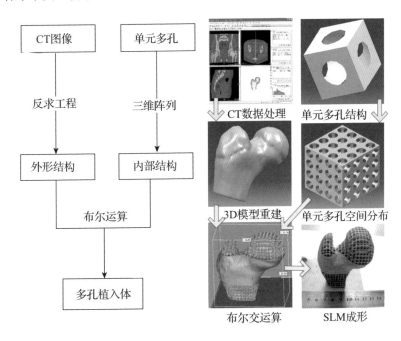

图 3－16　布尔运算获取多孔植入体流程图及股骨应用

　　根据开孔结构的弹性模量计算公式，将 316L 不锈钢的弹性模量 210GPa 降到 15GPa，当 316L 不锈钢多孔单元密度为 32% 时，达到与股骨弹性模量匹配的要求，此时质量上相对比实体模型减少了 68%。

股骨假体的外形结构通过 Mimics 10.01 软件，利用阈值分割、三维计算方式获得股骨三维外观模型，利用 Pro/E 计算出相对密度 32%的单元多孔结构，并在 X、Y、Z 三个方向空间阵列，将股骨三维模型与多孔结构布尔交运算获得多孔股骨假体模型。如图 3-16 所示，对股骨中部保留实体，上下与多孔结构布尔运算获得三维模型。采用 SLM 成形装备 DiMetal-280，设备参数调节为激光功率 180W，扫描速度 500mm/s，扫描间距 0.06mm，扫描层厚 50μm，获得股骨假体。

3.3.3 基于图像/影像多孔结构设计方法

仿生的多孔结构可以用 CAD 建模的方法实现[17]。例如，骨多孔组织、木质多孔、荷叶径中空多孔、蜂窝多孔结构等，通过提取轮廓的近似几何外形作为仿生结构的基础模型，这时候模型大多是基于仿生结构的近似结构或者简化模型，这样的设计基于 CGS 法就可以完成，但是设计的只是规整后者近似后的规则形多孔结构。

基于图像的设计有两种方法：一种是对二维图像直接进行图像处理获得多孔结构的特征，近而直接构建模型，不需要将外部轮廓三维重建出来，提高了建模的速度[18]；另一种方法是对外部轮廓图像进行三维重建，然后将多孔结构与重建的轮廓模型做布尔运算，得到所需的多孔体[19]。基于图像设计方法的优势在于易模拟原始结构，起到仿生效果，但是该方法对获取图像设备的分辨率有极高的依赖性，建立模型的过程也较复杂。

此外基于影像设计方法进行多孔结构的建模，也可分为直接设计方法与间接设计方法。直接设计方法是利用显微 CT 技术对物体进行扫描，用一定的算法对特定区域(或者全部区域)进行参数分析后直接得到三维数据，然后通过增材制造或者其他的制造方法来进行加工得到跟物体结构基本吻合的多孔体。图 3-17 为物体自然多孔特征结构。近年来，一些生物医学植入体公司利用这种自然多孔结构特征三维重建技术并结合增材制造技术，推出了一些多孔植入体。

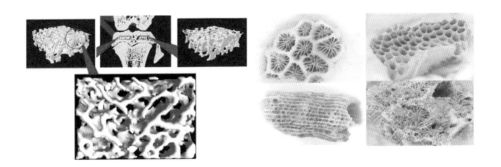

图 3 - 17　基于生物体获得的自然特征结构

间接设计方法是对 CT 或者 MRI 图像进行分析处理，对处理后的二维图像信息进行测量和分析，并提取关键特征进行重建。通过对 CT 获取的图像进行截取和处理，二值化后得到实体体素"1"和孔隙体素"0"的信息，然后将预先定义好的多孔单元映射到实体体素来构造多孔体。采用 CT 图像进行三维重建和解剖建模，并采用 UG 软件进行解剖外形的骨、软骨组织支架设计，制作出实体模型[20]。

3.3.4　点阵驱动多孔设计方法

国内对点阵材料的研究主要集中在高校，例如，哈尔滨工业大学、中国科学技术大学、华南理工大学及大连理工大学等，且偏重材料的制造工艺、力学行为、屈服特征以及功能梯度材料开发等方面，成形材料则以金属和陶瓷为主，几乎没有涉及覆膜砂材料。

点阵单元构成的孔隙结构被认为是继蜂窝结构之后最有前景的先进轻质材料。点阵材料是由节点和支柱组成的周期结构材料，以高孔隙率的特点，在超轻金属材料的发展中已经有了很大的贡献[15]。点阵结构除了设计简单外，还可以采用梯度函数驱动的设计方法，如图 3 - 18 所示，其流程：①基于空间分布的单元节点配置，可设置多种类型的单元结构；②将单元节点以特定方式连接，形成单元锥形；③将单元线型进行阵列获得程序分布的空间阵列线型分布；④利用开发的梯度函数驱动网格建模程序对空间阵列线型进行包覆建模，并沿着特性方向进行梯度变化，获得空间梯度多孔结构。

单元体的空间节点分布定义
体心立方：(0,0,0),(1,0,0),(0,1,0),(0,0,1),(1,1,0),
(1,0,1),(0,1,1),(1,1,1),(1/2,1/2,1/2)

梯度多孔结构尺寸定义
单元体尺寸大小：2mm×2mm×2mm
单元体数量：7×7×7

梯度函数设置
梯度方向：Z轴
梯度变化：d=0.4~0.8mm

光滑处理
光滑处理插件：Weaverbird's subdivision
迭代计算次数：3次

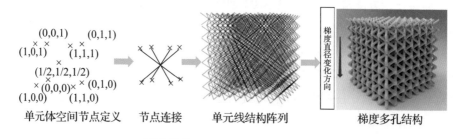

单元体空间节点定义　　　节点连接　　　单元线结构阵列　　　梯度多孔结构

图 3 - 18　梯度多孔结构设计流程图

3.3.5　拓扑优化设计法

拓扑优化设计是一种能够重新排列材料以获得所需特性同时满足规定约束条件的数学方法，属于计算力学的一个分支，被广泛用于设计具有所需力学性能和物理性能的结构和材料。采用拓扑优化方法设计功能梯度材料，应考虑最小柔度设计问题，借鉴连续体结构拓扑优化差值模式，实现拓扑构形变化，并保证设计域内材料梯度化[20]。拓扑优化技术能够快速找到同时满足多个目标和约束条件的最佳拓扑结构，同时满足一些规定的限制条件，对于设计具有多尺度特征的复杂支架来说是一个优秀的方法[21]。拓扑描述函数的特定性能材料设计问题和求解方法是将材料微结构拓扑优化问题转为设计函数参数尺寸优化问题，如图 3 - 19 所示为利用拓扑优化对天线支架的减重设计，经过 27 次拓扑优化的迭代后，可以在保证使用强度与功能要求下节约材料并减重。

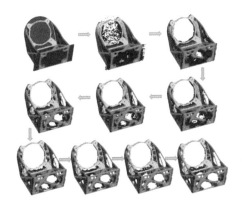

图 3 - 19
拓扑优化迭代过程

拓扑优化结合增材制造技术可在材料创新设计中实现新材料与结构的研发，体现在以下几个方面：①特定/特异性能材料微结构拓扑优化设计；②多层级结构拓扑优化设计；③多材料结构拓扑优化设计；④多功能结构拓扑优化设计。

1. 特定/特异性能材料微结构拓扑优化设计

复合材料具有传统单一材料所无法达到的性能，且具有良好的可设计性，通过设计微结构的构型，可获得具有特定/特异性能的周期性复合材料，如增材制造轻量化金属点阵结构零件(图 3 - 20)。拓扑优化技术为微结构构型设计提供了强大的手段，基于增材制造技术，可实现高性能构造化材料的制备。

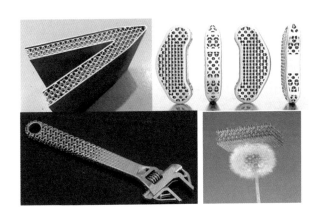

图 3 - 20
增材制造轻量化金属点阵结构

2. 多层级结构拓扑优化设计

多层级结构设计是指在结构的宏观和微观等多个层级上同时设计结构的构

型，如图 3 - 21 所示，可有效扩大设计空间，有利于获得性能优异的结构。

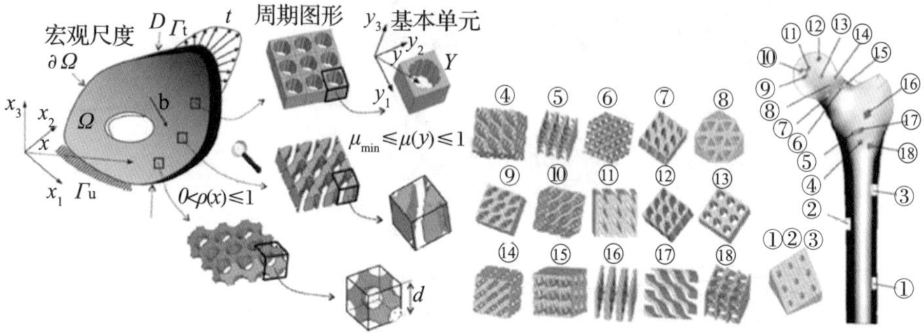

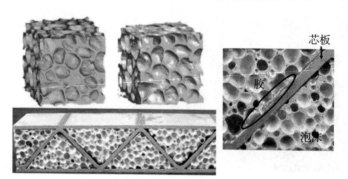

图 3 - 21　多层级结构拓扑优化设计

3. 多材料结构拓扑优化设计

多材料拓扑优化方法经过 20 年的发展已经逐渐趋于成熟，但是考虑界面缺陷以及梯度层影响的研究还很缺乏，有待进一步深入研究。近年来出现的增材制造技术可以通过改变不同材料在不同位置的组分比例实现空间内材料属性的变化，因此，增材制造技术为任意梯度变化多材料构型的制备提供了可能，极大地释放了研究者的设计空间。

如何最大限度利用增材制造所释放的设计空间，同时考虑多材料构型制备工艺约束，是今后多材料布局优化的重要研究方向。通过材料的合理布局，实现材料性质按需分配，可以大大提高结构性能，如图 3 - 22 所示。

图 3 - 22
多材料结构设计

4. 多功能结构拓扑优化设计

复杂部件结构中除了承载功能外，往往还包括散热、减振、隐身及传导

等其他功能。合理地设计结构构型，实现多功能化，是提升结构性能的有效
方式。基于增材制造技术，可以制备内部含有复杂空腔、多种材料复合的新
型结构，使兼具承载和其他功能的部件有望出现。对此，许多学者开展了多
功能结构的拓扑优化设计方法研究，实现了如减振降噪、承载－散热、传导
等结构设计，如图 3－23 所示为无线结构的优化设计。

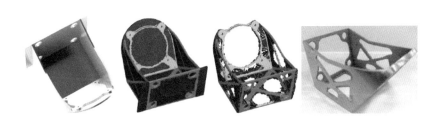

图 3－23　天线结构的优化设计

3.3.6　基于隐式曲面定义的等参单元映射设计法

在实际应用中，如果将规则的多孔单元在 X、Y、Z 三个方向按照一定
规律进行空间域扩展，再与设计产品外形轮廓进行布尔运算，在实际应用中
容易产生一些类似"阶梯"的外表面。为了更好地拟合产品外形曲面，有必要
对多孔基本单元进行变换，如放大、缩小、平移、旋转、扭曲等。

在这里可以采用等参单元方式。等参单元是通过采用相同数量的节点参
数和形函数对单元几何形状和单元内的参变量函数进行变换而设计出的一种
新型单元。在参数域中，选择正六面体控制的多孔单元作为母单元，该母单
元的几何形状是规则的。空间域中的多孔单元是不规则的，其形状随着六面
体的形状变化而变化。

如图 3－24 所示，将设计目标划分为网格单元结构并建立节点信息，将
多孔基本单元映射到每个网格单元结构中。映射的过程中，单元多孔结构轮
廓节点根据划分的网格节点信息进行笛卡儿坐标系变化，获得与划分网格单
元等同的子单元，将空间域所有子单元再重新进行合并，获得连续的多孔结
构材料。对多孔结构材料进行必要的变换，如放大、缩小、平移、旋转、扭
曲等，要求能够对多孔材料的结构进行表达，如多孔结构的数学函数以及对
函数控制操作。

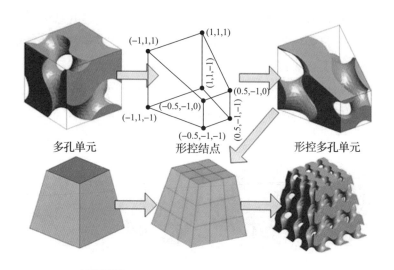

图 3 - 24　形控单元映射获取多孔植入体方法

　　综上所述，因此隐式曲面方程被引入到多孔结构设计中。对于隐式曲面与参数曲面的区别可以这样理解：表示曲线和曲面的方法主要有两种——参数法和非参数法，非参数法包括显函数法和隐函数法。由隐函数法表示的隐式曲面是一种重要的几何物体界面描述方式，其不同于参数曲面，如 Bezier 曲面、B 样条曲面、非均匀有理 B 样条曲线（NURBS）曲面等。参数曲面上任一点的空间坐标通过参数方程来确定，参数方程定义了其参数空间到所嵌入空间的映射关系。而隐式曲面是空间中满足某一特定条件的点的集合，隐式曲面函数定义了对象的体内区域，参数曲面函数仅描述了对象的表面信息。通过隐式曲面函数，可以很容易地确定某点在曲面上、体内还是体外。而参数曲面本身无内外之分，需要其他的辅助数据结构来确定。

　　目前造型技术中比较常用的参数曲面构造方法主要有 Bezier 法、B 样条法、有理 Bezier 法、非均匀有理 B 样条（NURBS）法。这些参数曲面能控制多边形结构，可以较直观地通过交互操作来定义曲面的形状，并且可以方便地通过计算曲率，确定边界线及边界上的切片等将临近多片参数曲面进行光滑地拼接。参数曲面的多边形分片特性使这类曲面较容易三角化，从而方便绘制。但是因为参数域通常为矩形、三角形和圆柱面等这些规则简单的形状，所以很难用单个参数方程来描述一个复杂的曲面，如果用分片参数曲面描述封闭性状时，会产生 N 边洞问题，这需要求解一个较复杂的协调过程，增加与用户的交互难度，并且在协调条件选取不恰当的条件下，可能导致无解。

隐式曲面的数学变换（比如：两个或多个实体对象进行合并、相交、相减、求补的布尔运算，与全局坐标对应的坐标变换），操作相对比较方便，因此隐式曲面广泛应用于工程、计算机图形、数学等领域。给定函数 $w = f(x, y, z)$，隐式曲面 S 定义为 $f(x, y, z) = c$ 时的所有离散点构成的曲面（水平集）。简单来解释，空间内任意点 $P(x, y, z)$，当 $f(x, y, z) > c$ 时，点 P 在曲面上方；当 $f(x, y, z) < c$ 时，点 P 在曲面下方，隐式曲面建模就是遵循这一数学逻辑表达的[17]。

隐式曲面是构建多孔结构实体对象的基础，其不一定是封闭的曲面，但是将其与坐标平面平行的参数平面求交，可以构建封闭的实体对象。对通过隐函数定义的非封闭隐式曲面，如图 3 - 25(b)所示，需要定义一个或多个与其相交的曲面来构建一个封闭曲面。另外，在对对象进行布尔运算（如合并、相交及相减）时需要完成以下步骤：①预先判断对象实体是否相交；②求对象曲面之间的交线；③对运算后的对象曲面进行判定分类；④删除、拼合与结果不相关的边界，重新建立数据结构。曲面求交的主要问题实际上就是求解曲面在空间中的相交线。曲面和曲面求交的方法主要有代数法、几何法、离散法和跟踪法等。

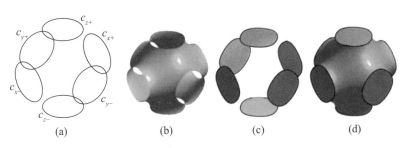

图 3 - 25　构造封闭曲面单元

(a)交线；(b)隐式曲面；(c)相交的参数曲面；(d)封闭的曲面单元。

隐式曲面进行可视化操作以及后期 STL 文件的提取都需要一个共同的过程，就是隐式曲面的三角化（图 3 - 26、图 3 - 27）。在此过程可能用到隐式曲面的光线跟踪（ray casting）法、移动立方体（marching cubes）法。在三角面片化后的隐式曲面构成的三角面片格式的实体就可以进行映射变形了，如图 3 - 28 所示。

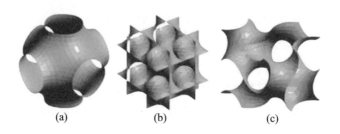

图 3-26　非封闭隐式曲面的三角化

(a)P 曲面三角化；(b)D 曲面三角化；(c)G 曲面三角化。

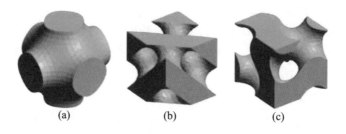

图 3-27　由非封闭隐式曲面构建的封闭曲面单元的三角化

(a)P 单元三角化；(b)D 单元三角化；(c)G 单元三角化。

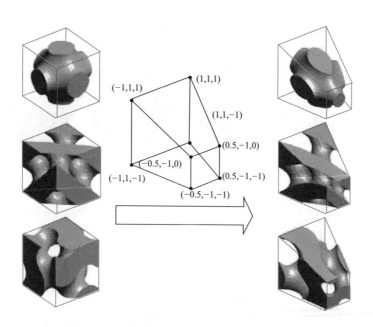

图 3-28　参数域中母单元与空间域中子单元的映射关系

为了提高效率和减少人工交互性，研究人员结合 Visual C＋＋ 和 OpenGL 软件开发了多孔结构建模系统，并借助 Hypermesh 和 Ansys 软件来实现四面体和六面体网格的划分。孔结构建模的流程：先将获取的原始模型导入 Hypermesh 软件进行六面体网格划分，将划分的网格单元和节点信息导入到 Ansys 软件，通过 EWRITE、NWRITE 等命令将 Ansys 软件中单元和节点信息写入文件以供系统读取，最后根据单元及节点信息对每个六面体网格单元用形函数控制的子单元进行映射，并对子单元进行合并构建多孔结构。

图 3－29 为通过多孔单元映射构建的棱台多孔结构。首先采用六面体单元对棱台实体模型进行网格划分，其次通过形函数映射得到不规则的子单元，最后对子单元进行合并得到如图所示的多孔结构。笛卡儿三维坐标系内 8 个节点等参元的形函数的各次完全多项式在相邻面上的节点配置相同，且同次的三维三角面片配置亦相同，所以函数是相应的二维完全多项式，保证了子单元之间的边界相容性。

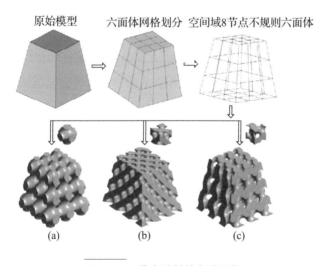

原始模型　　六面体网格划分　空间域8节点不规则六面体

(a)　　　(b)　　　(c)

图 3－29　菱台映射的多孔结构

(a)P 单元映射；(b)D 单元映射；(c)G 单元映射。

近年来，用隐式曲面设计功能梯度结构是一种新趋势，如运用有限元中的形状函数，使用不规则的六面体将产品孔隙结构划分并建模，通过布尔和运算生成全孔模型，再将产品模型与全孔模型做布尔减运算来获得最终的多孔形状。使用此方法可以设计形状复杂且不规则的多孔，可控制梯度多孔的孔径分布。此外也可基于 TPMS(triply periodic minimal surfaces)法设计出线性功能梯度结构和径向功能梯度。基于 Sigmoid 函数和高斯径向基函数方法生成功能梯度结构，利用这两种方法可以控制基于 TPMS 法的多孔单元结构，制造出高质量的复杂多孔。

以颅骨为例，颅骨损失是整形外科手术中常见的手术，早期临床多采用钛合金板等，由于钛合金板等实体金属材料的强度与弹性模量明显高于颅骨，所以逐渐被钛网取代。医生根据患者 CT 或者 MRI 数据预先对手工裁剪钛网修复体，手术中还要根据患者的具体情况再次手工修正，医生工作量大，且修补后与正常颅骨的吻合性取决于医生的经验和技术水平。钛网应用在解剖复杂或者大面积缺损区域时，其外形也难以控制，且钛网受到冲击时容易产生塑性变形，引起翘曲褶皱等。

采用个性化颅骨修复设计与 SLM 制造时，首先将患者 CT 或者 MRI 数据导入 Mimics 软件，通过左右镜像方式对缺损部位进行三维重建，获得颅骨缺损部位匹配的颅骨修复体外形。对重建的缺损部位的三维模型在 Hypermesh 软件中进行六面体网格划分，设定单元体大小，然后将划分单元导入 Ansys 软件获得节点信息，根据形函数控制方法将孔隙率的 30%～50% 的单元多孔结构映射到整个区域，构建出多孔颅骨修复体的模型。采用 SLM 成形设备 DiMetal - 100 或 DiMetal - 400，使用 Ti6Al4V 材料，在激光功率为 150W，扫描速度为 400mm/s，扫描间距为 0.06mm，层厚为 0.030mm 的工艺参数下对颅骨修复体进行加工，获得颅骨修复体，将颅骨修复体从基板切下，进行喷砂、超声波清洗、高温消毒后即可用于临床，整个过程如图 3 - 30 所示。

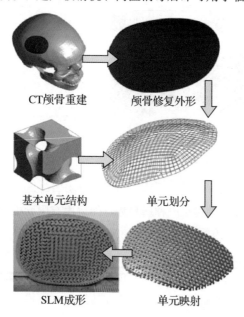

CT颅骨重建　　颅骨修复外形

基本单元结构　　单元划分

SLM成形　　单元映射

图 3 - 30
颅骨多孔修复体设计与 SLM 制造

3.4 梯度功能材料设计

现代社会绝大多数的零件都是由同一种材料组成，通常称这些零件为均质零件。这些均质零件一般都采用表面改性来处理其表面和内部，使不同表面呈现不同的功能特性，从而达到提高零件的使用功能要求。而随着航空航天、生物工程、微电子技术等科学技术的迅猛发展，对产品的性能要求愈来愈高，均质材料、单一材料零件已常常难以满足产品对零件的功能或性能需求，通过对零件的尺寸、形状优化来改善其性能指标，通常很难满足苛刻的使用需求。梯度功能材料是非均质材料中重要的一种。

随着科学技术的发展，对材料性能的要求越来越苛刻，梯度功能材料[22]作为一种新型的复合材料为满足在极限环境下的使用应运而生，该材料的成分分布和结构在空间上呈连续梯度变化且其性能也呈梯度变化[23]。

梯度功能材料是应现代航空航天工业等高技术领域的需要，为满足在极限环境下能反复地工作而发展起来的一种新型功能材料，图 3-31 为梯度功能材料示意图[24]，图 3-32 为梯度材料零件示意图。梯度材料设计要求功能、

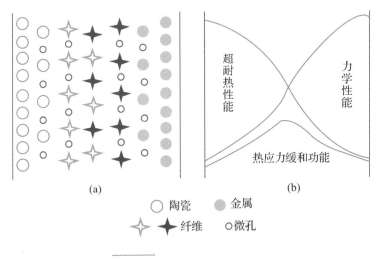

(a)　　　　　　　　　　　　　　　(b)

○ 陶瓷　　● 金属
✦ ✦ 纤维　　○ 微孔

图 3-31　**梯度功能材料示意图**

（a）结构示意图；（b）功能示意图。

性能随机件内部位置的变化而变化，通过优化构件的整体性来满足。它常用于涂层或过渡层，能够有效地减小由于材料失配所导致的应力集中，并提高黏结强度和改进表面性能，在恶劣的热、化学环境中提供保护[25]。而近些年，由于微纳米技术的快速发展，梯度功能材料也逐渐被应用在微纳米领域中。梯度功能材料作为一种新型的非均匀材料，应用领域广泛且具有优越的材料特性和力学特性，已经引起国际材料力学界科研工作者的高度关注。

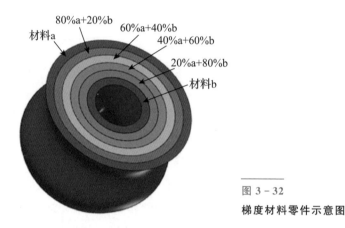

图 3 – 32

梯度材料零件示意图

梯度功能材料的研究开发，最早始于 1987 年日本科学技术厅的一项"关于开发缓和热应力的梯度功能材料的基础技术研究"计划，制备了一系列不同体系的厚 1~10mm，直径 30mm 的梯度功能材料。梯度功能材料的出现也引起了世界其他国家材料工作者的极大兴趣，美国的国家宇航局和联邦德国的航空研究所都在积极从事梯度功能材料的研究。我国的针对梯度功能材料的研究也已列入自然科学基金资助项目。

尽管梯度功能材料的概念于 20 世纪 80 年代才由日本科研人员首先提出[26]，但实际上，梯度功能材料在自然界中早已存在并被人类广泛应用。例如，自然界中最为常见的竹子，其直径虽不足 20cm 却可高达十几米，就是一种典型的梯度功能材料，如图 3 - 33 所示[27]。从宏观层面来看，竹子由表皮、木质基本组织及平行的纤维管束等部分构成，其中纤维管束具有很高的弹性，且抗拉强度可与钢铁相比；在微观层面上，纤维管束以及孔隙的分布由内表至表皮呈现出明显的梯度分布规律。由于高强度的纤维管束从表皮向里密度逐渐减少，表皮密度高达 90% 以上，因此使竹子具有表皮坚硬、质量轻和比强度高等优点[28]。

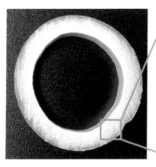

图 3 - 33
竹子[27]

人骨也是典型的梯度结构，它由骨质构成，而骨质又分为致密质和海绵质两类，如图 3-34 所示[29]。人骨从内部向表面是海绵质向致密质变化，这样骨表层是骨质密度高的致密质，使骨表面坚硬结实，而向里则是海绵质，使骨骼具有柔韧性。所以整个人体骨骼就能支撑人的整个身体，使人能进行立、坐、卧、跑、跳等各种活动。

图 3 - 34
人体长骨剖面图[29]

此外，自然界中还存着许多其他的天然梯度功能材料，例如，软体动物的外壳、一角鲸的长牙及人体的皮肤和椎间盘等也都在结构和组分上表现出梯度变化的特点[30]。自然界中植物、动物等生物体中的梯度结构，使我们认识到千百万年来生物体为适应生存环境，逐渐进化形成最适应环境变化的一种高度进化结构形式——梯度组织，可以说当今开发梯度功能材料正是受到生物体结构的启发，有人还称梯度功能材料是材料开发的一种终极形态。

3.4.1　梯度功能材料的分类特征

从材料的结构角度来看，梯度功能材料与均一材料、复合材料不同。它是选用两种（或多种）性能不同的材料，通过连续地改变这两种（或多种）材料的组成和结构，使其界面消失导致材料的性能随着材料的组成和结构的变化而缓慢变化的功能材料，如表3-2所示为梯度功能材料与混合材料及复合材料的比较。

表3-2　梯度功能材料与混合材料及复合材料的比较

材料	梯度功能材料	混合材料	复合材料
设计思想	特殊功能为目的	分子、原子级水平合金化	材料优点的相互复合
组织结构	10nm～10mm	0.1nm～0.1μm	0.1μm～1m
结合方式	分子间力/化学键/物理键	分子间力	化学键/物理键
微观组织	均质或非均质	均质或非均质	非均质
宏观组织	非均质	均质	均质
功能	梯度化	一致	一致

梯度功能材料主要通过连续控制材料的微观要素（包括组成、结构），使界面的成分和组织呈连续性变化，其主要特征如下：

（1）材料的结构和组分呈连续性梯度变化；

（2）材料内部没有明显的界面；

（3）材料的性质也呈连续性变化。

梯度功能材料可以从以下几方面进行分类[23]：

（1）从材料的组合方式来看，梯度功能材料可分为金属/合金、金属/非金属、非金属/陶瓷、金属/陶瓷、陶瓷/陶瓷等多种组合方式，因此可以获得多种特殊功能的材料，这是梯度功能材料的一大特点。

（2）从材料的组成变化来看，梯度功能材料可分为梯度功能涂覆型（即在基体材料上形成渐变的涂层）、梯度功能连接型（即黏结两个基体间的接缝形成梯度变化）、梯度功能整体型（即材料的组成从一侧向另一侧呈梯度渐变），因而，可以说梯度功能材料具有巨大的应用潜力，这是梯度功能材料的另一大特点。

(3)从材料的应用领域来看，梯度功能材料可分为耐热功能梯度材料、生物化学功能梯度材料、电子工程功能梯度材料等。

由于梯度功能材料组分是在一定的空间方向上连续变化的，因此它能有效地克服传统复合材料的不足。与传统复合材料相比梯度功能材料有如下优势：

(1)将梯度功能材料用作界面层来连接不相容的两种材料，可以大大提高黏结强度。

(2)将梯度功能材料用作涂层和界面层可以减小残余应力和热应力。

(3)将梯度功能材料用作涂层和界面层可以消除连接材料中界面交叉点以及应力自由端点的应力奇异性。

(4)用梯度功能材料代替传统的均匀材料涂层，既可以增强连接强度也可以减小裂纹驱动力。

目前国内外尚没有对梯度功能材料性能评价的统一标准，由于使用目的、使用环境、制备方法等不同，可能有不同的评价方法，主要通过力学性能、耐热冲击性和热压力缓和性能来评价热压力缓和型梯度功能材料。例如，对等离子喷涂法制备的梯度功能材料，参照等离子喷涂的有关标准，可进行结合强度、热冲击性、隔热性以及耐热性等性能评价。

3.4.2　梯度功能材料的制造方法

梯度功能材料的制备是其研究的核心，如果制备不出性能良好并能满足结构和形状要求的梯度功能材料，那么这种材料的真正用途就无从谈起，制备梯度功能材料的工艺，关键在于怎样使材料组成和结构等按设计的要求形成梯度分布。目前已经能制出金属/金属、金属/陶瓷、非金属/非金属和非金属/陶瓷等梯度功能材料。梯度功能材料制备的方法种类很多，目前已开发的梯度功能材料制备方法主要有化学气相沉积法、物理蒸发法、等离子喷涂法、离心铸造法、自蔓延高温合成法、粉末冶金法及激光熔覆法等，如表 3-3[31] 所示。

梯度功能材料零件增材制造相对于传统加工方法具有以下优势：

(1)可实现多功能集成零部件成形(如高强结构加磁学、耐磨加轻量化结构)；

(2)可成形具有复杂或细微特征的多材料零件；

表 3-3　常用梯度功能材料制备方法及优缺点

制备方法	原理	优点	缺点	应用
化学气相沉积法(CVD)	通过两种气相均质源输送到反应器中进行混合，在热基板上发生化学反应并沉积在基板上	容易实现分散相容度的连续变化	设备比较复杂，合成速度低	国内外利用 CVD 法已经制备出厚度为 0.4～2.0mm 的 C/C、SiC/C、TiC/C 系的梯度功能材料
物理蒸发法(PVD)	利用热蒸发、溅射、弧光放电等物理过程，使源物质加热蒸发沉积在衬底上的一种制备材料的方法	可制备多层不同物质的膜，沉积温度低，对基体影响小	沉积速度慢，设备比较复杂	目前已制出 TiC/Ti、TiN/Ti、CrN/Cr 等梯度功能材料
等离子喷涂法	以刚性非转移等离子弧为热源，将原料粉末以熔融状态喷射到基体表面形成涂层，通过控制喷涂材料的组分、调节等离子射流的温度和流速，在基体表面获得梯度过渡的涂层	可以方便地控制喷涂粉末的成分，沉积效率高，易得到大面积的块材	材料孔隙度高，层间结合力差、易剥落、强度低	采用该方法已成功制得 PSZ/Ni、NiCrAlY/ZrO$_2$、Cu/W、Ni/Al$_2$O$_3$、WC/Co 等梯度涂层
自蔓延高温合成法	将构成产物的元素粉末按梯度组成充填，成形后放入反应器，加热后引燃反应，反应放出的大量热量诱发邻近层的化学反应，从而使反应自动持续蔓延下去，合成所需的材料	用于制备大体积的块材，制备过程简单，能耗少、反应迅速，反应转化率高，产物纯度高	只适用于制备放热反应体系，且制备出的材料致密度较低，机械强度差，同时自蔓延烧结过程难以控制	采用此法已制备出 Al/TiB$_2$、TiB$_2$/Cu、Ni/TiC 等梯度材料

（续）

制备方法	原理	优点	缺点	应用
粉末冶金法	将原料粉末（金属、陶瓷）充分混合，按设计的梯度分布方式逐层填充，压实后烧结制备梯度功能材料	设备简单，易于操作，成本低	需要对保温时间、保温温度和冷却速度等进行严格的控制	采用此法已制出 W/Cu 梯度热沉积材料，HA-Ti/Ti/HA-Ti 轴对称生物梯度功能材料，B_4C/C 梯度功能材料等
激光熔覆法	用喷嘴将准备好的混合粉末喷到基体的表面，通过改变光斑尺寸、激光功率、描速率对粉体表面加热，在基体的表面形成熔池，进一步改变成分向熔池不断喷粉，重复以上的过程即可以获得想要的梯度涂层	组织均匀致密，微观缺陷少，制备时间短，适应范围广	制备工艺较复杂，设备昂贵	采用此法已制出 Ti/Al、WC/Ni、Al/SiC 梯度功能材料
离心铸造法	将液态金属浇入旋转的铸型里，在离心力作用下充型并凝固成铸件的铸造方法。通过先浇入一种金属，再浇入另一种金属，可以获得有梯度过渡的复合金属零件	铸件致密度高，气孔、夹渣等缺陷高，力学性能高；设备简单，制作成本低	铸件易发生比重偏析，难成形异形复合材料零件，成形精度低	已制备出铜/钢系列梯度功能材料，铝镁、铝铜等铝合金系列梯度功能材料

(3)可成形力学性能、磁学性能、热导率、电导率等物理性能呈梯度分布的零件。

目前针对金属梯度功能材料零件的主要有 LENS 等基于激光熔覆原理 SLM 等基于粉末床铺粉原理的增材制造技术。

1. LENS 等基于激光熔覆原理的增材制造技术

激光束通过光学系统被导入加工位置，与金属基体发生交互作用形成熔池，金础粉末通过送粉器经送粉喷嘴在保护气体的作用下汇集并输送到激光形成的微小熔池中，熔池中粉末熔化、凝固后形成一个直径较小的金属点。再根据 CAD 给出的路径，控制激光束来回扫描，从而进行逐层熔覆堆积出任意形状的金属实体零件，如图 3-35 所示。可以较容易地实现金属梯度功能材料的制造，容易在实体零件不同位置制造不同材料，从而具有不同的成分和性能，其成形件具有快速凝固组织，力学性能达到甚至优于锻件水平，但成形精度较差、堆积效率低、难以获得复杂结构零件。

图 3-35
LENS 成形过程[34]

例如，采用 LENS 工艺制备钛合金 TA2-TA15 梯度功能材料，显微分析结果表明，获得的 TA2-TA15 梯度功能材料具有完全的冶金结合组织，不存在冶金缺陷[32]；席明哲等[33]采用了 LENS 制备 316L 不锈钢/镍基合金/Ti6Al4V 梯度功能材料等。通过 LENS 技术制作梯度功能材料实现方式相对简单。

2. SLM 等基于粉末床铺粉原理的增材制造技术

激光选区熔化是一种基于粉末床的精密成形技术，先将金属零件的三维模型进行分层离散，继而逐层铺设金属粉料，再利用高能量的激光束，按照预定的扫描路径，扫描预先铺覆好的金属粉末，将其完全熔化，再经冷却、凝固后成形，最终获得致密实体零件的技术。

由于 SLM 工艺可成形致密度接近 100% 的零件，零件因快速凝固形成结晶组织，故力学性能接近锻件。相较于 LENS 工艺，SLM 工艺成形精度更好、成形复杂程度能力更强，因此，即使新的增材制造工艺不断诞生，采用 SLM 工艺实现梯度功能材料零件成形仍有足够的吸引力，图 3-36 为 SLM 成形过程图与梯度材料示意图。

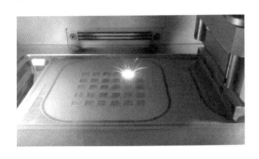

图 3-36　SLM 成形过程图与梯度材料示意图

然而采用传统供铺粉方式的 SLM 工艺在成形梯度功能材料零件时受到很大限制。

(1)铺粉局限性。传统的单材料 SLM 成形设备所采用的送粉铺粉机构，无法实现异种金属材料分别铺设功能。现有的多材料铺粉机构在成形过程中，因必须由刮板或辊轮将粉末平铺到成形平台上，成形异种材料零件时，涉及两种或两种以上的不同金属粉末，在共用一个刮板或辊轮的情况下，很容易造成严重的粉末交叉污染，污染的来源主要包括：①漏斗下泄输送粉末时，残留在管道内的粉末颗粒在重力作用下随机跌落到成形平台上；②在铺设新粉末前，旧粉末清除干净，高位柔性刮板、低位柔性刮板及铺粉盒上仍残留有异种粉末颗粒；③在铺设新粉末前，零件表面上的粉末颗粒未被清除干净；④在成形过程中，因工艺参数不匹配，在零件表面形成孔隙，如果孔隙直径大于粉末颗粒直径，则部分细小的异种粉末颗粒会落入孔隙，难以被清除干净，将在随后铺设新粉时带来污染。

(2)软件局限性。现有的零件数据格式、切片算法和路径规划软件主要以单材料零件为对象，难以同时兼顾异质多材料零件的几何属性信息和材料种类信息，因而，不同材料的几何造型表达也是异质材料零件 SLM 成形的难点之一[33]。

(3)支撑局限性。在同时为多种材料结构设计支撑时，因异种材料间存在冶金结合困难(难熔合、产生裂纹等)的情况，异种材料结构采用单一材料支撑可能导致成形失败。

(4)粉末分离局限性。成形过程需频繁回收粉末，导致粉末消耗量较单材料 SLM 成形多，并且难以对异种混合粉末进行分离回收。

然而，由于 SLM 工艺是当前众多金属增材制造技术中，成形精度、成形力学性能以及成形复杂结构程度都相当优秀的一种工艺，因此，仍有许多研究人员，试图从改进供粉方式、数据处理等方面，展开 SLM 增材制造梯度功能材料研究探索。

已有研究人员结合多种粉末供应漏斗并排供粉的方法(图 3-37)，展开了梯度功能材料零件 SLM 增材制造方面的研究[35]。

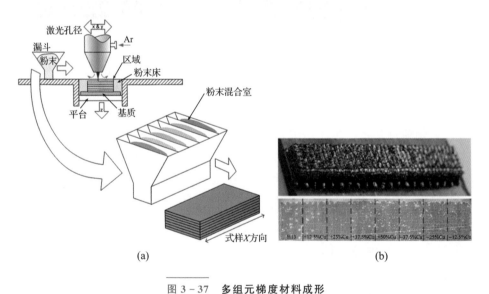

图 3-37　多组元梯度材料成形

(a)X 方向上多组分材料送粉装置；(b)多组分材料成形效果。

华南理工大学杨永强教授团队采用 SLM 工艺，结合多漏斗供粉技术实现了沿生长方向含有不同材料或沿水平方向含有不同材料的梯度功能材料零件成形(图 3-38、图 3-39)。

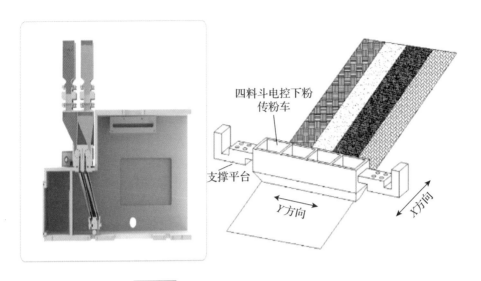

图 3 - 38　**多漏斗供粉 SLM 设备及原理图**

图 3 - 39　**梯度功能材料 SLM 设备成形的零件图**

上述基于多个漏斗并排供粉或在不同层间采用不同漏斗供粉的 SLM 工艺方法，仅能制作材料界面为简单直线形的梯度材料零件，或层与层间具有梯度成分的零件，还不能实现层内自由按需布置梯度材料[36]。通过多漏斗供粉及真空吸附回收粉末，可以实现同一层内布置不同材料的多材料零件 SLM 成形[37]，这种方法是成形一个材料区域后采用真空吸附回收成形缸内粉末，再送入另一种粉末，接着成形同层内另一种材料区域的方法，理论上可在 SLM 成形过程中，同层内实现粉末材料的按需预置。

此外也有方案采用传统 SLM 工艺的刮板铺粉技术铺设主材料，结合真空选择性吸除余粉及超声振动辅助铺设异种材料，实现了梯度材料零件的 SLM 成形[38]。例如，英国曼彻斯特大学采用 SLM 工艺，结合真空吸尘回收粉末以及超声送粉实现了按需自由预置粉末的梯度功能材料零件 SLM 成形（图 3 - 40）[38]。其特点：①刮板铺粉与喷嘴送粉相结合，可较精准预置粉末；②技术难度大，微细喷嘴超声波振动送粉实施难度大。

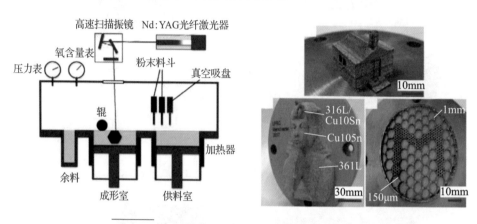

图 3 - 40　梯度材料 SLM 成形系统的示意图及样品

韶关学院吴伟辉[39]提出了基于多漏斗定量供粉加柔性清扫回收余粉原理的粉末供给、铺设及回收方法及装置（图 3 - 41），可用于梯度材料零件 SLM 增材制造，较好地解决了 SLM 成形多种材料零件时同层内材料自由按需分布的难题。随后，他与华南理工大学杨永强教授团队联合研发了梯度材料零件 SLM 增材制造系统[40-42]，实现了包括梯度材料零件在内的异质材料零件自由增材制造（图 3 - 42～图 3 - 45）。

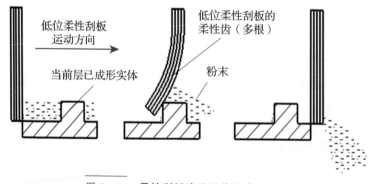

图 3 - 41　柔性刮板清除回收粉末示意图

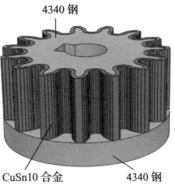

图 3 - 42　SLM 成形的异质材料齿轮零件及其模型图

图 3 - 43　SLM 成形的异质材料方块零件及其剖面图

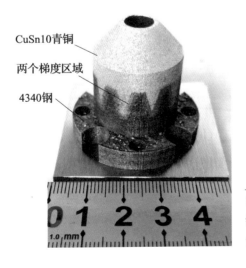

图 3 - 44
钢铜喷头梯度材料零件(两个梯度区域钢铜
合金设定体积比分别为 2∶1 和 1∶2)

图 3 - 45

钢铜法兰梯度材料零件(两个梯度区域钢铜合金设定体积比分别为 4∶1、3∶2、2∶3、1∶4)

3.4.3 梯度功能材料的设计方法

目前,梯度功能材料的研究主要集中于材料的设计、材料的制备和材料的特性评价三个方面。其中材料设计可以为梯度功能材料合成提供最佳的结构梯度分布和组成,材料制备是研究梯度功能材料的核心,材料特性评价是通过针对梯度功能材料特性的一整套标准化的实验方法,对梯度功能材料进行测试来建立的。三者相辅相成,缺一不可。

梯度功能材料的设计与一般材料的设计不同,梯度功能材料的设计多数采用逆设计系统,即个人按照对材料性能的要求和使用条件,查阅材料组成和构造的知识库,依据设计的基本理论,对材料的组成和结构的梯度分布进行设计。梯度功能材料的设计通常包括复合材料物性参数预测、热应力模拟与计算、梯度组成分布优化设计等几个重要部分,其最终目的是获得满足热应力缓和程度最大这个使用要求的梯度材料成分分布。当前这方面的研究热点是非均质材料的组成、结构、性能关系,通过完善连续介质理论、量子(离散)理论、渗流理论及微观结构模型,借助计算机模拟对材料性能进行理论预测,尤其需要研究材料晶界(或相界)的作用;同时大力开发研究计算机辅助设计专家系统,用人工智能理论积累、整理与材料设计、制备、评价有关的数据库、知识库,为材料的研制提供实验设计和优化控制,从而提高设计精度。例如:用计算机辅助设计专家系统对梯度功能材料进行模拟设计;用神经网络、有限元法和分形理论进行梯度功能材料的研究。

3.4.4 梯度多孔多材料设计

目前，将均匀多孔结构应用于功能集成部件时，仍然存在一些限制，例如，不能满足同一部件中具有不同材料和力学性能零件的要求。为解决这个问题，华南理工大学提出了一种 CuSn / 18Ni300 体心立方（BCC）双金属多孔结构材料的设计[43]。

在这里以 CuSn / 18Ni300 设计制造与性能测试为例，对多金属材料多孔结构进行探索验证。CuSn 合金具有出色的导热性、延展性和耐腐蚀性，时效强化后的 18Ni300 马氏体时效钢具有卓越的强度，CuSn/18Ni300 多孔结构兼具 CuSn 合金和 18Ni300 马氏体时效钢的优点。

1. 双金属多孔结构材料的设计与制造

在 Rhinoceros 5 软件中设计的 BCC 晶格结构模型如图 3 - 46 所示。支柱直径分别为 0.6mm、0.8mm、1mm 和 1.2mm，BCC 晶格结构的孔隙率分别为87%、77%、66% 和 53%。一半的晶格结构为 18Ni300 合金，另一半晶格结构为 CuSn 合金。为了研究 CuSn/18Ni300 的界面结合强度，设计了双金属拉伸试样模型，如图 3 - 47(a)～(c) 所示。为了研究重熔过程是否能提高界面性能，界面重熔两次和三次。CuSn / 18Ni300 双金属立方体（10mm×10mm×10mm）如图 3 - 47(d)所示，该立方体用于 SEM 和 XRD 测试以观察界面。

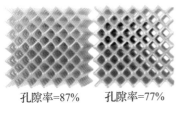
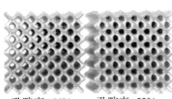

孔隙率=87%　　孔隙率=77%　　孔隙率=66%　　孔隙率=53%

图 3 - 46

不同孔隙率晶格结构模型

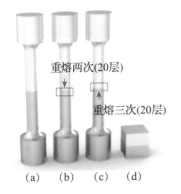

重熔两次(20层)

重熔三次(20层)

(a)　　(b)　　(c)　　(d)

图 3 - 47

用于分析连接强度的金属拉伸试样模型

（a）没重熔；（b）重熔两次；（c）重熔三次；（d）用于 SEM 和 XRD 分析的 CuSn/18Ni300 双金属方块（10mm×10mm×10mm）。

2. 多孔结构材料单元体结构的界面形貌

获得的 CuSn/18Ni300 双金属多孔结构试样的宏观形貌如图 3-48(a)所示。CuSn 部分的吊渣比 18Ni300 部分的吊渣严重。CuSn / 18Ni300 多孔结构中支柱直径如图 3-49 所示。显示 CuSn 支柱的大部分直径大于 18Ni300 的直径，原因是 CuSn 合金粉末和 18Ni300 合金粉末的松散堆积密度和收缩率不同。

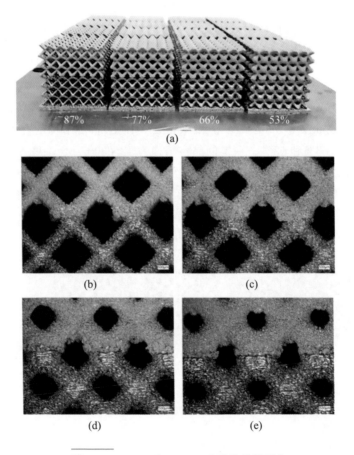

图 3-48 **CuSn / 18Ni300 多孔结构的形态**

(a)CuSn / 18Ni300 双金属多孔结构的试样宏观形貌；(b)CuSn / 18Ni300-87%；

(c)CuSn / 18Ni300-77%；(d)CuSn / 18 试样 Ni300-66%；

(e)CuSn / 18Ni300-53%。

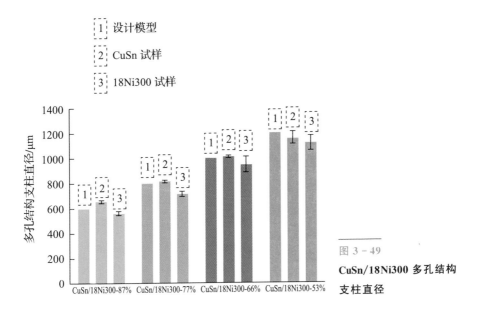

图 3 - 49
CuSn/18Ni300 多孔结构
支柱直径

3. 多孔结构材料力学行为

　　CuSn 多孔结构和 CuSn／18Ni300 多孔结构的压缩行为如图 3 - 50 所示，压缩曲线如图 3 - 51 所示。在 CuSn - 87% 多孔结构中观察到45°方向剪切行为，如图 3 - 50(a) 所示。如图 3 - 51(b) 所示，这种剪切行为在约 15% 应变处，显示为下降谷。当孔隙率增加到 66% 时，CuSn 多孔结构的压缩行为变为均匀压缩，其压缩曲线也变得平滑，没有下降谷。CuSn - 66% 的压缩曲线可以细分为经典的三个阶段：第一阶段是线性弹性阶段，第二阶段是坍塌平台阶段，第三阶段是结构致密化阶段。图 3 - 50(c) 和图 3 - 50(d)，不同之处在于 CuSn/18Ni300 双金属多孔结构的压缩曲线显示出两个均匀的压缩变形平台。第一次均匀压缩变形是 CuSn/18Ni300 双金属多孔结构中的 CuSn 部分，随后的均匀压缩变形是 CuSn/18Ni300 双金属多孔结构中的 18Ni300 部分。双金属多孔结构的这种双均匀变形与具有均匀变形的多孔结构和具有逐层变形的梯度多孔结构不同，双金属多孔结构的压缩曲线在图 3 - 51(b) 中也显示出两个坍塌平台，这两个坍塌平台与 CuSn 部分和 18Ni300 部分均匀压缩变形有关。图 3 - 50 和图 3 - 51 表明 CuSn/18Ni300 的压缩行为包括五个阶段：第一阶段为第一个线性弹性阶段，该阶段与 CuSn/18Ni300 多孔结构中 CuSn 部分的弹性变形有关；第二阶段为第一个塌陷平台阶段，它与 CuSn/

18Ni300 多孔结构中 CuSn 部分的屈服变形有关；第三阶段为第二个线性弹性阶段，它对应于 CuSn/18Ni300 多孔结构中 18Ni300 部分的弹性变形；第四阶段是第二个塌陷平台阶段，对应 CuSn/18Ni300 多孔结构中 18Ni300 部分的屈服变形；第五阶段对应整个 CuSn/18Ni300 多孔结构的致密化。经典的多孔结构压缩行为常为三个阶段，而双金属多孔结构则为五个阶段。CuSn/18Ni300 双金属多孔结构的这种特殊压缩行为可归因 CuSn 合金部件和 18Ni300 合金部件在同一部件中的不同力学性能。根据研究[44]，用 SLM 工艺制造的 18Ni300 制件弹性模量和屈服强度分别为 181 GPa 和 1080 MPa。在本研究中，用 SLM 工艺制造的 CuSn 合金实心部件的弹性模量为 127.4GPa ± 14.00 GPa。一项研究还报道了用 SLM 工艺制造的 CuSn10 制件屈服强度为 399 MPa[45]。因此，第一阶段和第二阶段变形还与 CuSn 合金部件弹性模量和屈服强度较低有关，然而具有高弹性模量和高屈服强度的 18Ni300 合金零件却引发了第三阶段、第四阶段和第五阶段的变形。

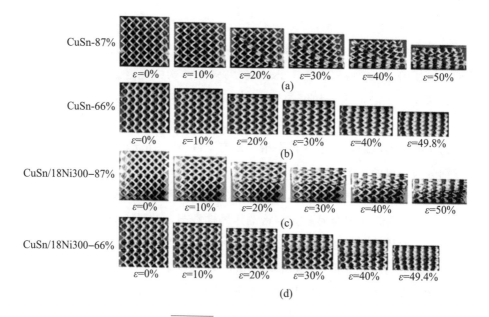

图 3-50 多孔结构的压缩行为

（a）CuSn 多孔结构（孔隙率 = 87%）；（b）CuSn 多孔结构（孔隙率 = 66%）；

（c）CuSn/18Ni300 多孔结构（孔隙率 = 87%）；

（d）CuSn/18Ni300 多孔结构（孔隙率 = 66%）。

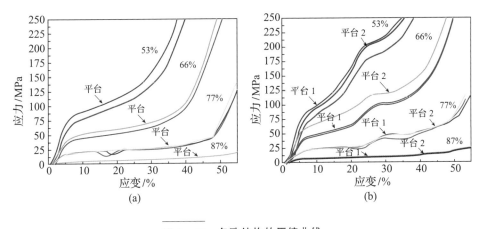

图 3 - 51 多孔结构的压缩曲线

（a）CuSn 多孔结构；（b）CuSn/18Ni300 多孔结构。

实体 CuSn 的密度测定为 8.73g/cm³，实体 18Ni300 的密度为 7.85g/cm³，实体 CuSn/18Ni300 的密度为 8.29g/cm³（实体 CuSn 和 18Ni300 合金的密度的平均值）。通过压缩曲线的线性阶段计算出 CuSn 弹性模量和 CuSn/18Ni300 的弹性模量，具有不同孔隙率的 CuSn 和 CuSn－18Ni300 多孔结构的压缩性能见表 3-4，由表 3-4 可知，CuSn 和 CuSn/18Ni300 的弹性模量均随着孔隙率的下降而上升。CuSn 的第一塌陷平台应力与 CuSn/18Ni300 的第一塌陷平台应力相近，说明双金属多孔结构的首次屈服时的应力状态变化与性能最弱的结构密切相关。

表 3 - 4 CuSn 和 CuSn/18Ni300 多孔结构材料的压缩性能

样品	第一塌陷平台 应力 σ_{pl}/MPa	第二塌陷平台 应力 σ_{pl}/MPa	弹性模量 /GPa	平台末端应变 ε_D/%
CuSn－87%	7.26±0.28	—	2.18±0.05	51.80±0.49
CuSn－77%	26.51±0.87	—	6.64±0.45	46.59±0.27
CuSn－66%	62.81±4.56	—	14.14±1.00	35.38±0.82
CuSn－53%	93.91±7.43	—	18.67±1.47	25.69±0.08
CuSn/18Ni300－87%	6.99±0.34	16.56±0.48	2.41±0.18	49.46±0.54
CuSn/18Ni300－77%	25.00±1.40	45.41±4.16	7.62±0.16	43.71±1.79
CuSn/18Ni300－66%	61.02±11.18	109.93±7.98	14.30±2.16	36.61±0.89
CuSn/18Ni300－53%	103.60±9.01	201.87±12.87	21.52±1.20	28.32±0.73

由此可见，对双金属多孔结构材料打破传统单一材料/均质材料的力学行为规律及其演变的理解和学习，将使我们进一步提升材料利用水平。

3.5 智能性超材料设计

智能性超材料，简称智能材料，包括感知材料和驱动材料。感知材料是一类对内外部应力、应变、热、光、电、磁、辐射能和化学量等参量具有感知功能的材料，用它们可以制成各种传感器件；驱动材料则是能对环境或内部状态变化做出响应并执行动作的材料，用它可以制成各种驱动器件[47]。智能材料可将传感、控制和驱动三种功能集于一身，能够完成相应的反应，具有模仿生物体的自增值性、自修复性、自诊断性、自学习性和环境适应性的能力[48]。智能材料分类方式繁多，根据功能及组成成分不同，可分为电活性聚合物、形状记忆材料、压电材料、电磁流变体材料、磁致伸缩材料等。智能材料结构在众多领域有着重要应用，如航空航天、智能机器人、生物医疗、能源环保、建筑桥梁等[49]。智能材料制造工艺复杂，传统智能材料制造方法只能制造简单形状结构，严重限制了智能材料的发展与应用，但增材制造技术的发展，使智能材料在 3D 打印和 4D 打印领域得到应用，让制造任意复杂形状的智能性材料成为可能[46]。

3.5.1 电活性聚合物材料

电活性聚合物（electroactive polymer，EAP）材料是一类在电场激励下可以产生大幅度尺寸或形状变化的新型柔性功能材料，是智能材料的一个重要分支。离子聚合物 - 金属复合（ionic polymer-metal composites，IPMC）材料、离子型电活性聚合物智能材料和介电弹性（dielectric elastomers，DE）材料分别是 EAP 的典型代表。制造三维复杂形状电活性聚合物结构是该领域的重要研究课题。

1. IPMC 材料

IPMC 材料是在离子交换膜基体两表面制备出电极而形成的复合材料，在外界电压作用下，材料内部的离子和水分子向电极一侧聚集，导致质量和电荷分布不平衡，从而宏观上产生弯曲变形[50]。由传统方法制备出的 IPMC 材料绝大多数为片状[51]，受传统制备方法的限制，很难制备出复杂形状的 IPMC 智能材料。

将全氟磺酸型聚合物（nafion）溶液与酒精和水的混合溶液作为制造 IPMC 基体的前体材料，将 Ag 微小颗粒与 nafion 溶液混合液作为 IPMC 电极材料，先通过增材制造硅胶材料制备出一个立方体硅胶容器，然后通过喷头逐点累加固化电极—nafion 基体—电极三层结构。制备的硅胶容器作为接下来增材制造 IPMC 的支撑，防止喷头喷出的液体在固化之前流动而影响 IPMC 的制备。同时，在 IPMC 三层结构的电极外侧打印固化一层由 Hydrin C 热塑性塑料（Zeon 化学品有限公司产品）形成的不可被水渗透的低导电性电极保护层，有利于减少溶液的挥发和延长 IPMC 智能材料的使用寿命。增材制造的五层结构 IPMC 可以封存于溶液中，达到有效延长使用寿命的效果（图 3-52）。

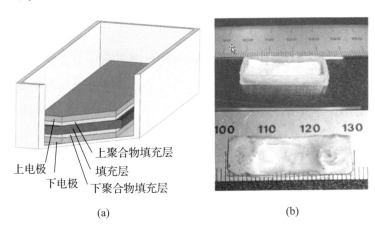

(a)   (b)

图 3-52　增材制造五层结构 IPMC 材料

(a)结构示意图；(b)IPMC。

2. 离子型电活性聚合物智能材料

Bucky Gel 材料是最新研究发展的一种离子型电活性聚合物智能材料，Bucky Gel 的组成和驱动传感原理类似于 IPMC 材料。Bucky Gel 材料由三层结构组成，中间基体材料为由聚合物和离子液体构成的电解质层，基体材料两边为由碳纳米管、聚合物和离子液体构成的电极材料，在两侧电极加载电压时，离子液体中的阴阳离子向两个电极移动，引起 Bucky Gel 材料的弯曲。

传统 Bucky Gel 材料的制备方法常采用溶液铸膜法（solution casting method），分层分别固化电极和基体层，制备出的 Bucky Gel 材料大多为片状，难以制备复杂形状的 Bucky Gel 材料。利用增材制造技术逐点累加固化电极—基体材料—电极，可以制备任意复杂形状的 Bucky Gel 材料[52]，如制造手形状的 Bucky Gel 材料（图 3 - 53）。

图 3 - 53
3D 打印手形状 Bucky Gel 材料

3. DE 材料

传统 DE 作动器是在介电弹性膜状材料上下表面涂上柔性电极构成的三明治结构[46]。当施加了电压后，DE 材料的上下表面由于极化积累了正负电荷（$\pm Q$），正负电荷相互吸引产生静电库仑力，从而在厚度方向上压缩材料而使其厚度变小，平面面积扩张。用传统制备方法制备出的 DE 材料大多为薄膜状，难以制备任意复杂形状的 DE 材料结构。目前，制造 DE 材料的增材制造技术有紫外线固化、喷雾打印、双材料紫外线固化等。

制造 DE 材料的增材制造技术目前仍处于初步研究发展阶段，尽管目前通过增材制造技术制备的 DE 材料性能与传统方法制备的还有差距，但是 DE 材料增材制造技术使今后制造任意复杂三维 DE 智能材料结构成为可能，解决了传统制备方法无法制备复杂形状 DE 材料的难题。

3.5.2 形状记忆材料

形状记忆材料是一类具有形状记忆功能的智能材料，包括形状记忆合金、形状记忆高分子和形状记忆无机材料。由于形状记忆材料集自感知、自诊断和自适应功能于一体，故具有传感器、处理器和驱动器的功能，是一类特殊的智能材料。形状记忆材料不但可以用来制备各种智能器件和结构，还可以通过对材料结构的主动设计实现智能控制功能，应用前景非常广阔[47]。用形状记忆材料通过 3D 打印技术制造出的零件，能够响应外部环境的变化，直接呈现材料形态的变形自组装[53]。

利用 3D 打印技术将形状记忆材料逐点累加固化到硬质基板上，打印结束后固化成形的形状记忆材料与硬质基板紧密结合成整体平面结构(图 3 - 54)，在光、温度、电流等外界环境激励下，形状记忆材料发生体积膨胀或收缩引起整体平面结构变形成为三维结构，从而具备自组装(self - assembly)、自折叠(self - folding)功能[54-55]。

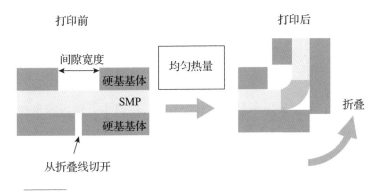

图 3 - 54　**3D 打印形状记忆聚合物与硬质基体构成智能结构材料**

4D 打印材料能在 3D 打印基础上实现自身材料结构变化，即由 3D 打印技术制造的智能材料结构，在外界环境激励下可以随时间变化形状结构，4D 打印材料相比 3D 打印材料增加的一个维度是时间，因此，4D 打印制造的三维实体材料结构不再是静止的、无生命的，而是智能的、可以随外界环境发生相应变化的。

目前已有学者开发出一种遇水可以发生膨胀变形(150%)的亲水智能材料，利用 3D 打印技术将硬质的有机聚合物与亲水智能材料同时打印，二者固化结合构成智能结构。3D 打印成形的智能结构在遇水之后，亲水智能材料发生膨胀，带动硬质有机聚合物发生弯曲变形，当硬质有机聚合物遭遇到临近硬质有机聚合物的阻挡时，弯曲变形完成，智能结构达到了新的稳态形状。美国麻省理工学院自组装实验主管 Tibbits 制备了一系列由该 4D 打印技术制造的原型，如 4D 打印出的细线结构遇水之后可以变为"MIT"形状，4D 打印技术制造出的平板遇水之后可以变化为立方体盒子(图 3 - 55)。

图 3 - 55
由 4D 打印技术制造的亲水
智能材料和硬质有机聚合物智能结构发生变形

Ge 等在 2013 年提出利用多材料聚合物 3D 打印技术实现 4D 打印技术，通过同时打印形状记忆聚合物（SMP）纤维和有机聚合物基体，将形状聚合物纤维结合到有机聚合物基体中，制造出的智能材料结构随时间可发生形状结构变化[56]。

4D 打印技术首先采用多材料聚合物 3D 打印技术，喷头将聚合物液滴喷射到工作平台上，利用刮板将喷射的液滴刮平，之后用紫外线进行固化，逐点累加固化成形一层结构之后工作平台下移一层的高度，逐层固化实现三维结构的制造，3D 打印制造出的智能结构由形状记忆聚合物纤维和有机聚合物基体组成（图 3 - 56）[56]。该 4D 打印技术同时 3D 打印 SMP 纤维和有机聚合物基体材料，打印成形的智能结构具有形状记忆效应。若将该智能结构与另一有机聚合物材料层结合构成双层结构，通过温度的变化可实现弯曲变形和初始形状之间的转化，而且通过改变 SMP 纤维的方向角度可以改变智能结构的弯曲变形幅度，控制智能结构的变形（图 3 - 57）[56]。

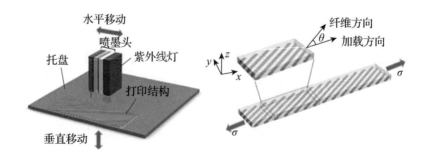

图 3 - 56　3D 打印 SMP 纤维和有机聚合物基体

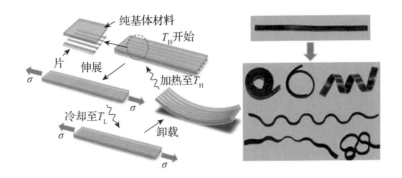

图 3 - 57　**4D 打印双层智能结构发生弯曲变形**

参 考 文 献

[1] PARK R. The Connex500 Utilising PolyJet Matrix Technology and Digital Materials[J]. TCT Magazine，2008，16(3)：48 - 49.

[2] WANG X，JIANG M，ZHOU Z，et al. 3D printing of polymer matrix composites：A review and prospective[J]. Composites Part B Engineering，2017，110：442 - 458.

[3] KALSOOM U，PERISTYY A，NESTERENKO P N，et al. A 3D printable diamond polymer composite：a novel material for fabrication of low cost thermally conducting devices[J]. RSC Advances，2016，6：38140 - 38147.

[4] CASTLES F，ISAKOV D，LUI A，et al. Microwave dielectric characterisation of 3D-printed $BaTiO_3$/ABS polymer composites[J]. Scientific Reports，2016，(6)：22714.

[5] TEKINALP H L，KUNC V，VELEZ-GARCIA G M，et al. Highly oriented carbon fiber-polymer composites via additive manufacturing [J]. Composites ence and Technology，2014，105(11)：144 - 150.

[6] NING F，CONG W，QIU J，et al. Additive manufacturing of carbon fiber reinforced thermoplastic composites using fused deposition modeling[J]. Composites，2015，80B(10)：369 - 378.

［7］ COMPTON B G，LEWIS J A. 3D-Printing of Lightweight Cellular Composites［J］. Advanced Materials，2014，26(34)：5930 - 5935.

［8］ WEI X，LI D，JIANG W，et al. 3D Printable Graphene Composite ［J］. Scientific Reports，2015，(5)：11181.

［9］ HE M，ZHAO Y，WANG B，et al. 3D Printing Fabrication of Amorphous Thermoelectric Materials with Ultralow Thermal Conductivity［J］. Small，2015，11(44)：5889 - 5894.

［10］ MARTIN J H，YAHATA B D，HUNDLEY J M，et al. 3D printing of high-strength aluminium alloys［J］. Nature，2017，549(7672)：365.

［11］ WANG Q，HAN C，CHOMA T，et al. Effect of Nb content on microstructure，property and in vitro apatite-forming capability of Ti－Nb alloys fabricated via selective laser melting［J］. Materials & Design，2017，126：268 - 277.

［12］汪鑫，田小永，王清瑞，等. 连续纤维增强金属基复合材料3D打印工艺探索及性能分析［C］. 广州：特种加工技术智能化与精密化——第17届全国特种加工学术会议，2017.

［13］ LI W，YANG Y，LIU J，et al. Enhanced nanohardness and new insights into texture evolution and phase transformation of TiAl/TiB$_2$ in-situ metal matrix composites prepared via selective laser melting［J］. Acta Materialia，2017，136：90 - 104.

［14］阿米特·班德亚帕德耶，萨斯米塔·博斯. 3D打印技术与应用［M］. 王文先，葛亚琼，崔洋琴，等译. 北京：机械工业出版社，2017.

［15］ TAPPAN B C，STEINER S A，LUTHER E P. Nanoporous metal foams［J］. Angewandte Chemie International Edition，2010，49(27)：4544 - 4565.

［16］郑销阳. 多孔金属材料的结构设计与性能模拟［D］. 绵阳：西南科技大学，2019.

［17］张远飞. 基于增材制造的多孔结构设计与成型［D］. 大连：大连理工大学，2019.

［18］ YOO D J. Rapid surface reconstruction from a point cloud using the least-squares projection ［J］. Int J Precis Eng Man，2010，11(2)：273 - 283.

[19] SMITH M H，FLANAGAN C L，KEMPPAINEN J M，et al. Computed tomography-based tissue-engineered scaffolds in craniomaxillofacial surgery [J]. Int J Med Robot，2007，3(3)：207 - 216.

[20] 张江伟. 计算机辅助仿生骨组织支架建模方法研究[D]. 哈尔滨：哈尔滨工业大学，2007.

[21] WANG X，XU S，ZHOU S，et al. Topological design and additive manufacturing of porous metals for bone scaffolds and orthopaedic implants：A review[J]. Biomaterials，2016，83：127 - 141.

[22] 张伟. 轴向运动功能梯度材料板的振动、屈曲及动力稳定性研究[D]. 桂林：桂林电子科技大学，2019.

[23] 陈光. 新材料概论[M]. 北京：科学出版社，2003.

[24] 薛宇. 功能梯度压电材料板的静动态响应及主动控制[D]. 太原：太原理工大学，2019.

[25] 马鑫. 非均匀介质接触问题的新线性分层模型[D]. 北京：北京交通大学，2008.

[26] KOIZUMI M. FGM activities in Japan[J]. Composites Part B：Engineering，1997，28(1 - 2)：1 - 4.

[27] 林森环境工程. 新研究可以通过模仿竹子的韧性和质轻来开发新材料[EB/OL]. [2017 - 06 - 07]. https：//www. sohu. com/a/146681886_794281.

[28] 韩泉峰. 含功能梯度材料涂层及几何缺陷的薄壳热屈曲问题研究[D]. 大连：大连理工大学，2018.

[29] Doring kindersley RF. 骨剖面图[DB/OL]. (2019 - 01 - 12)[2019 - 05 - 30]. https：//www. vcg. com/creative/806633186.

[30] 孙喜阁. 功能梯度材料的制备及接触模拟分析[D]. 北京：北京交通大学，2017.

[31] 汤玉斐. 流延法制备 ZrO_2/316L 不锈钢功能梯度材料的工艺及性能研究[D]. 西安：西安理工大学，2008.

[32] QIAN T T，LIU D，TIAN X J，et al. Microstructure of TA2/TA15 graded structural material by laser additive manufacturing process[J]. Transactions of Nonferrous Metals Society of China，2014，24（9）：

2729 – 2736.

[33] 席明哲，张永忠，涂义，等. 激光快速成形 316L 不锈钢/镍基合金/Ti6Al4V 梯度材料[J]. 金属学报，2008，44(7)：826 – 830.

[34] 魔猴网. LENS 激光熔融风喷金属 3D 打印技术[EB/OL]. [2019 – 01 – 19]. http：//www. mohou. com/articles/article – 9694. html.

[35] KRUTH J P，DADBAKHSH S，VRANCKEN B，et al. Additive manufacturing of metals via Selective Laser Melting：Process aspects and material developments[M]. Los Angeles：CRC Press，2015.

[36] CHIVEL Y. New approach to multimaterial processing in selective laser melting[J]. Physics Procedia，2016，83：891 – 898.

[37] 马树元，石学智，谭天汉. 异质材料选区激光熔化的铺粉及粉末回收装置：中国，ZL2014102203104[P]. 2014 – 08 – 13.

[38] WEI C，LI L，ZHANG X，et al. 3D printing of multiple metallic materials via modified selective laser melting[J]. Cirp Annals-Manufacturing Technology，2018，67：245 – 248.

[39] 吴伟辉，刘锋. 一种多材料零件 3D 打印的粉末供给、铺展方法及装置：中国，ZL2016101729906[P]. 2016 – 06 – 01.

[40] 吴伟辉，杨永强，毛桂生，等. 激光选区熔化自由制造异质材料零件[J]. 光学精密工程，2019，27(3)：12 – 21.

[41] 吴伟辉，杨永强，毛桂生，等. 异质材料零件 SLM 增材制造系统设计与实现[J]. 制造技术与机床，2019，(10)：32 – 37.

[42] 吴伟辉，杨永强，王迪，等. 一种用于梯度材料零件 3D 打印的粉末混合均布方法及装置：中国，ZL201810014719. 9[P]. 2019 – 02 – 15.

[43] ZHANG M，YANG Y，WANG D，et al. Microstructure and mechanical properties of CuSn/18Ni300 bimetallics manufactured by selective laser melting[J]. Materials & Design，2019，165：107583.

[44] MAO Z F，ZHANG D，WEI P T，et al. Manufacturing Feasibility and Forming Properties of Cu-4Sn in Selective Laser Melting[J]. Materials，2017，10(4)：333.

[45] DENG C Y，KANG J，FENG T，et al. Study on the Selective Laser Melting of CuSn10 Powder[J]. Materials，2018，11(4)：614.

[46] 李涤尘，刘佳煜，王延杰，等. 4D 打印——智能材料的增材制造技术 [J]. 机电工程技术，2014，43(05)：1-9.

[47] 余海湖，赵愚，姜德生. 智能材料与结构的研究及应用[J]. 武汉理工大学学报，2001(11)：37-41.

[48] 奚利飞，郑俊萍，姚康德. 智能材料的研究现状及展望[J]. 材料导报，2003，S1：235-237.

[49] 魏凤春，张恒，张晓，等. 智能材料的开发与应用[J]. 材料导报，2006，S1：375-378.

[50] 陈花玲，王永泉，盛俊杰，等. 电活性聚合物材料及其在驱动器中的应用研究 [J]. 机械工程学报，2013，49(6)：205-214.

[51] BAR-COHEN Y，XUE T，SHAHINPOOR M，et al. Low-mass muscle actuators using electroactive polymers（EAP）：5th Annual International Symposium on Smart Structures and Materials［C］. Bellingham：International Society for Optics and Photonics，1998.

[52] KAMAMICHI N，MAEBAT，YAMAKITAM，et al. Fabrication of bucky gel actuator/sensor devices based on printing method：Intelligent Robots and Systems［C］. Acropolis：IEEE/RSJ International Conference，2008.

[53] 黄卫东. 材料 3D 打印技术的研究进展［J］. 新型工业化，2016，6(3)：53-70.

[54] TOLLEY M T，FELTON S M，MIYASHITA S，et al. Self-folding shape memory laminates for automated fabrication：Intelligent Robots and Systems（IROS）［C］. Piscataway：IEEE/RSJ International Conference，2013.

[55] FELTON S M，TOLLEY M T，SHIN B H，et al. Self-folding with shape memory composites[J]. Soft Matter，2013，9：7688-7694.

[56] GE Q，QI H J，DUNN M L. Active materials by four-dimension printing[J]. Applied Physics Letters，2013，103(13)：1-5.

第4章
增材制造创新结构设计

机械创新设计除了基础的机械设计科学基础，还包括机械系统设计（mechanical system design）、计算机辅助设计（computer aided design）、可靠性设计（reliability design）、有限元设计（finite element design）、反求设计（reverse design）、优化设计（optimal design）、变形设计（variant design）、并行设计（concurrent design）等。而针对增材制造创新结构设计的方法也有很多，本章重点介绍面向增材制造的拓扑优化设计方法、免组装结构设计方法、仿生结构设计方法等。

4.1) 拓扑优化设计

4.1.1 拓扑优化设计概念

目前，对产品结构设计的研究大多集中在结构优化设计上，为了解决工程结构设计问题，如重要结构参数的选择、参数匹配、结构校核等，结构优化设计是一种充分利用现代数学、物理、力学及计算机技术寻求最佳设计的理论与方法[1]。特别是有限元法和数学规划的引入，使结构优化设计理论与计算机算法得到了长足的发展。

拓扑优化（topology optimization）是结构优化方法的一种，用于计算给定问题下最优的材料空间分布状态。一般而言，针对指定的目标，在给定的载荷、约束和边界条件下，通过拓扑优化算法可以在给定的设计区域内找到最佳结构配置。经拓扑优化后的零部件理论上可满足载荷需求，实现特定算法下的材料最优分布；可以获得在特定体积分数下的最优承力结构，实现结构的轻量化[2]。

根据选择的对象，结构拓扑优化一般可以分为两类：一类是离散结构拓扑优化，典型的代表为桁架结构拓扑优化，主要为确定节点间单元的相互连接方式，也包括节点的增删；另一类则是连续体结构拓扑优化，主要是把优化区域的材料离散成有限个单元(壳单元或者体单元)确定其内部孔洞位置、数量和形状等，从而实现拓扑优化。在连续体结构拓扑优化方法中，关于均匀化法(homogenization method)、变密度法(variable density method)、渐进结构优化法(evolutionary structural optimization method)、水平集法(level-set method)和独立连续映射法(independent continuous mapping method)及其相关应用研究最多，发展较快[3]。

离散结构拓扑优化的历史可以追溯到 1904 年由 Michell 提出的桁架理论。Michell 桁架理论建立在严格的理论推导基础上，是验证离散体结构优化设计最可靠的标准之一。1964 年 Dorn、Gomory 和 Greenberg 等提出了基结构(ground structure)法。基结构法克服了 Michell 桁架理论的不适应性，将数值方法引入结构优化领域，建立由结构节点、载荷作用点和支撑点组成的节点集合，集合中的所有节点之间用杆件连接，形成基结构，以基结构作为初始设计，杆件面积作为设计变量，采用优化算法优化杆件面积。

近年来连续体结构拓扑优化理论得到了较快发展，是结构优化领域研究的难点和热点问题。对桁架结构的拓扑优化就是在给定节点位置情况下，确定各节点的最佳连接关系。而对连续体结构拓扑优化，不仅要使结构的边界形状发生改变，针对结构中的孔洞个数及形状的分布也要进行优化。连续体结构优化按照设计变量的类型和求解问题的难易程度可分为尺寸优化(尺寸变量)、形状优化(形状变量)和拓扑优化(拓扑变量)三个层次，分别对应于三个不同的产品设计阶段，即详细设计、基本设计及概念设计三个阶段(图 4-1)。拓扑优化处于结构的概念设计阶段，其优化结果是一切后续设计的基础。当结构的初始拓扑不是最优拓扑时，尺寸和形状优化可能导致次优结构产生，因此在初始概念设计阶段需要确定结构的最佳拓扑形式。目前主要困难在于满足一定要求的结构拓扑形式具有很多种，这种拓扑形式难以定量描述或参数化，而需要设计的区域预先未知，大大增加了拓扑优化的求解难度。

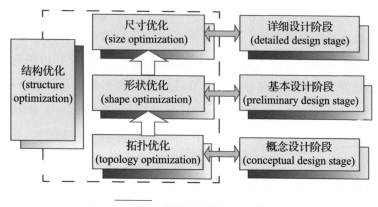

图 4 - 1　结构优化的三个阶段

另外，还存在一种结构布局优化，布局优化包含了前两种优化的主要内容，综合考虑对结构构件的尺寸、形状和拓扑的优化，同时也应考虑外力的最佳作用位置及分布形式，结构的支撑条件等，还包括结构单元类型的优化。布局优化的数学模型描述更复杂，求解更困难，目前处于较低的研究水平，国内外很少见文献报道。

拓扑优化结果几何构型复杂，采用传统制造工艺制备非常困难，因此拓扑优化方法与实际工程结构设计之间仍存在较大鸿沟。一方面，设计人员往往要基于制造技术及经验对优化结果进行二次设计来满足可制造性，降低制造成本，这种做法往往会损坏结构的最优性，得到的结构性能甚至达不到已有构型；另一方面，受制于传统设计理念及制造工艺，结构往往仅进行宏观拓扑设计，并未充分利用结构在多尺度上的变化或者空间梯度变化所带来的广阔设计空间，产品性能提升非常有限。

增材制造技术通过材料层层累加的方式实现结构的制备，这种独特的制造方式可实现高度复杂结构的自由成形，极大地拓宽了设计空间，为新型结构及材料的制备提供了强大的工具。然而，现有的增材制造设计，绝大部分仍然采用面向传统制造工艺的设计构型，制备的结构并未充分利用增材制造技术所提供的自由设计空间，性能无法在本质上得到提升。甚至受限于增材制造技术的不成熟，其性能劣于用传统制造工艺所制备的结构。

增材制造技术的出现，使几何形式高度复杂，且使从微纳到宏观多个几何尺度结构的制备成为可能。它颠覆了传统制造技术的局限，解决了产品研发存在的"制造决定设计"问题。因此，将拓扑优化技术(先进设计技术)与增材制造技术（先进制造技术）融合，发展创新设计技术具有广阔的前景，已引起学术界的广泛关注。增材制造技术作为一种"无模敏捷制造"技术，可大幅降低研发周期和成本，是快速制造的核心技术。

构型拓扑化是指在给定的材料品质和设计域内，基于拓扑优化技术，按照载荷分布，将材料集中在最有效区域，实现材料布局最优的高效轻质结构构型。由于增材制造技术极大地提升了零件成形的自由度，避免了传统制造工艺对构型的约束，将传统基于"工艺优先"的设计模式转变为"性能优先"设计模式，因此可以根据"性能优先"进行构型拓扑设计，采用激光选区熔化、粉末床成形等增材制造工艺实现制造。通过计算分析发现，构型拓扑化可实现结构减重 60% 以上；传载更均匀、更优化，构件使用寿命延长 60% 以上；材料利用率提高 60% 以上，更绿色环保。

拓扑优化因其不依赖初始构型及工程师经验，可获得完全意想不到的创新构型，受到学者以及工程人员的广泛关注。增材制造技术为制造业带来了革命性的变化，应用已经从快速成形进入到了实际产品制造领域，可以完成传统工艺无法实现的制造，如多件融合、分布式制造、材料性能的个性化控制，突破了结构形式和工艺手段的限制，实现了零件"自由制造"，成为可以充分发挥现代拓扑优化和轻量化结构设计优势的唯一工艺手段。

整体结构层级化、材料属性梯度化、功能结构一体化、结构多功能化已成为新结构与新材料的重要发展方向。基于增材制造工艺，突破传统设计极限，研发整体化、轻量化、低成本的高性能新结构和材料是新一代重大高端装备与结构研制的迫切需求。本节将主要介绍基于拓扑优化方法，面向增材制造创新结构设计。

4.1.2　拓扑优化设计软件

拓扑优化与用于设计验证的仿真软件的结合衍生出了新层次的设计自由度，设计师可以轻松地通过拓扑优化找到材料布局，再考虑更多的设计要求，包括应力、屈服强度等通过晶格进行更精细程度的材料分配，达到设计的最优化。表 4-1 为已经商业化的主要拓扑优化软件。

表 4-1 商业化的主要拓扑优化软件

软件名称	功能	特色	软件界面/典型优化
3D Systems 3D Xpert 软件	• 提供仿真和分析工具; • 混合建模环境; • 历史的参数化 CAD 工具，轻松在任何阶段做变更; • 最小化零件质量; • 编辑微晶格	• 分配不同打印策略到零件的不同区域，并无缝合并成一个扫描路径; • 拥有 3D 分区功能，保持零件完整性的同时，加速打印时间	
Materialise 3-matic 软件	• 最优表面纹理、轻量化结构、切片技术和后拓扑优化; • 强大的外部链接功能，链接多种仿真工具; • 光顺拓扑优化后粗糙的零件表面	• 拥有 3D 打印创建设计、设计优化、数据准备到打印过程管理和质量监测的全套软件系统; • 能直接在 STL 文件修改设计并将 STL 文件转换回 CAD 文件	
nTopology 软件	• 可创建出与自然相仿的更优质 3D 结构; • 可整体或部分进行优化; • 网格结构优化; • 拓扑优化	• 全新的生成设计方式，用户可根据需求随意改动和操纵结果	

（续）

软件名称	功能	特色	软件界面/典型优化
Autodesk Netfabb 软件	• 设计优化、创建方针和打印机准备； • 打印仿真，预测金属零件的结构应力和变形； • 生成设计工具； • CAD – STL 文件转换	• 先进的刀具路径引擎； • 协同多头 3D 打印； • 布置打印平台（自动支撑）	
Altair/solid Thinking 公司 Insprie 软件	• 结构设计； • 形状优化； • 拓扑优化； • 仿真； • OptiStruct 优化求解器	• 能给出载荷和工况，软件将提供最高效能的结构设计； • 直接读取各类 CAD 格式； • 拥有仿真驱动设计	
Catia Catopo 软件	• 三套拓扑最优化程序：Optistruct, Tosca, Permas – Topo； • 计算结果平滑化处理并能够图形化三维显示； • 新模型贴片处理转化并保存为 Catia 模型	• 基于 Catia v5 开发的拓扑优化设计软件； • 拥有与 Catia Gps/Gas 等分析模块类似的操作方式； • 输入信息即可进行自动化分析，易学易用	
西门子 3D 打印设计 NX 软件	• 拓扑优化生成器； • 交互式 CAD/CAM 系统； • 复杂实体及造型的建构	• 模具行业 3D 设计的主流应用之一	

（续）

软件名称	功能	特色	软件界面/典型优化
Genesi 软件	• 集有限元求解器和高级优化算法于一体的结构优化软件； • 拓扑优化、形状优化； • 尺寸优化、形貌优化； • 自由尺寸优化和自由形状优化并支持混合优化	• 对 Ansys, Nastran, Abaqus 等有限元软件网格模型和工况载荷进行结构优化； • Dot 和 bigdot 优化算法包计算效率更高，所需优化迭代次数更少	
Generate 软件	• 最佳的刚性，并且在不同载荷下分配材料； • 并行的多种拓扑优化； • 云拓扑优化	• 可生成光滑和混合的表面，减少质量，并尽量减少应力集中，使设计优化完成后就适应增材制造	
Fe-Design Tosca 软件	• 结构优化设计； • 拓扑优化设计； • 无参结构优化； • 任意载荷工况的有限元模型进行拓扑、形状和加强筋优化	• 广泛应用于汽车、航空、机械制造、加工工业等众多领域； • 在外部求解器中进行结构分析	
SolidWorks Simulation 软件	• 拓扑优化； • 达索 simulia 技术； • 仿真计算； • 结构优化	• 拥有应力奇异性网格优化	

（续）

软件名称	功能	特色	软件界面/典型优化
Optistruct 软件	• 基于有限元技术的概念设计、结构分析和设计优化； • 形貌优化； • 自由尺寸优化	• 应用于概念设计和详细设计阶段，满足所有行业的优化设计需求，拥有高度集成的应用环境	
Ansys 软件	• Workbench 增材分析模块； • Ansy Stopology 拓扑优化； • Spaceclaim 表面光滑光顺； • Mechanical 性能校核； • 可模拟打印成形后的微观结构、金相组织和孔隙率等	• 拥有 Ansys 增材打印模块分析，能快速在设备、粉末以及打印的工艺参数组合上，找到快速组合，减少打印的试错次数，保证打印控形	
Simrightoptimizer 软件	• 强大的自动化网格划分功能； • 结构拓扑优化设计； • 支持光顺化和导出 STL 文件	• 基于 Web 浏览器，可随时随地使用，无需安装软件； • 简单易用，适用于 CAE 初学者及高级用户	
Amendate 拓扑优化软件	• 自动拓扑优化； • 支持仿真； • 渲染； • 结构设计	• 分析—优化—模型修正—再分析再优化流程	

4.1.3　拓扑优化设计方法

1. 均匀化法

均匀化法(homogenization method)起初是由预测复合材料的宏观参数发展起来的，主要应用在包括含微结构的复合材料设计和结构拓扑优化设计两个方面。主要思想：在设计区域内构造周期性分布的微结构，每一点由同一种各向同性材料实体和孔洞复合而成。在优化过程中，应用有限元方法进行分析，以微结构的尺寸和方向作为拓扑优化的设计变量，每个单元内构造不同尺寸的微结构。以二维连续体矩形孔微结构为例(图 4-2)，单元内布置尺寸为 a、b 的矩形孔的微结构，变量除了微结构的尺寸外，还有描述微结构转动方位的角度 θ，以微结构的尺寸变量为设计变量，对连续体结构拓扑优化进行数学定量描述，帮助含有周期性分布微结构的复合材料将拓扑优化设计转变为微结构尺寸优化设计。采用复合材料理论的均匀化方法建立材料宏观等效特性与材料微结构尺寸之间的函数关系，通过优化微结构尺寸的组合变化可得到结构宏观拓扑分布。

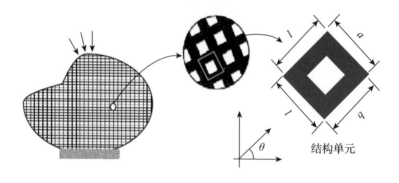

图 4-2　基于拓扑优化设计微结构示意图

Lazarus 等引入数学规划法求解基于均匀化思想的拓扑优化问题，并进行了动力方面的初步计算。在结构设计领域，均匀化法的应用一般包括两类：正向均匀化法和逆向均匀化法。其中，逆向均匀化法的思想为在给定要求的微结构宏观等效性能参数下，用均匀化法材料插值模型反求材料的微观结构，得到满足材料性能要求的微观结构的最佳构型；正向均匀化法指在已知微观胞元构型的前提下，求解宏观尺度的等效均匀化弹性模量，得到宏观尺度的结构拓扑优化设计。

均匀化法的数学和力学理论基础严谨，以数学中的摄动理论为基础，靠微结构参数来松弛宏观材料密度，使伪密度能在设计空间[0，1]上连续取值，从而拓展设计空间。该方法存在的不足之处：均匀化弹性张量求解复杂，微结构的方向角与尺寸难以求解，均匀化模型设计变量相对较多，结构响应的灵敏度求解复杂，求解过程过于烦琐，需要耗费大量的计算时间，优化设计结果往往包含中间密度的微结构，难以符合工业制造要求。

2. 变密度法

变密度法以连续变量的密度函数形式显式地表达单元相对密度与材料弹性模量之间的对应关系，属于材料（物理）描述方式的结构拓扑优化方法。变密度法中的密度是反映材料密度和材料特性之间对应关系的一种伪密度。这种方法受均匀化方法的启发，基于各向同性材料，不需引入微结构和附加的均匀化过程，以单元相对密度（伪密度）作为设计变量，各个单元仅有一个设计变量，同时建立伪密度和材料弹性模量之间的函数关系。该方法灵敏度推导简单，程序实现方便，计算效率高。伪密度在设计空间[0，1]上连续取值，空间密度区域可看作一种由特定微结构形成的多孔复合材料。变密度法中常见的插值模型有两种：固体各向同性惩罚微结构模型（solid isotropic microstructures with penalization，SIMP）、材料属性的有理近似模型（rational approximation of material properties，RAMP）。SIMP 或 RAMP 通过引入惩罚因子对中间密度值进行惩罚，使中间密度值向 0 或 1 两端聚集，减少中间密度单元的数量，连续变量的拓扑优化模型能很好地逼近 0～1 离散变量的优化模型，同时中间密度单元对应一个很小的弹性模量，结构刚度矩阵的影响将变得很小。Bruns[4] 在 2005 年提出了 SINH 材料插值模型，在 SIMP 模型的基础上进行重新评估，并对其特性做了详细研究。变密度法材料插值模型由于程序易于实现，有使用简单、计算效率高等优点，成为工程中最常用且最具有应用前景的拓扑优化方法。为了更好地理解这三种材料插值模型中材料相对密度 ρ 与材料插值函数 η 之间的关系，图 4 - 3 给出了惩罚因子取不同值时，材料插值函数 η 和材料相对密度 ρ 的关系曲线[5]。

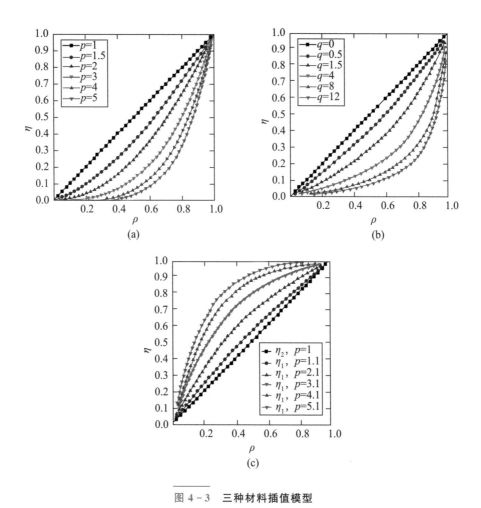

图 4 - 3　三种材料插值模型

（a）SIMP 材料插值模型；（b）RAMP 材料插值模型；（c）SINH 材料插值模型。

3. 独立连续映射法

隋允康[6]等提出了一种独立连续映射（independent continuous mapping，ICM）法。这种方法不同于均匀化法或密度法，不使用单元具体材料（物理）参数来表征单元设计变量的 0～1 分布，而是采用独立层次的设计变量，将其从截面尺寸、材料密度等低层次变量中抽离，成为"独立拓扑变量"。ICM 法通过使用磨光函数对离散设计变量进行磨光映射，避免了拓扑优化中由 0～1 整数优化带来的困难。为了将由连续设计变量求解的优化设计转换为最初的 0～1 离散变量优化设计，用过滤函数对连续设计变量进行过滤映射，最终确定优化结果中单元的保留或删除。Altair 公司的产品设计团队利用其先进的拓扑优化技术帮助瑞士苏黎世 RUAG 空间公司设计和优化了有史以来最长的工业级增材制造航天部件。

4. 渐进结构优化法

渐进结构优化(evolutionary structural optimization，ESO)法是基于离散变量的拓扑优化方法，基于进化思想，优化过程中逐渐移去结构中无效的材料来获得优化结果。此方法采用了离散设计变量，在优化过程中根据某一删除准则来评判单元对结构的影响，根据贡献的大小删除无效或低效的单元，此又称为"硬杀法(hard kill method)"。基于改变单元材料属性的方法(element's properties change method，EPCM)，同时减小单元的密度与弹性模量等单元材料属性，适用于静荷载拓扑优化问题与动力拓扑优化问题。虽然采用"硬杀法"能得到一个"黑白分明"的拓扑优化结果，但其缺点在难以构造优化过程中合理的删除准则，最终结果与设定的材料删除率及进化率相关，得到的亦非全局最优解。为了解决这一问题，Querin[7] 等提出了双向渐进结构优化(bi-directional evolutionary structural optimization，BESO)法，在优化过程中，根据单元对结构响应的贡献，同时增加或删除单元，称为"软杀法(soft kill method)"，图 4-4 即为采用 BESO 法优化设计的步行桥。在单元贡献评判方法方面，Harasaki 和 Arora[8] 提出了传递力(transferred force)法，即根据传递力贡献因子(force transfer contribution，FTC)来评判单元的贡献，此法亦可视作一种新型的 ESO 法。

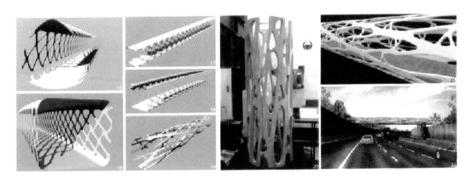

图 4-4　采用 BESO 法的步行桥概念设计

2017 年 5 月，世界上最大的工程顾问公司之一奥雅纳就通过采用渐进结构优化法，结合增材制造技术，创建出比以往的设计更轻的结构对象（图 4-5），他们采用最新的增材制造技术来为复杂的建筑项目制作关键的钢结构部件。以往的建筑结构件由于连接电缆的不同受力情况，不同的节点连接处具有略微不同的形状，每个节点的常规制造方式是劳动密集的，非常耗时，通常涉及机械加工、焊接和高精度定位等 7 个过程。这就是为什么激光选区熔化技术会在建筑结构连接件的制造中发挥作用，该过程拓扑优化包括两个连续的步骤：①力学结构的拓扑优化，②为了适合 SLM 制造过程的优化设计。经过进一步的优化，最终的结构件设计仅仅需要较短的自支撑结构，并且质量减小，避免了支撑结构和后处理。

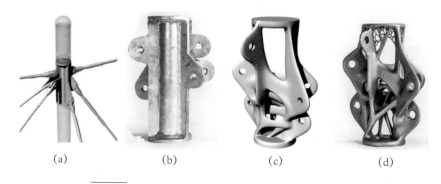

(a)   (b)   (c)   (d)

图 4-5　面向增材制造的建筑结构连接件优化设计

(a)需优化结构节点；(b)原设计；(c)拓扑力学优化后结构；
(d)适合增材制造而进一步优化设计的结构。

5. 水平集法

水平集法(level-set method)是 Osher 和 Sethian 在 1988 年提出的模拟移动边界的数值方法[9]。研究的曲面(线)利用一个高一维尺度函数(水平集函数)的零等值面(线)模拟，并采用特定的速度场驱动曲面(线)边界进行演化，通过求解水平集方程实现对曲面或曲线边界运动的分析和跟踪。Haber 和 Bendsoe[10]首先提出将水平集法应用到拓扑优化领域的思想，后人在拓扑优化中采用水平集法模拟了结构拓扑的边界，基于渐进应力准则引入孔洞，求解了线弹性结构的满应力优化设计问题。利用水平集函数描述物理系统的几何边界，用变分水平集法和梯度投影法推导边界移动的速度函数，构造水平集函数演化中需要的速度场，通过求解哈密顿-雅可比方程可实现拓扑边界的演化，图 4 - 6 为采用水平集法得到的悬臂梁拓扑优化结果。

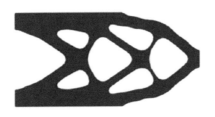

图 4 - 6　采用水平集法得到的悬臂梁拓扑优化结果

与均匀化法和变密度法相比，水平集法运用于拓扑优化具有以下优点：可同时进行形状优化与拓扑优化，在描述复杂结构的拓扑及边界变化方面具有较好的灵活性，可清晰地描述拓扑结构且保持边界光滑等。此外，水平集法也存在收敛速度慢、初始值对优化结果影响较大等缺点。

6. 其他方法

其他的结构拓扑优化方法主要有以下一些。泡泡法（bubble method）实际上是连续体形状优化中边界变分法的推广，同时考虑了拓扑形式，在设计域中不断插入新的孔洞，并由形状优化来获得孔洞的最优形状和边界形式，通过一些特征函数来决定已知形状的孔洞在结构中的最优位置。

2016 年 5 月空中客车集团 APWorks GmbH 发布了世界上第一辆 3D 打印摩托车 Light Rider，采用的正是 Altair 公司的 Opti Struct 软件进行拓扑优化，得到最佳的材料分布，如图 4 - 7 所示。

图 4 - 7　APWorks GmbH 3D 打印轻量化摩托车

4.1.4　增材制造与拓扑优化技术

目前，许多精彩的增材制造产品都与拓扑优化技术密不可分，例如：

意大利泰雷兹阿莱尼亚宇航（Thales Alenia Space）公司设计制造的 3D 打印卫星支架；瑞士苏黎世 RUAG 空间公司制造的有史以来最长的工业级 3D 打印航天部件；英国增材制造厂商雷尼绍（Renishaw）与自行车厂商 Empire Cycles 合作，设计并制造的世界首辆全 3D 打印自行车；SOGECLAIR Aerospace 公司采用 3D 打印技术制造的航空发动机组件。目前，拓扑优化技术应用能建立在静力学、屈曲、高级非线性、模态、谐响应、随机振动等多种仿真计算基础上，多款仿真软件均有能力不等的拓扑优化分析模块，其中软件 Ansys topology optimization 和 Ansys Genesis 均有良好的拓扑优化能力。

增材制造技术相对于传统制造工艺，因独特的制造方式，可实现复杂几何结构构型的制备。然而，增材制造技术也存在独特的制造约束，主要包括以下几类：最小尺寸、支撑、制造缺陷（表面粗糙度、材料各向异性等）及连通性约束等。增材制造技术与拓扑优化技术的关系如图 4-8 所示，如何在拓扑优化设计过程中考虑增材制造工艺约束，实现拓扑优化结果的快速直接制备方法与流程如图 4-9 所示。

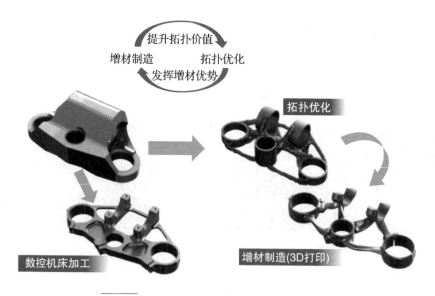

图 4-8　增材制造技术与拓扑优化技术的关系

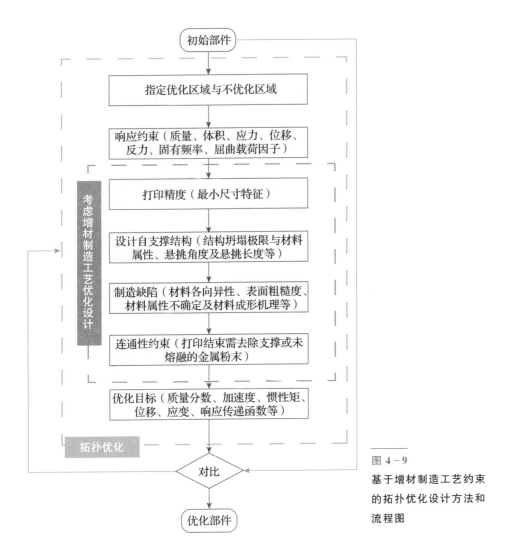

图 4 - 9

基于增材制造工艺约束的拓扑优化设计方法和流程图

4.1.5　拓扑优化设计案例

1. 基于 SLM 的结构优化设计案例

针对金属增材制造设备 Dimetal - 100A 的成形腔密封闭锁装置（图 4 - 10）进行结构优化设计。在增材制造过程中，需要将金属增材制造设备的成形腔抽气至低真空状态，再通入保护气氛氩气确保金属粉末在激光加工过程中不会发生氧化。成形腔在真空或低真空状态下时，受到外部大气压的挤压作用，密封门被动地挤压贴合在成形腔外壁。但现有的成形腔尤其是成形腔密封闭锁装置安装处难免存在缺陷，难以保证其气密性。当成形腔密封门与腔体不能完全密封贴合时，成形腔内外的压强差使外部空气流入成形腔内，加速成形腔内的气体流动，造成扬尘等不良影响，并且氧气的进入会使金属粉末在熔化过程中发生氧化。当成形腔密封门处于关闭状态时，密封闭锁装置组件处于受载状态。进行抽真空操作时，要求成形腔内满足 $-30\mathrm{kPa}$ 的真空度、0.001% 的气体浓度。为了符合必要的装配精度以及密封效果，密封闭锁装置组件要求满足至少 $\pm0.05\mathrm{mm}$ 的尺寸精度，并且在 800N 载荷条件下不产生超过 $0.1\mathrm{mm}$ 的合位移。

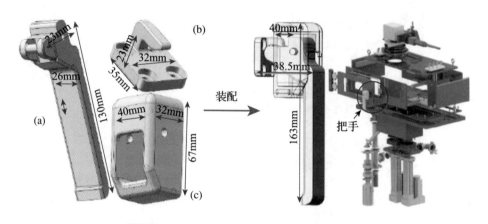

图 4 - 10　Dimetal - 100A 成形腔密封闭锁装置
(a)把手；(b)把手盖；(c)把手底座。

1）传统密封闭锁装置的缺陷分析

传统的密封闭锁装置的制造工艺是直接对块状 316L 不锈钢坯料进行 CNC 加工，并通过打磨抛光改善表面粗糙度，获得密封闭锁装置的多个组件。因为传统机械加工工艺存在一定限制，难以依据实际受力情况下的力场分布要求制造出密封闭锁装置的各个组件，所以存在严重的材料浪费现象。因此依据零件的受力情况，通过拓扑优化技术进行优化，可以在保留零件原有外形的同时合理优化材料的分布，对所受载荷较大区域的材料进行保留或增加，所受载荷较小区域的材料进行删减，减少不必要的材料浪费，减轻零件的总体质量，改善零件的应用性能。

2）工况条件

成形腔闭合状态下，成形腔密封闭锁装置组件中，把手与把手盖互相紧扣，把手的前端位于整个密封闭锁装置机构的死点位置，保证成形腔密封门与成形腔体紧密结合。此时整个密封闭锁装置处于受力平衡状态，载荷形式简单，整体产生的形变较小。把手盖和把手底座分别固定在成形腔体及成形腔密封门上，位置保持相对固定。当把手开启或闭合时，运动轨迹如图 4-11 所示，由于把手和把手底座的运动作用位置需要产生一定的形变才能保证成形腔密封门顺利开合，所以开启支闭合过程中的载荷情况比闭合状态下的载荷情况要复杂。因此只需要考虑把手开启以及闭合时的载荷情况，并加以优化设计即可。

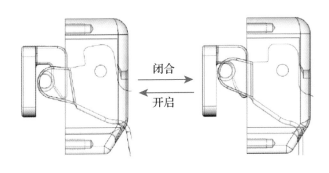

图 4-11

密封闭锁装置开启与闭合过程中的位置变化

3）拓扑优化

通过 SolidWorks 软件中的 Simulation 插件进行动力学仿真分析，设置闭合成形腔密封门时，把手所示外力载荷施加方向垂直于把手向内，载荷大小为 100N。将各个组件间连接部位的接触面进行设置，主要为切面接触，最终运算得到三个零件的受力情况结果如图 4-12 所示。

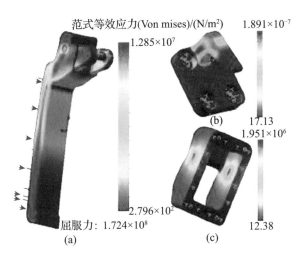

范式等效应力(Von mises)/(N/m²)

1.891×10^{-7}

1.285×10^{7}

(b)　17.13

1.951×10^{6}

2.796×10^{2}

屈服力: 1.724×10^{8}

(a)　(c)　12.38

图 4-12

成形腔密封闭锁装置组件的有限元分析

(a)把手；(b)把手盖；(c)把手底座。

由图 4-12 可以看出，各个零部件都还保留着较大的非承载区域。由于把手头部到手柄的过渡部分存在厚薄的尺寸差异，故把手在交变载荷作用下容易产生应力集中问题，过渡部分更容易出现断裂现象。可针对应力集中位置，将把手结构进行初步优化设计调整，如图 4-13 所示。

图 4-13
把手的初步优化设计

使用 Inspire 软件对密封闭锁装置组件进行拓扑优化，对三个零件分别设置初始参数。根据开启与闭合密封门时的工况，设置闭合时把手上的压力载荷为 100N。约束三个零件的运动方向，把手盖以及把手底座完全固定，把手可绕连接位置进行轴运动。将密封闭锁装置组件中三个零件的连接部位设置为冻结区域，如图 4-14 中的浅灰色部分。冻结区域外的其他区域设定为设计空间，即棕色区域。设定减重目标为 50%，在开启与闭合的两种工况条件下对把手进行拓扑优化，拓扑优化前后的各个零件如图 4-14 所示。

图 4-14
约束设定及拓扑优化结果

4）基于增材制造的重设计

经过拓扑优化后的模型比较粗糙，难以直接应用，因此可以使用 SolidWorks 等三维建模软件，依据拓扑优化模型进行重建。重设计的过程中，应充分结合 SLM 工艺的加工特性和支撑要求，综合考虑 SLM 的工艺约束，主要包括：①在 Magics 软件中零件的摆放倾斜角度需要高于45°；②SLM 成形获得的精细结构分辨率为 0.2mm 左右，并且由于加工过程中铺粉装置的摩擦作用，零件最小细节分辨率设定在 0.3～0.4mm；③兼顾去除金属支撑时的简易性要求以及 SLM 零件在力学性能上各向异性的特点。根据实际应用情况和拓扑优化模型，结合 SLM 工艺的设计约束对把手及把手底座进行重设计，得到如图 4－15 所示的优化设计结果。

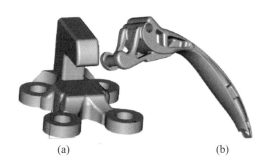

(a)　　　　　　　　　(b)

图 4－15

把手及把手底座最终模型

(a)把手底座；(b)把手。

由于把手盖为最外层零件，起保护作用，结合有限元分析和拓扑优化模型，在 SolidWorks 软件重建中删除非承载区域，然后使用 Rhinoceros 软件填充网状结构支撑，在删减材料的同时保证满足零件的力学性能要求。重设计后的把手盖模型如图 4－16 所示。

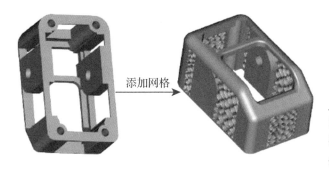

添加网格

图 4－16

把手盖模型上进行删除操作
并添加网状结构

最终通过 Simulation 插件针对密封闭锁装置的合位移进行模拟计算。设定密封门接触面载荷力为 2000N，超过 800N 的载荷应用要求，模拟仿真得到如图 4-17、图 4－18 所示合位移图及受力图。零件合位移约为 6.9×10^{-3} mm，在 2000N 载荷条件下，合位移小于目标要求的 0.1mm，符合设计要求。如图 4－19所示为通过 Magics 软件添加完成的支撑。

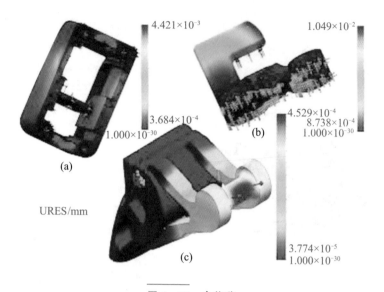

4.421×10⁻³

1.049×10⁻²

3.684×10⁻⁴

4.529×10⁻⁴
8.738×10⁻⁴

1.000×10⁻³⁰

(a)

(b)

1.000×10⁻³⁰

URES/mm

(c)

3.774×10⁻⁵
1.000×10⁻³⁰

图 4 - 17　合位移
（a)把手盖；（b)把手底座；（c)把手。

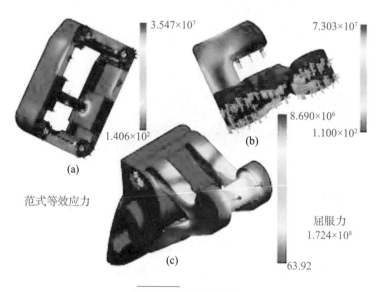

3.547×10⁷

7.303×10⁷

1.406×10²

8.690×10⁶
1.100×10²

(a)

(b)

范式等效应力

(c)

屈服力
1.724×10⁸

63.92

图 4 - 18　受力分析
（a)把手盖；（b)把手底座；（c)把手。

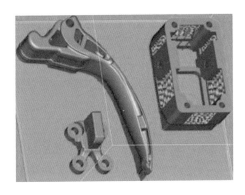

图 4 - 19
通过 Magics 软件添加完成的支撑

5）SLM 成形及性能测试

三个零件成形之后，进行如图 4 - 20 所示的后处理流程。把手盖和把手底座上的螺纹孔需要攻丝获得。分别对零件进行粗糙度检测，其结果表明：优化设计后的把手零件侧面没有出现严重的粉末黏附问题，表面粗糙度 Ra 为 11.5 μm，但是由于零件底部存在支撑，表面比较粗糙，必须进行打磨抛光处理。

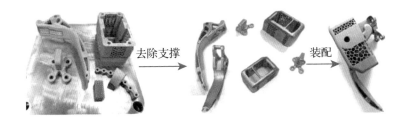

图 4 - 20　**后处理流程**

对 SLM 零件和 CNC 零件进行一系列的性能测试，测试结果如表 4 - 2 所示，其中力学性能指标参照前期研究成果[12]。由测试结果可以看出，相较于现有 CNC 加工的把手功能件，优化后成品的力学性能及尺寸精度都能满足要求，但在节约材料和应用造型方面，优化后把手比现有把手更加优越。

表 4 - 2　应用测试结果

参数	拉伸方向	CNC 零件	SLM 零件
尺寸精度/mm		<0.03	0.05
抗拉强度/MPa	垂直于成形方向	>480	614
	平行于成形方向	—	549

(续)

参数	拉伸方向	CNC 零件	SLM 零件
伸长率/%	垂直于成形方向	39	31.7
	平行于成形方向	—	18.7
总质量/kg	—	0.76495	0.36636

综合考虑 SLM 的工艺约束，对密封闭锁装置组件进行优化设计、成形应用及性能测试的全面研究，实验结果表明用 SLM 工艺成形的零件精度、力学性能等方面不逊色于传统制造方法，并且在轻量化和造型设计方面更具有优势。

用 SLM 工艺成形的零件后处理完成后将其装配在增材制造设备的成形腔密封门上，应用效果如图 4-21 所示。零件装配时配合良好，安装顺利，证明零件满足密封闭锁装置组件正常工作时的精度要求。对密封腔进行抽真空以后，最终实际测试的真空度为 -55kPa，满足低于 -30kPa 的真空度要求，另外分辨率为 0.001% 的测氧仪实际显示为 0，说明低于 0.001% 的氧含量浓度要求，同时优化后的把手质量降低了 52.5%，大幅减少了材料的浪费。

图 4-21
装配应用优化效果

2. 微型电动概念车拓扑减重案例

2017 年，韩国设计公司 KLIO Design 推出了一款名为 "Open Structure Mobility Concept" 的微型电动概念车，整车采用模块化功能设计，并大量运用拓扑优化技术来实现车身减重。首尔举行的智能移动国际大会上该公司展出了相关的最新力作,如图 4 - 22 所示,车的车轮护罩、方向盘、部分框架以及镂空的格状座椅均是通过 3D 打印技术实现。

图 4 - 22　韩国 KLIO Design 公司设计的 "Open Structure Mobility Concept" 概念车

KLIO Design 公司特意对车子的框架进行了拓扑优化,找寻设计变量(design variables)——有限元素的密度(density of finite element),进而满足目标函数质量下限(minimum mass),设计团队需要考量设计域(design domain)内的限制因素——安全系数(safety factor)。基于拓扑优化,该团队创建了优化后的(质量最小化)车身结构形态,可应对外力(行驶时车身所承受的载荷),并为该款概念车的初始形状设计提供指导意见。

拓扑优化设计是在给定材料品质和设计域内,通过优化设计方法得到满足约束条件又使目标函数最优的结构布局形式及构件尺寸。

总体来说,如图 4 - 23 所示,拓扑优化技术寻求获得设计最佳材料分布的 "产品",设计验证基于产品性能出发为拓扑优化结果 "保驾护航"。拓扑优化、用于设计验证的仿真、3D 打印技术三者联袂,实现以轻量化、结构一体化、多功能化为导向的产品再设计,是面向增材制造的先进设计与制造的 "三个火枪手",图 4 - 24 所示即为结合拓扑优化、仿真及 3D 打印三种技术得到的复杂轻质金属 3D 打印结构。

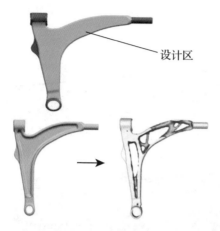

设计区

图 4 - 23

汽车零件拓扑优化的设计模型(体积减小30%)

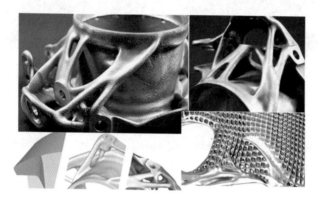

图 4 - 24

复杂轻质金属 3D 打印结构

4.2 免组装机构设计

本节的免组装机构设计论述,主要基于激光选区熔化技术约束进行零件一体化设计。首先,综合考虑边界条件,通过外形优化设计、有限元应力分析、制造工艺性分析,对应力较大的部位如导管中心根部进行局部补强,经过反复优化迭代,确定最终的结构设计数据模型。其次,进行工艺优化,主要根据结构数据模型形式,对零件成形摆放角度、支撑方式、扫描路径等进行研究,通过组织性能及无损检测等验证零件的性能与质量,最终形成优化的工艺方案。最后,进行结构完整性验证考核实验,主要包括气密性、耐压性、极限综合等验证性实验,通过实验考核验证产品的可靠性,为结构的应用提供实验依据。多功能燃油导管的研制流程如图 4 - 25 所示。

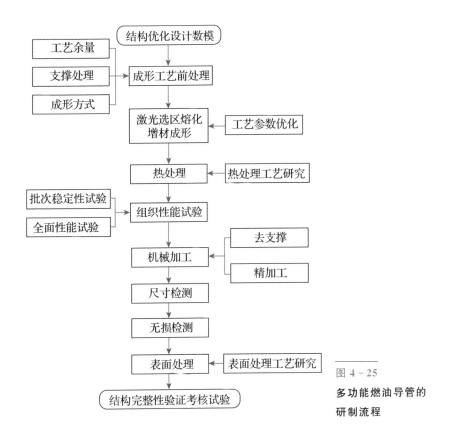

图 4 - 25

多功能燃油导管的
研制流程

4.2.1 免组装机构设计概念

机械结构在工业、民用等领域应用广泛，如转轴机构、插销机构、各种运动转换机构等。在传统的加工方式中，一般是先单独制造出组成机械机构的各种零件，然后再将各零件通过铆钉、销钉、螺栓等紧固件进行连接，最终构成完整的机械机构。这种加工方式存在以下不足：①需先单独加工各个零件，然后再装配成完整可用的机械机构，具有工序烦琐等缺陷；②机械机构在设计时，设计者必须考虑机械机构装配时的操作空间以及装配方法，很大程度上限制了设计思路，限制了机械的结构和连接方式。机械机构作为各种机械设备中重要的子系统，传统的加工方法在一定程度上限制了发挥作用的空间。因此，开发出一种能自由设计并快速制造机械机构的方法，是很有意义的[13]。

增材制造技术基于离散/堆积原理，对零件的复杂性不敏感，可以制造出几何形状任意复杂的零件。因此，该技术另一个突出的优势，就是能直接制造免组装机械机构：采用数字化设计、同时装配和直接制造成形，无需实际装配工序[13]。其原理如图 4-26 所示。同时，由于无需装配工序，故在机构设计时不必考虑装配手段和装配空间，结构的外形也可以更加自由化。

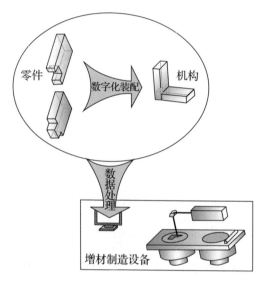

图 4-26

免组装机械机构的增材制造原理[13]

尽管国内外已在尝试用增材制造技术实现多个零件原型装配体的直接制造，并取得初步成功[14-17]，但这些尝试仅涉及原型制作，其制作目的是方便分析机械结构的动力学行为或者改进产品设计，材料多为力学性能较差的非金属材料，尚不能算真正意义上的功能性免组装结构制造。华南理工大学在这些研究的基础上采用激光选区熔化技术成功制造出免组装金属机械机构，开创了增材制造功能性免组装金属结构的先河[18]。

功能性免组装金属结构的数字化设计和增材制造方法总体上包含如下步骤：①建立机械机构中各零件的三维模型，并将各零件模型进行数字化装配，得到机械机构的三维模型；②将机械机构的三维模型导入增材制造设备，一次成形出整个机械结构；③对已成形的机械结构进行后处理（如去除支撑），得到机械机构的成品。对于其中的数字化装配，其一般流程如图 4-27 所示。

图 4-28 是一个曲柄摇杆机构的免组装机构数字化设计、制造实例。

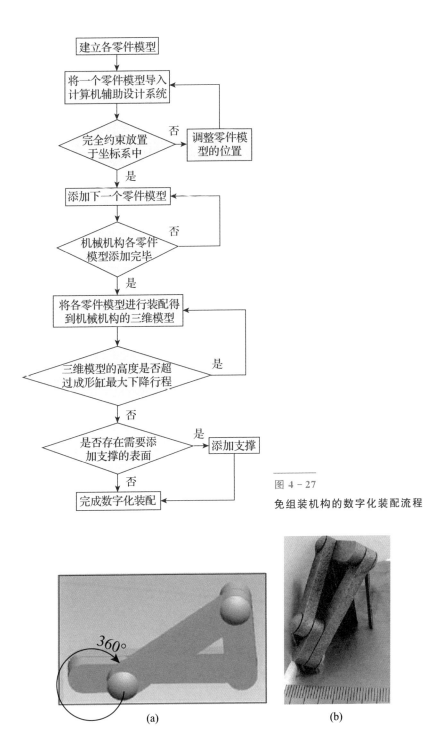

图 4-27

免组装机构的数字化装配流程

163

(c)

图 4 – 28　一个曲柄摇杆机构的免组装数字化设计及制造

(a)曲柄摇杆机构的数字化设计及组装；(b)3D 打印直接制造结果；

(c)曲柄摇杆机构运动状态演示。

对于机械机构的设计，采用传统的面向制造与装配的设计（design for manufacture and assembly，DFMA）方法和采用免组装机构的数字化设计方法，结果是截然不同的。与机械机构的 DFMA 方法相比，免组装机构的数字化设计与直接制造方法具有以下特点：

（1）能够利用增材制造技术制造出机械机构，不用再进行后续的装配工序，缩短了制造时间；

（2）在制造前先对机械机构进行数字化装配，可以修正零件之间的装配关系，有效避免通过手工装配零件所带来的装配误差，从而提高机械机构的稳定性和可靠性；

（3）在设计机械机构时，可不必顾虑装配操作空间和装配方法，开拓了机械机构的设计思路，也使机械机构的连接形式多样化，制作出更多适合实际应用的机械机构。

4.2.2　免组装结构设计方法

1. 间隙特征的引入

特征一般是用于表征零件的形状和结构的属性。在以往描述零件的特征时往往更偏向于指零件具体的形状和结构，如圆角、倒角、圆柱体等。若将免组装机构作为一个整体的零件，则其增材制造技术原理与一般的单零件增材制造技术原理是一样的，不同的是，免组装机构由若干零件构成，零件与零件之间存在间隙，并且构成间隙的两个相应面之间是可相对运动的。如果将间隙看作是表征零件形状和结构的一种属性，并且根据构成间隙的零件之间的运动关系赋予间隙某种运动属性，那么免组装机构就相当于一个具有间隙特征的零件。

间隙特征的引入过程可由图 4 - 29 所示的零件加以说明。如图 4 - 29(a)所示，零件在形状上不存在间隙，由一个矩形体特征构成；图 4 - 29(b)所示的零件存在间隙形状，零件是通过在矩形体上去除间隙形状构成的；图 4 - 29(c)则是一个存在间隙特征的零件，零件由两个矩形体和一个间隙特征构成。比较这三个零件可以看出，无间隙的零件和存在间隙形状的零件均属于单零件，存在间隙特征的零件实际上应当视为两个(或两个以上)零件；间隙形状和间隙特征之间的区别在于间隙形状只是形状上存在间隙，而间隙特征除了形状上是间隙之外，还具备运动属性的设计约束。当构成间隙特征的两个(或两个以上)零件存在运动属性时，该零件就相当于机构件。

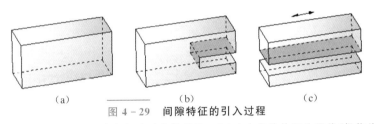

(a)　　　　　　　　(b)　　　　　　　　(c)

图 4 - 29　间隙特征的引入过程

(a)无间隙的零件；(b)存在间隙形状的零件；(c)存在间隙特征的零件(机构件)。

2. 免组装机构的设计框架

经过间隙特征的引入之后，可以看出，免组装机构的增材制造也转换为具有间隙特征的零件的增材制造，其关键点实则上是间隙特征的增材制造。免组装机构的设计过程也围绕间隙特征展开。

既然将免组装机构看作一个具有间隙特征的零件，那么免组装机构设计框架中的结构层可以分为两大部分：常规结构特征和间隙特征。常规结构特征与单零件的结构层一样；间隙特征则是免组装设计所特有的。经过这样的分解，面向免组装的设计过程可以用以下公式表示：

$$GF = \{F\}$$
$$= \{一般设计规则\} \cup \{常规结构特征\} + \{免装配机构的设计规则\} \cup \{间隙特征\}$$

$$(4 - 1)$$

式(4-1)反映了免组装机构的设计过程的逻辑关系：免组装机构的功能是依靠常规结构特征和间隙特征实现的，常规结构特征和间隙特征的设计边界分别是自由设计的一般规则和免组装机构的设计规则，并在此约束中进行优化。

如图4-30所示的免组装机构的设计框架，将常规结构特征作为实现辅助功能的结构元素，那么免组装机构的设计就是进行间隙特征设计的过程。由于免组装机构的设计是建立在自由设计的基础上的，因此，免组装机构的设计规则也遵循自由设计的一般设计规则。从结构元素的时序关系看，常规结构特征应先于间隙特征，这从免组装机构的设计流程可以反映出来：先设计单个零件，再通过零件装配出机构，这时才有间隙特征的存在。在实际设计过程中，间隙特征也对常规结构特征有反馈，即在设计之初，间隙特征是有条件约束的。原因在于作为一个机构，配合间隙代表零件的运动关系，如果没有预先界定零件的运动关系，机构的设计过程就缺少了设计目标。从逻辑上看，间隙特征的条件约束是必需的。

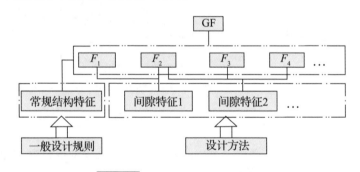

图4-30　免组装机构的设计框架

以轴和轴套构成的免组装机构为例，轴和轴套都作为常规结构特征，它们的配合间隙作为间隙特征，将整个机构看作一个具有间隙特征的零件。轴和轴套的形状和结构设计都应遵循面向自由结构的一般设计规则；在设计的时序上，先设计出轴和轴套，然后将轴插入轴套中进行装配，构成机构，此时轴与轴套所构建的间隙特征也出现了。但是，轴与轴套的装配关系决定了它们相互之间的运动关系，也决定了机构可以实现的功能：间隙配合时，轴和轴套可相对运动(穿插或旋转等)；过盈配合时，轴和轴套不能相对运动。两种运动关系下机构所实现的功能完全不同。如果在进行轴和轴套设计时，对它们的运动关系未知，那么这样的设计显然没有目的性可言。因此，轴和轴套的运动关系是条件约束，在设计它们的形状、结构、尺寸、公差等级等时，必须考虑间隙特征的反馈。

3. 免组装机构的设计问题判据

在面向制造与装配的设计方法的设计中，无论是面向手工装配或自动化装配，都拥有若干设计准则或设计方法，用于指导零件和结构设计，以使设计更简单、更可靠，且成本更低。但是，免组装机构的设计是面向无需装配工序的机构，同时也面向非传统加工方法，其设计方法与 DFMA 的设计并不相同。如上所述，免组装机构的设计中零件的形状和结构首先应当遵循自由设计的一般设计规则，但是，由于间隙特征的引入，免组装机构的设计有相应的设计技巧。

在进行免组装机构设计时，可以通过下面四个问题来检验和优化设计方案：

1）构成机构的零件是否存在运动关系

构成机构的零件未必都是可动的。如图 4 - 31 所示，轴需要在轴套中转动，与轴套之间存在运动关系；轴套安装于固定座上，与固定座之间不存在运动关系。判别零件的运动关系的目的是尽量减少零件数量，这与 DFMA 的设计原则是一致的。某些不存在运动关系的零件受到传统加工方法的限制，不得不采用多零件装配的方式。如图 4 - 32 中的轴套和固定座，若将其改为一个零件，采用 DFMA 法思路设计时，就不得不考虑对盲孔加工和加工整体外形时的装夹。但是在面向免组装的设计中，对此不作考虑，可以将轴套和固定座设计成一个零件，以减少零件数量。

图 4 - 31

轴套和固定座
（减少零件数量）

2）构成机构的零件形状和结构是否只为了实现机构功能

实现机构功能是机构中各个零件存在的目的。理论上而言，各个零件的外形和结构应该是只为了实现机构功能，而无须因为其他目的而不得不做某些修改。如图 4-32 所示，按 DFMA 思路，为了方便轴装配于孔，需要延长轴的长度，并且在轴的延长段设计出方便装夹的平面。这种为了实现装配而不得不设计的形状并不是直接针对机构功能的，在面向免组装的设计中可以不考虑，以简化零件的形状和结构。

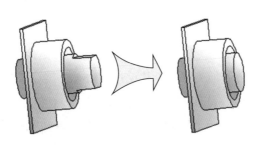

图 4-32

轴（简化零件形状）

3）间隙特征是否既能满足运动属性要求又具有可加工性

由于增材制造技术所用的原材料形态可以是丝材、粉末、液态等，免组装机构的设计就不得不考虑成形材料对机构的配合间隙的影响：一旦配合间隙相对于材料尺寸太小以致间隙中的材料难以去除（如 SLM 或 EBSM 工艺中，如果间隙太小，间隙中的粉末可能无法清除），或者配合间隙太小以致成形时易使两个配合面黏结起来（例如，如果配合间隙太小，SLM 工艺中激光穿透易使两个配合面烧结或焊接在一起；FDM 工艺中，熔融的丝材也极易渗透到另一配合面，使两配合面黏结在一起），机构的运动功能将受到影响，甚至导致机构无法运动。然而，一味地增大配合间隙也会降低机构的运动稳定性。因此，面向免组装机构的设计必须结合原材料特性和工艺条件。值得注意的是，一般情况下，免组装机构的设计是比较难以实现过盈配合的。

4）是否可以通过调整零件改变配合面或机构整体尺寸

采用数字化装配的优势之一是在制造出机构之前就能够直观地看到机构的各个动作位置。对于存在运动关系的零件，若能够在无约束自由度上做移动、旋转等操作来减小配合面的面积或调整机构的整体尺寸，对机构的加工是有利的。如图 4-33 所示，预先通过数字化装配动作，使轴沿轴套中轴线向上提起，从而减少配合面积，再进行增材制造，就避免了制造过程中粉末堵塞在配合间隙的问题。

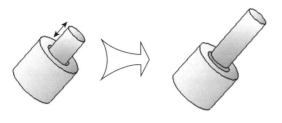

图 4 - 33

轴(减小配合面积)

　　问题 1)和问题 2)主要针对机构的形状和结构,力求机构更加简单;问题 3)和问题 4)则更注重提高机构的可加工性。需要特别说明的是,并不是通过检验和优化就可以使所有的免组装机构都达到最优,往往问题只能得到部分解决或者问题之间是相互约束的,需要根据具体情况做出权衡。

4.2.3　免组装机构设计原则

　　可针对性地设计特殊的免组装机构特征或者采用不同的数字化组装策略,以适应不同的增材制造工艺。以下是作者所在课题组针对激光选区熔化工艺展开的一些免组装机构特征设计技巧。

1. 间隙特征优化

　　间隙特征是决定免组装机构能否成功制造出来的关键因素之一:太小的间隙影响机构的灵活性;太大的间隙影响机构的稳定性。理论上讲,只要机构的间隙大于粉末颗粒的最大粒径,就可以利用高压吹气等方法去除间隙中的粉末。由于受到成形过程中热的影响,间隙中的粉末可能会结团形成较大尺寸的团块。因此,尽管 SLM 工艺所采用的粉末粒径可以达到几微米,满足大多数机构运动要求,但是实际上能够方便去除粉末的最小间隙要远远大于粉末颗粒的最大粒径,这就有必要对免组装机构的间隙特征做一些修改。

　　如图 4 - 34 所示,在传统的机构中,配合间隙 a 是均匀分布的,即销和孔均采用圆柱体。采用这种结构形式很容易被粉末类材料堵塞,即使采用高压吹气也比较难以去除间隙中的粉末,机构的灵活性受到影响。针对这种情况,这里提出了一种鼓形销的间隙特征(图 4 - 35):销不再是简单的圆柱体,而是鼓形结构,最小间隙仍然是 a,两端的间隙则可以增大为 c。鼓形销使粉末类材料更加容易去除;反过来而言,也使得可成形的最小间隙进一步减小,提高了机构的稳定性。

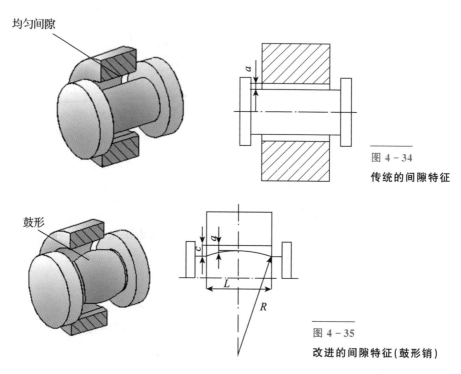

均匀间隙

图 4－34
传统的间隙特征

鼓形

图 4－35
改进的间隙特征（鼓形销）

虽然鼓形销优化了免组装机构设计，但是，当同一个销连接若干个连杆时，就不得不设计出相对应的若干鼓形，销的结构将非常复杂，也加大了设计的计算工作量。因此，提出另一种类似的改进的特征间隙：鼓形孔，即孔为鼓形结构，最小间隙为 a，两端的间隙则增大为 c（图 4－36）。这种结构可以避免采用复杂结构的销。与鼓形销一样，设销与孔的配合长度为 L，鼓形曲面的半径为 R，根据几何关系，有

$$R^2 = \left(\frac{L}{2}\right)^2 + (R - c + a)^2 \tag{4-2}$$

故有

$$R = \frac{(c-a)^2 + \left(\frac{L}{2}\right)^2}{2(c-a)} \tag{4-3}$$

根据式（4－3）可知，在进行免组装机构设计时，只需确定了 a、c 和 L，就可以确定 R。值得注意的是，正如上述所提到的，免组装机构的配合间隙的设计是需要结合原材料特性和工艺条件的。式（4－3）中的 L 可以根据机构尺寸（如连接杆的厚度等）确定，而 a 和 c 却与粉末颗粒粒径以及工艺条件密切相关，往往需要一系列的实验后才能积累数据，得到优化的设计参数。

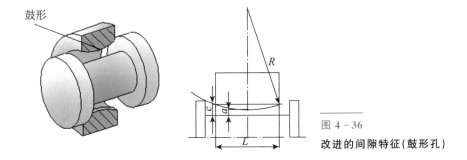

图 4 - 36

改进的间隙特征（鼓形孔）

2. 装配角度对外表面质量的影响

改变机构的装配角度，选择合适的空间摆放方式，目的是减少小角度悬垂面成形，避免添加大量支撑。不同的装配角度和摆放方式会对成形质量造成影响，下面以一个连杆机构为例，分别对水平摆放、垂直摆放和倾斜摆放进行分析。

如图 4 - 37 所示，构成机构的两个连杆的装配角为180°，成形时采用水平摆放方式，此时机构出现大面积的悬垂面，必须为机构添加大量支撑，在成形结束后再去除支撑。大面积悬垂面和去除支撑后留下的痕迹导致这样的装配角度和摆放方式并不能获得良好的成形表面质量。两个连杆的装配角依然是180°，成形时采用垂直摆放方式（图 4 - 38），这种摆放方式大大地减少了悬垂面的面积，但也带来其他的问题：机构的整体长度（即垂直摆放后的机构的高度）受到成形缸升降行程的限制，一旦机构的整体长度超过成形缸的升降行程，将超越设备的成形能力，无法加工出机构；机构的整体长度越大，设备要进行的铺粉、降成形缸和升粉料缸等动作就越多，成形效率也相应地下降。

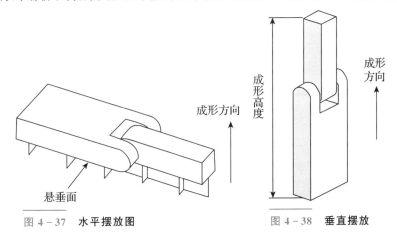

图 4 - 37　**水平摆放图**　　　图 4 - 38　**垂直摆放**

如图 4 - 39 所示，构成机构的两个连杆以一定的角度进行装配，机构采用倾斜摆放方式：机构的下表面与基板成一定的夹角 α。在这种情况下，如果倾斜角 α 大于所采用的工艺条件下相应的极限成形角，机构的下表面不需要添加支撑。值得注意的是，倾斜摆放时，机构的表面会出现台阶效应，在一定程度上也会影响表面质量。要获得更好的表面质量，则需要更小的切片厚度，以减小台阶效应，而切片厚度越小，所需层数越多，设备要进行的铺粉、下降成形缸和提升粉料缸等动作就越多，成形效率也相应地降低。

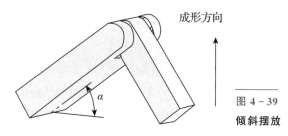

成形方向

图 4 - 39

倾斜摆放

不同的装配角度和摆放方式下带来的优点和不足是不同的，不同机构在不同的装配角度和摆放方式下的成形质量各不相同，所对应的最优装配角度和摆放方式也不同，难以采用一个统一的标准进行规定。但是，在选择装配角度和摆放方式时，都需要遵循以下原则：在进行机构装配角度和摆放方式选择时，应尽量对构成机构的零件在无约束自由度上进行旋转、平移等改变机构的动作位置的操作，使机构可以在一定摆放方式下获得更优的成形质量。

3. 摆放方式对间隙特征的支撑的影响

尽管免组装机构用 SLM 工艺成形的流程与单零件类似，但是机构中存在间隙，需要保证成形后的间隙能满足机构的运动要求，这使免组装机构的成形策略与单零件不一样。在 SLM 工艺中，由于激光的深穿透作用，成形件的下表面与成形水平面夹角小于某个角度时，必须添加支撑以防止悬垂物、翘曲等缺陷的产生，这个角度即为极限成形角，这种需要添加支撑的表面即为悬垂面。支撑通常在成形结束后再采取一些措施进行清除。

如图 4 - 40 所示，机构由两个零件装配而成，零件间存在间隙。机构沿着图示方向成形，如果图示中深色圆弧线段的切线与成形水平面的夹角均小于极限角，则成形时需要添加支撑。一方面，在机构成形结束后，机构间隙外部的支撑比较容易清除，但对于间隙内部的支撑，由于一般情况下机构的间隙都比较小，没有足够的工具操作空间，因此难以清除；另一方面，与非金属免组装机构不同，用 SLM 工艺成形的支撑，原材料与成形件一样都是金属，难以采用特殊的后处理工艺清除（如 FDM 可以利用支撑与成形件的熔点温度差使支撑熔化）。因此，避免机构间隙内部添加支撑或者尽量减少支撑数量是用 SLM 工艺成形免组装机构很关键的技巧之一。

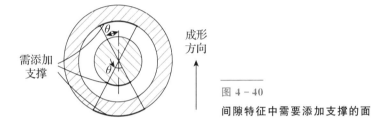

图 4 - 40

间隙特征中需要添加支撑的面

　　既然支撑是由于悬垂面的存在而不得不添加的，那么如果能够使间隙内部的表面与成形水平面的夹角大于极限成形角，就可以消除悬垂面，避免添加支撑。要改变成形角度，最直接的方法就是改变机构的摆放方式。从间隙内部表面的成形角度出发，有水平、倾斜和垂直三种摆放方式。

　　如图 4 - 41(a)所示，机构采用水平摆放方式，间隙内部表面的成形角度为 0°，间隙内部的下表面均为悬垂面，需要添加大量支撑；在成形结束后，位于间隙两端头的支撑可能可以清除，但是当间隙较小并且机构的配合段较长时，位于间隙中间的支撑很难清除。如图 4 - 41(b)所示，机构采用倾斜摆放方式，间隙内部表面的成形角为 θ，此时，如果极限成形角小于 θ，那么间隙内部不存在悬垂面，无需添加支撑，在这种情况下，需要添加支撑的间隙表面仅是位于间隙端头的一段线段（图中以深色黑点表示），支撑结构可以是线结构，并且全部位于间隙外部，方便清除。

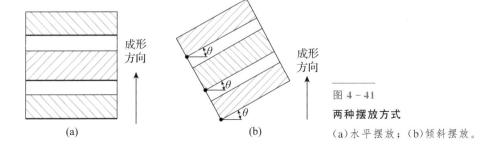

(a)　　　　　　　　(b)

图 4 - 41

两种摆放方式

（a）水平摆放；（b）倾斜摆放。

　　倾斜摆放方式虽然减少了间隙内部的支撑数量，同时也使间隙内部表面产生台阶效应。如图4-42所示，虚线为间隙内部表面的理论轮廓，由于台阶效应，成形后的实际轮廓变为图中的锯齿状的深蓝色实线。若令切片厚度为 h，则实际轮廓与理论轮廓的最大绝对误差为

$$\delta = h\cos\theta \qquad\qquad (4-4)$$

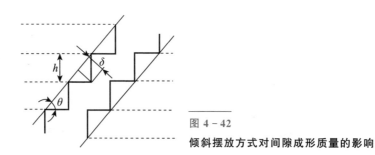

图 4 - 42

倾斜摆放方式对间隙成形质量的影响

　　由式(4-4)可以看出，间隙误差在 $-h\cos\theta \sim h\cos\theta$ 之间波动。表面面积的增加以及锯齿的出现，会导致间隙内部表面的摩擦系数变大，使配合的运动特性变差。但由式(4-4)可知，随着摆放角度的增大，摆放方式对间隙成形质量的影响会减小；当 $\theta = 90°$ 时，台阶效应消失，机构采用垂直摆放方式成形。理论上讲，垂直摆放方式可以从根本上消除间隙内部的悬垂面，使间隙内部表面不存在台阶效应。

　　但是，机构中也存在有多个间隙的可能，图4-43是最常见的销和孔装配的机构。从间隙A出发，机构垂直摆放，该间隙不存在悬垂面，无需添加支撑；但此时，从间隙B出发，机构却是水平摆放的，当间隙B较小并且该处配合面积比较大时，需要添加大量支撑，内部支撑难以清除。这种情况下仍然需要采用倾斜摆放方式，并且当极限成形角小于45°时，倾斜摆放方式可以同时避免间隙A和间隙B内部需要添加大量支撑的问题。

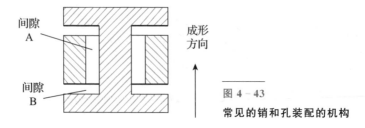

图 4 - 43

常见的销和孔装配的机构

4.2.4 激光熔覆喷嘴设计案例

传统的孔式熔覆喷嘴的结构如图 4-44 所示。喷嘴中心开设一个圆锥孔作为激光束通道，沿圆锥孔方向均匀分布送粉通道，送粉通道呈锥状均匀分布于激光束通道外侧，同时聚焦于光束轴上，再在喷嘴的激光束通道内壁上镶嵌一个冷却套(一般通过钎焊方式)，冷却套与喷嘴构成冷却腔。

根据前文具有复杂内腔结构零件的分类，将喷嘴的结构分为两个部分：冷却腔为内腔结构，其余部分均为基体结构。归类后，喷嘴的冷却腔不再需要通过在喷嘴上焊接冷却套来获取，而是作为喷嘴零件的一个结构特征，直接实现冷却功能(图 4-45)。

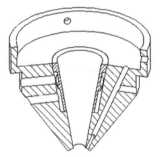
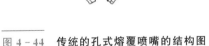
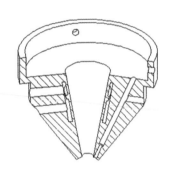

图 4-44　传统的孔式熔覆喷嘴的结构图　　图 4-45　具有内腔结构的喷嘴

通过构建内腔结构，将传统的喷嘴转换为具有复杂内腔结构的零件。由面向复杂内腔结构的设计框架可知，喷嘴的冷却腔和基体结构都应遵循一般的自由设计规则。传统喷嘴的送粉通道是采用钻孔方法加工的：分别从喷嘴的侧面和上方钻孔，两个孔交叉形成送粉通道，再将孔上方无功能需求的出口堵塞。由于送粉通道较长且直径细小，钻头难以一次性加工，因此采用了台阶状的孔。根据自由结构的基本特点，送粉通道至少有两个方面可以优化：①允许内部孔，无功能需求的出口可以去除；②允许细长孔，孔无需采用台阶状。另外，从功能最大化角度看，送粉通道可以采用光滑的内表面，以减小内表面对粉末的阻力；喷嘴其余实体可设计成空心，以增大冷却腔体积以加强冷却效果；喷嘴下沿可设计成光滑曲面，以增强喷嘴对激光的反射，优化后的喷嘴如图 4-46 所示。除此之外，喷嘴上方的连接方式也可改为螺旋连接，方便喷嘴的安装，装配时不再需要拧好几个螺钉（图4-47）。

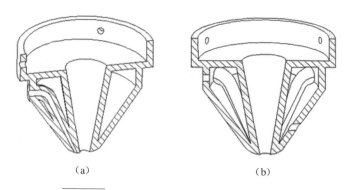

（a）　　　　　　　　　　　（b）

图4-46　根据一般设计规则优化的喷嘴结构
（a）沿送粉通道的剖面；（b）沿进出水口的剖面。

图4-47

螺纹连接的喷嘴

　　据上述分析，可建立满足一般自由设计规则的喷嘴数字化模型：造型建模时，根据基体结构与内腔结构的时序关系，先按照喷嘴的外形构建基体，然后构建内腔形状，内腔与基体进行布尔差运算，获得喷嘴的数字化模型，如图4-48所示。

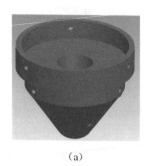
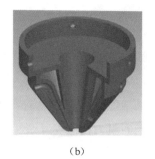

（a）　　　　　　　　　　　（b）

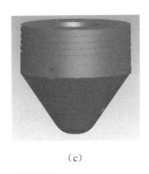 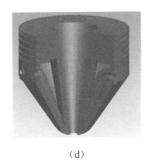

（c）　　　　　　　　　　　　　（d）

图 4 - 48　根据一般自由设计规则设计的喷嘴数字化模型

（a）圆孔连接式喷嘴外观图；（b）圆孔连接式喷嘴内部结构图；

（c）螺纹连接式喷嘴外观图；（d）螺纹连接式喷嘴内部结构图。

　　激光喷嘴除了要遵循一般的自由设计规则，还应满足内腔结构的设计规则。对照两个规则，对喷嘴的结构进行以下分析判别和优化：

　　（1）内腔中的粉末问题。喷嘴的冷却腔有进水口和出水口，并且口径相比粉末粒径要大得多，因此，成形后冷却腔的粉末可以去除，无残留。

　　（2）内腔中的支撑问题。如图 4 - 49（a）所示，以喷嘴的上方连接面为起始面，沿着喷嘴的轴向进行加工。喷嘴内壁与基板的夹角为55°，除了图 4 -49（a）中的黑色粗线段标记的面外，其余的面（如送粉通道外表面、激光通道内表面等）与基板的夹角均大于55°，无需添加支撑；图示黑色粗线段标记的面属于悬垂结构，需要添加支撑。分析内腔结构，冷却腔的进出水口与送粉通道不干涉，而且冷却腔体积比较大，添加的支撑不会影响冷却效果。因此，尽管支撑无法在成形后去除，却不会影响功能实现。

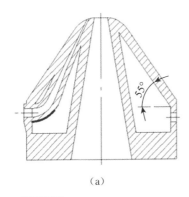 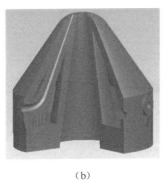

（a）　　　　　　　　　　　　　（b）

图 4 - 49　根据两大设计规则设计的圆孔连接式喷嘴数字化模型

（a）内腔中存在需添加支撑的结构；（b）圆孔连接式喷嘴内部结构图。

据上分析，可设计出遵循一般自由设计规则和内腔结构设计规则的优化喷嘴模型，图 4-49(b)所示是最终设计的服从两大设计规则的圆孔连接式喷嘴内部结构。

喷嘴的直接制造采用华南理工大学的 SLM 设备 Dimetal-280，激光器为 200W 光纤激光器，聚焦光斑直径为 30～50 μm；所用原材料为 316L 不锈钢球形粉末，平均粒径约 17 μm，最大粒径约 35 μm；采用氮气作为保护气体，氧含量控制在 0.02% 以下；采用 Q235 钢作为基板；加工参数和扫描策略如表 4-3 所示。

表 4-3　加工参数和扫描策略

激光功率/W	扫描速度/(mm/s)	扫描间距/mm	层厚/mm	扫描策略
150	600	0.12	0.035	X-Y 层间互错

为了测试未进行内腔结构优化的喷嘴成形效果，在正式制造喷嘴之前，先采用工艺参数成形图 4-49(b)所示的喷嘴。由图 4-50 可以看出内腔有严重坍塌现象，送粉通道的形状不完整。

图 4-50

喷嘴内部坍塌的结构

采用上述工艺参数直接制造进行了内腔结构优化的喷嘴，获得如图 4-51 所示的成形结果。

图 4-51

用 SLM 工艺直接制造的喷嘴

　　利用线切割将喷嘴切离基板，并加工出螺纹段。为了提高美观性并且加强喷嘴的反射能力，对喷嘴表面进行打磨，打磨后的喷嘴如图 4 - 52 所示。

图 4 - 52

表面打磨后的喷嘴

　　除用作超轻结构外，一些微细多孔结构在工业及生活中也具有十分明显的优势，可作为过滤、减振、散热等器件。在某些场合，孔隙形状及尺寸都对其功能实现有重大的影响，实现微细多孔结构孔隙形貌可控性设计及制造就变得十分重要。以上情况，十分适合采用能按预定设计结构实现零件直接制造的增材制造技术。

4.3　仿生结构设计

4.3.1　仿生结构设计概念

1. 仿生设计学

　　仿生设计学，亦可称为设计仿生学（design bionics），它是在仿生学和设计学的基础上发展起来的一门新兴边缘学科，以自然界万事万物的"形""色""音""功能""结构"等为研究对象，有选择地在设计过程中应用这些特征原理进行的设计，同时结合仿生学的研究成果，为设计提供新的思想、新的原理、新的方法和新的途径。生物在自身进化及自然选择的长期作用下，通过亿万年的洗礼，形成了独特的特性和功能，这为人类解决工程技术问题提供了大量的设计原型和许多创造性的设计方法，是人类技术创新取之不尽的灵感源泉。仿生设计学主要包括仿生物形态仿生设计、仿生物表面肌理与质感的设计、生物功能仿生设计、生物结构仿真设计等。

形态仿生设计学研究的是生物体(包括动物、植物、微生物、人类)和自然界物质存在(如日、月、风、云、山、川、雷、电等)的外部形态及其象征意义,以及如何通过相应的手法将之应用于设计之中,如各种动物的仿生形态设计(图4-53)的学科。

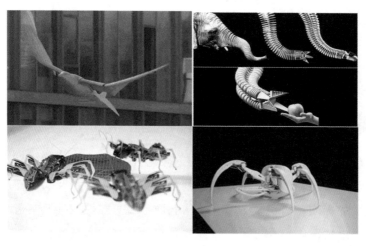

图 4 - 53

设计的具有各种动物仿生形态的机器人

功能性仿生注重大自然原生态的性能,针对性能设计仿生的工业产品,增加产品的使用性能。这种设计不但要求设计者的理念充分,更需要与科学研究成果相结合,充分利用大自然资源的优势,结合工业设计,对生物的有机特征进行细致研究,合理地运用,这个过程中要符合实际和人体使用的需求[19]。

结构仿生主要研究生物体与对环境适应的原理,并将其应用到产品设计及建筑设计中,以改进结构设计中的缺陷和不足,提高结构效率、强化可靠性,如图4-54中的功能性仿生设计。结构仿生设计学主要研究生物体和自然界物质存在的内部结构原理在设计中的应用问题,研究最多的是植物的茎、叶及动物形体、肌肉、骨骼的结构。例如:蜜蜂的六角蜂巢(图4-55),结构紧凑,巧妙合理[20],不但以最小的材料获得最大的空间,而且以单薄的结构获得最大强度和刚度,无论从美观和实用角度来考虑,都是十分完美的。这类结构的应用,不仅广泛应用于现代建筑,还应用于航空航天领域的航空发动机、家具等方面。

图 4 - 54

具有防滑功能、疏水功能、减阻功能的仿生设计

图 4 - 55

结构仿生设计的航天器结构

　　仿生的价值在于依照相似准则和前提，按照生物系统的结构和性质为工程技术提供新的设计思想及工作原理，并找到新的更加经济、合理、高效和可靠的方法。例如，为了提高头盔的防护能力，模仿啄木鸟头部结构形状而研发的仿生安全头盔；为降低风阻，模仿盒子鱼流线型身体而研发的低风阻汽车。除此之外还有蜂巢结构、肌理结构等。总体看来，结构仿生设计的应用已经成为产品改进和创新的现代趋势，对提高产品的实用性、保护性和方便性具有重要的指导意义。

2. 仿生结构设计

　　生物经过十多亿年连续的进化、突变和选择，已经形成十分多样的材料和结构。这些天然生物材料通常利用有限的组分构造复杂的多级结构，并利用这种多级结构实现多功能性，达到人工合成材料不可比拟的优越性能。而仿生结构设计是通过研究生物形态、结构、材料、功能及其相互关系，在深入理解生物机理的基础上，分析生物功能、结构与工程的相似性，提出仿生构思或建立数学模型，最终用于工程结构的一种设计。一般结构仿生设计的方法如图 4-56 所示。

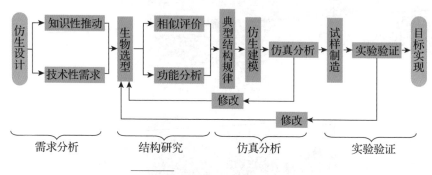

图 4-56　结构仿生的基本方法[21]

大多数生物材料难以直接从自然中大规模获取并应用于材料与工程领域，因此，利用技术手段设计和制备具有类似结构与性能的仿生材料至关重要。目前，有研究人员利用多种方法成功制备了性能优异的仿生材料，一些在工程领域已经具有成熟的应用。然而，天然生物材料的一些主要特征，如精妙复杂的微纳米结构、不均匀结构的空间分布和取向等，很难使用传统的方法精确模仿。仿生材料的制备仍是材料领域的研究热点和亟待突破的难题[22]。

增材制造技术对复杂结构、非均匀结构的成形具有极大优势，仿生结构设计与增材制造技术结合，可以通过对生物体和模型定性的、定量的分析，把其形态、结构转化为可以利用在技术领域的抽象功能，并可以考虑用不同的物质材料和工艺手段创造新的形态和结构，创造出近生物模型和技术模型。

4.3.2　仿生结构设计方法

在仿生设计领域中，仿生学的具体运用方法有其自身的特点，按不同的角度或不同的目的划分会获得不同类型的仿生方法。

1. 按生物所属种类来划分

(1)动物仿生，即通过模仿动物的各种特征来设计产品；

(2)植物仿生，即通过模仿植物的特征来设计产品；

(3)人类仿生，即通过模仿人类自身等进行产品设计；

（4）微生物仿生，与前三种相比，该仿生方法在工业设计中用得非常少。实际上自然界存在大量的微生物，其中也不乏完美的微观形态，因此，模仿微观形态也是工业设计仿生的一个具有现实意义的研究方向。

2．按生物系统特征来划分

（1）形态仿生，即通过模仿生物的形态来设计产品，这是工业设计最主要的一种仿生方法；

（2）装饰仿生，即把生物系统天然的色彩、纹理、图案直接或打碎重组后间接应用到产品的色彩计划和表面装饰中；

（3）结构仿生，自然界中的许多生物具有非常精致、巧妙、合理的结构，设计师通过对这些结构的模仿，可以创造出为人类的生活提供极大方便的产品。

3．按模仿的逼真程度来划分

（1）具象仿生，指产品的造型与被模仿生物的形态比较相像。通常这类产品都具有可爱与趣味性的外观，能为生活增添乐趣，因此，在为儿童设计的产品中，该仿生方法用得比较多。

（2）抽象仿生，指对被模仿生物的形态或色彩进行概括、精炼，提取出最能代表该生物特征的元素，并进行适当的变形后用于产品的形态设计或表面装饰，使产品具有某种象征意义。因此，目前该种仿生设计方法应用比较广泛。

4．按模仿的完整性来划分

（1）整体仿生，指对生物的整个形态进行比较完整的模仿，是比较常见的仿生方法；

（2）局部仿生，可分为两种情况：一种是在产品设计中只模仿生物的局部形态，另一种是在产品的局部位置采用仿生法进行造型设计。

4.3.3　仿生结构设计流程

仿生设计流程主要有两种类型：第一种始于对生物体的研究，通过研究大自然中生物体的精巧结构，在现实应用中匹配期望产生类似功能的工程结构来进行仿生；另一种始于工程结构设计过程中遇到的问题，为了解决工程问题从而转向自然界去寻找有类似结构或者能实现类似功能的生物体，分析其构型特征来进行仿生设计，如图 4-57 所示。

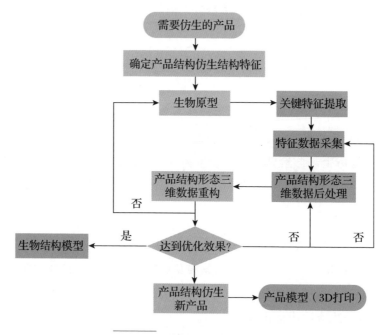

图 4-57　仿生结构设计流程[23]

1) 确定优化目标

从产品性能出发，分析产品需要提升的方面，确定产品的优化目标。

2) 选取仿生原型

根据产品特点确立优化目标以后，在自然界中寻找并根据相似理论筛选适宜的仿生原型，对生物原型进行研究并数字化。

3) 提取仿生原型的关键特征

依托相关技术获取生物模型点云，并对生物资料的关键特征提取，获取对产品改进设计有益的部分，并对采集数据进行后处理。

4) 对仿生结构进行优化设计

获取可运用于设计之中的结构以后，开展仿生结构的数据重构、优化设计，此过程需要进行多循环反馈式设计，工作量较大。

5)新产品模型建立和评估

通过前期工作,基本能够获得改进的新型结构形式,之后对此结构进行分析验证是否达到优化目标,并对产品进行增材制造成形。

4.3.4　仿生结构设计案例

1. 轻量化仿生结构

2016 年,空中客车集团发布了世界上首辆全增材制造仿生电动摩托车——LightRider(图 4-58),由空中客车子公司 APWorks 研制,其车身结构与传统摩托车的管状框架不同,是一种模仿动物骨骼结构的仿生力学结构。这种结构的最大优点就是能将车身和骑车者的重量均匀地分散到前叉、座位、脚凳和后摇臂上。该摩托车使用高性能铝合金打印,车框架质量为 6kg,总质量为 35kg,速度从 0 增加到 45km/h 只需 3s,最高速度 80km/h[24]。

图 4-58　增材制造骨骼仿生轻量化结构摩托车[24]

图 4-59 是一个高温燃烧器尖端部件,该燃烧器尖端部件是一种仿生茴香形态的复杂结构。这个仿生结构是设计师通过西门子创成式设计软件得到的[25]。在设计时,通过把设计目标以及材料、制造方式、成本限制等参数输入到西门子 PLM 软件工具 NX 和 SimCenter 中就可获得模仿大自然进化的设计结构。其中,燃烧器尖端部件的很多设计工作都是由创成式设计软件自动完成的,并根据参数值为优化器设置一组新参数,从而在 NX 软件中生成新设计。通过这种不断自动反馈的方式,最终可以改善零件的流动特性、热传导、强度、承载能力等。由于增材制造技术在成形复杂结构方面具有较大优势,通过创成式设计软件得到的复杂仿生结构可以通过增材制造技

术获得。与传统设计相比，通过创成式设计得到的仿生燃烧器尖端部件零件数量减少 50%，制造复杂性降低 90% 以上，长度减少 1/2，制造成本降低 60%。

常规设计　　　　　　创成式设计

图 4-59

仿生设计的高温燃烧器尖端部件[25]

飞机舱门为了达到高度的可靠性，在设计上需要防止飞行中因机构损坏或任何单个结构元件损坏而打开的可能性，这就使舱门的设计变得高度复杂，也给加工带来了相当的挑战。数量众多的连杆、铰链结构不但使某加工困难，还需要满足各种力学性能的要求，包括门框部位的抗拉和抗弯性能、抗剪切和抗压缩的构件，都需要满足严苛的力学要求。如何在满足力学性能的同时，又满足加工的可操作性，并且尽可能减少材料的浪费，从而有效地实现轻量化是飞机舱门制造中所遇到的挑战。

德国维捷（Voxeljet，VJET）公司与法国 Sogeclair 公司合作通过胶黏剂喷射技术成功制造了铝制的仿生学结构舱门[26]。该仿生力学结构在满足使用强度的要求下，不仅将质量减少了 30%，而且减少了材料的使用，完美地解决了传统加工方式所面临的加工复杂性的挑战（图 4-60）。能源的缺乏使飞机需要不断提高燃料效率和经济性，以降低其对环境的影响，而零部件的轻量化恰恰是实现降低燃料消耗的关键方式之一，该轻量化仿生结构满足了航空航天领域的发展需求。

2017 年，大众公司利用增材制造技术生产具有仿生学负重的结构[27]，如图 4-61 所示。它包含主动冷却和被动冷却的细节设计，如用于冷却电池和刹车系统的气流管道。另外，热处理、被动安全和液体贮存相关功能已经整合进前端模块的仿生学负重设计中。

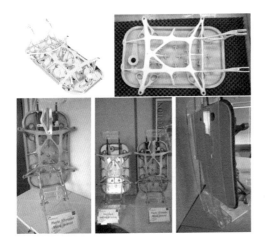

图 4 - 60

增材制造轻量化铝制舱门[26]

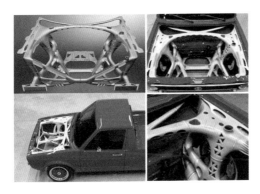

图 4 - 61

一体化的仿生学前端结构[27]

　　2015 年 12 月，空中客车公司公布了正在为其 A320 飞机设计的全新增材制造舱隔离结构（图 4 - 62），该结构由空中客车公司与欧特克（Autodesk）公司的 The Living 工作室共同开发，并使用了空中客车子公司 APWorks 开发的一种高科技合金 Scalmalloy。整个增材制造的机舱隔离结构质量比之前要少45%（30kg）。

　　该隔离结构的设计是通过一种定制算法生成的，这种算法主要模拟细胞结构和骨骼生长。除此之外，空中客车公司也在通过模拟睡莲的超强结构探索如何节省飞机质量，以及从鱼的下颚中寻找灵感来改进扭转弹簧的设计[28]。

　　由于跟以前的设计相比减少了很多的材料、质量和体积，该结构意味着更低的燃料消耗，也就是更少的成本支出。如果当前的每架空中客车 A320 飞机上都使用该增材制造机舱隔离结构，那么该公司每年将节省高达 46.5 万吨的二氧化碳排放。

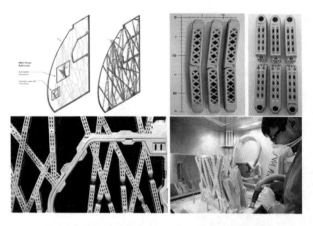

图 4 - 62

增材制造仿生机舱隔离结构[28]

汽车轻量化是实现汽车节能减排的重要途径，已成为汽车发展的潮流。增材制造技术在制造复杂轻量化结构零件方面，给予了设计师更广阔的设计空间。2017 年，EDAG 工程公司推出一个具有仿生结构的增材制造轻量化汽车引擎盖铰链(图 4 - 63)。项目团队在对铰链进行设计时使用了仿生设计理念，并在后期再设计时使用了拓扑优化技术，使铰链在保持了给定的刚度和强度的情况下，比参考零件质量减少了 50%[29]。

图 4 - 63

仿生设计与拓扑优化设计结合的汽车引擎盖铰链[29]

2. 仿生微结构

多功能表面的仿生微结构，特别是受植物叶子启发的超疏水表面结构，由于非常广泛的实际应用而受到越来越多的关注。该超疏水表面结构具有很高的科学研究和经济应用价值，例如，在自清洁、抗腐蚀、油/水分离、微反应器和液滴操作等领域的应用。南加州大学 Chen 教授课题组对人厌槐叶苹(salvinia molesta)叶片上独特的打蛋器形状微结构进行仿生设计，采用沉浸表面累积工艺(immersed surface accumulation based 3D printing)制造出了仿生人厌槐叶苹叶片的超疏水打蛋器微结构(图 4 - 64)[30]。结果表明,打蛋器微结构表面在超疏水和玫瑰花效应(rose petal)方面表现出诸多有趣的性能:打蛋器表面与水滴的黏附力可以通过设计不同的臂数来调节。该仿生微结构还可以作为"微型机械手"来操控微液滴进行某些操作,如无损转移、分离、反应混合以及三维细胞培养等。

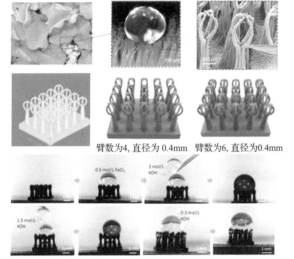

臂数为4, 直径为 0.4mm　臂数为6, 直径为0.4mm

图 4 - 64

增材制造超疏水打蛋器微结构[30]

　　螺旋结构普遍存在于动植物结构中,而这些生物结构往往具有较高的损伤抗性,具有优异的抗断裂性能。例如,甲虫根据不同生命阶段的生物需求,鞘翅中纤维的排布是不同的。在幼虫阶段,纤维是完全螺旋排布;在成熟阶段,纤维呈现不完全的螺旋排布。这是因为在幼虫阶段,甲虫最大的需求是保护自身安全,因此通过纤维完全排布达到高刚度的生物目的;在成熟阶段,甲虫需要捕食猎物,因此鞘翅要平衡飞行性能,所以采用不完全的螺旋排布设计。

　　然而传统工艺难以制造出复杂的仿生结构,无法进一步研究许多优异生物结构的高性能机理。美国西北大学的 Zaheri 等[31]利用 Stratasys 公司开发的多材料增材制造设备 Connex350 对螺旋结构进行了仿生打印,对不同螺旋角度对结构综合性能的影响进行了系统分析,实验及分析表明较低的单层螺旋角可产生改善的各向同性,增强韧性,螺旋结构则具有较高的灵活性。在此基础上,他们进一步打印了甲虫鞘翅螺旋仿生结构(图 4 - 65)。

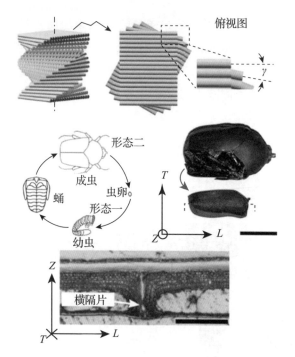

俯视图

形态二

成虫

蛹   虫卵

形态一

幼虫

横隔片

图 4 - 65
甲虫鞘翅螺旋仿生结构[32]

　　鲨鱼皮表面具有顺流向沟槽，能够高效地保存黏液于表面，从而抑制和延迟紊流的发生，减小水体对鲨鱼游动的阻力。然而，鲨鱼的皮肤由固定在柔性真皮层中的坚硬盾鳞构成，这种软硬结合的方式很难通过常规方法复制。Wen 等[33]首次利用材料喷射技术在柔性薄膜上制备了仿鲨鱼皮结构：通过显微 CT 成像构建基于灰鲸鲨盾鳞的三维模型，之后分别利用柔性材料和刚性材料作为基底和盾鳞。通过模拟鲨鱼在行进过程中遇到复杂流动环境，发现用增材制造仿鲨鱼皮材料在水中的移动速率提高了 6.6%，能量消耗减少5.9%，如图 4 - 66 所示。

图 4 - 66
增材制造仿生鲨鱼皮表面微结构[33]

木材是一种天然多孔材料，具有良好的吸声性能，相较于径切面和弦切面，木材在横切面上吸声性能最佳，这是因为横切面上分布着大量复杂的导管和管胞。此外，导管与木纤维、管胞、轴向薄壁细胞和射线薄壁细胞之间形成的大量纹孔对吸声性能的提高也起到重要作用。受木材内部导管和纹孔等天然结构的启发，董明锐等研究设计了仿生木材复孔吸声结构(图 4-67)。仿生木材吸声结构是一种异形结构，无法采用传统工艺进行加工，他创新性地将增材制造技术应用于制备吸声结构，制备出了具备仿生木材结构的共振吸声材料。研究表明，增材制造仿生木材吸声结构除了在中低频具有与木质穿孔板相似的吸声性能外，在高频吸声性能也较好，而木质穿孔板在高频一般不具有吸声性能或吸声性能较差[34]。

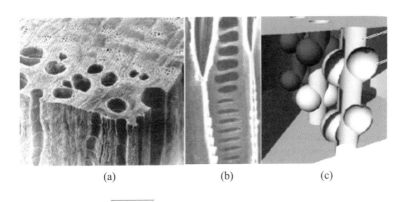

(a)　　　　　　　(b)　　　　　　　(c)

图 4-67　**仿生木材吸声结构设计**[34]

(a)阔叶木材导管结构；(b)导管结构壁纹管；(c)仿生木材吸声结构。

生物中有很多优异的结构，人类可以从中获得全新的思路，为工程中的问题提供解决方案，为新材料和新结构的设计提供全新的设计思路。增材制造技术为其研究提供了有效支撑，为仿生材料的应用提供了实现途径，未来随着增材制造技术的发展，仿生研究将进入全新的领域。

3. 仿生结构化生物增材制造技术

生物增材制造技术，包括生物支架增材制造、细胞打印等，在特定位置不仅能制造天然和合成聚合物、药物、生长因子，还可以打印活细胞，借助增材制造技术制备具有仿生结构的组织或器官可增强应用的可靠性。

增材制造技术可以便捷地制备形状可控的多孔支架材料，被广泛应用于生物材料和骨组织工程领域。在临床中大块骨缺损的修复上,传统增材制造支架具有多孔的结构,将材料植入缺损部位后,营养物质和细胞会沿着孔向内渗入支架内部,进而有利于骨组织向内长入,最终促进骨缺损的修复。然而,传统增材制造支架都是由实心的基元堆叠而成,大大降低了材料的孔隙率;且其孔隙呈阶梯三维延伸状,并没有形成平直的孔道状,因此在流体力学上有较强的流体阻力,不利于营养物质和细胞渗入支架内部,阻碍了修复过程中的成血管和成骨。

中国科学院上海硅酸盐研究所研究团队受到自然界中莲藕内部平行多通道结构的启发,采用增材制造制备出仿生莲藕支架(图 4 - 68)。该研究团队把

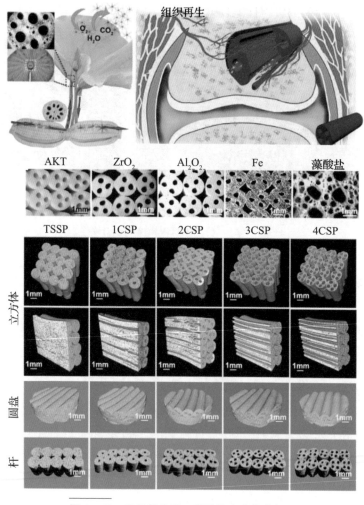

图 4 - 68　用于骨组织工程的仿生莲藕支架

传统增材制造支架每个基元的内部做成平行多通道结构，这种结构有望促进新血管和骨组织的长入，有利于骨缺损的修复，并能够便捷地调控仿生莲藕支架的物理和化学性质。采用该方法不仅可以用各种生物陶瓷、金属和高分子海藻酸钠等多种材料制备出仿生莲藕支架，而且能制备出不同形状、孔道数目、孔道直径的仿生莲藕支架。除此之外，还可以通过调控支架的基元堆砌方式和孔道数目来调控该仿生莲藕支架的孔隙率和力学强度。该仿生莲藕支架的最高孔隙率达到了 80%，力学强度可以达到 40MPa，能够满足骨缺损修复材料的要求[35]。

与传统的增材制造生物活性支架相比，该增材制造仿生莲藕生物支架更有利于营养物质向支架内部的传输，引导细胞和组织向内长入，从而促进前期的血管成长以及后期的骨成长，提高了骨缺损的修复性能。并由于其多通道高孔隙率的结构特点，该种材料还可以用于药物大分子装载、表面功能化修饰以及催化、能源、环境等其他领域。

4.3.5　仿生结构设计与增材制造技术的发展趋势

受仿生设计的启发，增材制造技术让组织工程、医学生物等领域实现了产品的智能化、创新性设计，达到了微观和宏观的统一，为新的产业变革带来了机遇。将仿生原理和增材制造技术结合，可以利用生物材料的设计原理指导先进功能材料的精确高效制备，并且更加深入地了解生物材料的合成原则与方法。对过去传统加工无法实现的仿生结构制备，随着增材制造技术的发展成为可能。仿生增材制造技术的发展，推动了复杂制造工艺仿生产品的加工工艺应用，也实现了数字化、网络化、高效化和制造智能化，为新材料、生物医疗、组织工程、智能装备等行业功能化产品的设计开发和应用提供了新思路，仿生结构设计、制造必将成为产品改善、结构创新的重要技术。

仿生设计与增材制造技术的结合使更多结构创新、性能优异的材料被人们制造，仿生设计与增材制造技术的未来发展必将更具潜力。其发展趋势如下：

（1）随着仿生测试技术的不断创新和丰富，我们能更好地了解仿生品表面的材料结构几何光学及功能特性，为仿生多尺度、复杂、具有功能梯度的结构以及从微观到宏观的设计和建模提供根据，实现设计的自由化、个性化和仿生最大化。

(2)新的增材制造设备和工艺开发也将有助于仿生增材制造技术的实现；同时跨尺度(宏观—微米—纳米)的增材制造技术、4D打印和曲面打印结合传统制造技术(增材—减材—等材制造)使未来的仿生材料结构更加多样、性能更加全面。

(3)仿生增材制造的材料将不断丰富，从功能材料、纳米材料、生物材料、导电墨水、超材料到智能材料等。

(4)随着大量仿生材料的制造，社会各个领域对创新仿生材料结构的需求不断增大，推动着仿生增材制造的发展。

参 考 文 献

[1] 罗志清，王兴治，李学锋，等. 优化设计在导弹结构设计中的应用：2007Altair大中国区用户技术大会论文集[C]. 上海：中国科学技术协会学术部，2006.

[2] 杨志勇. 基于变密度法的连续体结构拓扑优化研究[D]. 西安：西安电子科技大学，2009.

[3] TENEK L H，HAGIWARA I. Static and vibrational shape and topology optimization using homogenization and mathematical programming[J]. Comput. Meth. Appl. Mech. Eng.，1993，109：143 – 154.

[4] BRUNS T E. A reevaluation of the SIMP method with filtering and an alternative formulation for solid-void topology optimization [J]. Structural and Multidisciplinary Optimization，2005，30(6)：428 – 436.

[5] 梁咏. 连续体结构几何非线性拓扑优化设计研究[D]. 广州：华南理工大学，2016.

[6] SUI Y K，YANG D Q. A new method for structural topological optimization based on the concept of independent continuous variables and smooth model[J]. Acta. Mechanica. Sinica，1998，14(2)：179 – 185.

[7] QUERIN O M，YOUNG V，STEVEN G P，et al. Computational efficiency and validation of bi-directional evolutionary structural optimization[J]. Comput. Meth. Appl. Mech. Eng.，2000，189(2)：

559 - 573.

[8] HARASAKI H，ARORA J S. A new class of evolutionary methods based on the concept of transferred force for structural design[J]. Structural and Multidisciplinary Optimization，2001，22(1)：35 - 56.

[9] OSHER S J，SETHIAN J A. Fronts propagating with curvature dependent speed：algorithms based on the Hamilton-Jacobi for mulation [J]. Journal of Computational Physics，1988，79(1)：12 - 49.

[10] HABER R，BENDSOE M. Problem for mulation solution procedures and geometric modeling-Key issues in variable-topology optimization：7th AIAA/USAF/NASA/ISSMO Symposium on Multidisciplinary Analysis and Optimization[C]. St. Louis：AIAA，1998.

[11] 肖泽锋. 激光选区熔化成型轻量化复杂构件的增材制造设计研究[D]. 广州：华南理工大学，2018.

[12] WANG D，YANG Y，SU X，et al. Study on energy input and its influences on single-track，multi-track，and multi-layer in SLM[J]. The International Journal of Advanced Manufacturing Technology，2012，58(9 - 12)：1189 - 1199.

[13] 苏旭彬. 基于选区激光熔化的功能件数字化设计与直接制造研究[D]. 广州：华南理工大学，2011.

[14] MAVROIDIS C，DELAURENTIS K J，Won J，et al. Fabrication of Non-Assembly Mechanisms and Robotic Systems Using Rapid Prototyping[J]. Journal of Mechanical Design，2001，123(12)：516 - 524.

[15] LIPSON H，MOON F C，HAI J. 3-D printing the history of mechanisms [J]. Journal of Mechanical Design，2005，127：1029 - 1033.

[16] PARK K，KIM Y S，KIM C S . Integrated application of CAD/CAM/ CAE and RP for rapid development of humanoid biped robot[J]. Journal of Materials Processing Technology，2007，187：609 - 613.

[17] CHEN Y H，CHEN Z Z. Major Factors in rapid prototyping of mechanisms [J]. Journal of Key Engineering materials，2010，443：516 - 521.

[18] 苏旭彬，杨永强，王迪，等. 免组装机构的选区激光熔化直接成型工艺

研究[J]. 中国激光，2011，38(6)：198-204.

[19] 易艳丽. 综合仿生设计在现代工业设计中的应用[J]. 文艺生活：中旬刊，2011(8)：64.

[20] 于晓红. 仿生设计学研究[D]. 吉林：吉林大学，2004.

[21] 赵岭，王婷. 结构仿生设计方法及其在机械领域中的应用[J]. 组合机床与自动化加工技术，2012(4)：12-15.

[22] 张靓，赵宁，徐坚. 仿生材料 3D 打印[J]. 中国材料进展，2018，37(06)：419-427.

[23] 窦旭凯. 工业 RE/结构仿生/3D 打印的集成研究[D]. 秦皇岛：燕山大学，2018.

[24] 南极熊 3D 打印网. 空客推出全球首辆"3D 打印电动摩托车"，仅重 35 千克［EB/OL］.（2016-05-21）[2019-05-30]. http：// www. nanjixiong. com/forum. php？mod=viewthread&tid=66348&highlight =%C4%A6%CD%D0%B3%B5%2B%BF%D5%BF%CD.

[25] MROSIK J. 创成式设计与 3D 打印，仿生学设计的捷径[EB/OL].（2018-07-09）.[2019-05-30]. http：//www. 51shape. com/？p=12444.

[26] 3D 科学谷. 减重 30%，voxeljet 助力 Sogeclair 制造仿生学结构飞机舱门［EB/OL］.（2017-09-16）[2019-05-30]. http：// www. 3dsciencevalley. com/？p=10193.

[27] 3D 科学谷. 视频 l 大众开迪装配一体化的 3D 打印仿生学前端结构[EB/ OL].（2017-09-06）[2019-05-30]. https：//www. sohu. com/a/ 190098683_274912.

[28] 3D 打印在线. 空客开始测试 3D 打印仿生设计的机舱隔离结构[EB/OL].（2016-01-18）[2019-05-30]. https：//www. sohu. com/a/55016634_ 198225.

[29] 3D 科学谷. 案例 l 轻量化的 3D 打印汽车引擎盖铰链[EB/OL].[2017- 09-29]. https：//www. sohu. com/a/195457601_274912.

[30] YANG Y，LI X，ZHENG X，et al. 3D. Printed Biomimetic Super. Hydrophobic Structure for Microdroplet Manipulation and Oil/ Water Separation[J]. Advanced Materials，2017：1704912.

[31] YANG R G，ZAHERI A，GAO W，et al. AFM Identification of

Beetle Exocuticle：Bouligand Structure and Nanofiber Anisotropic Elastic Properties[J]．Advanced Functional Materials，2016，27(6)：1603993．

[32] ALIREZA Z，FENNER J S，RUSSELL B P，et al．Revealing the Mechanics of Helicoidal Composites through Additive Manufacturing and Beetle Developmental Stage Analysis[J]．Advanced Functional Materials，2018：1803073．

[33] WEN L，WEAVER J C，LAUDER G V．Biomimetic shark skin：design，fabrication and hydrodynamic function [J]．Journal of Experimental Biology，2014，217(10)：1656-1666．

[34] 董明锐. 3D 打印仿生木材吸声结构研究[D]. 杭州：浙江农林大学，2019．

[35] FENG C，ZHANG W，DENG C，et al．3D Printing of Lotus Root. Like Biomimetic Materials for Cell Delivery and Tissue Regeneration [J]．Advanced Science，2017：1700401．

第 5 章
增材制造设计应用实例

5.1 生物医学领域的应用

增材制造技术可根据医学影像数据如医学数字成像和通信（digital imaging and communications in medicine，DICOM）数据，直接成形医用模型，方便医生直接进行病理分析和手术术前规划。如立体光固化、熔融沉积、激光选区烧结、叠层实体、立体喷墨打印等增材制造工艺，用于快速成形人体的骨骼（如颚骨、颅骨、脊椎等）、软组织（胃、膀胱等）模型及手术定位导航模板等，协助医生进行病情诊断以及治疗[1-4]。

近几年，用于医用金属材料的增材制造技术逐步发展成熟，如激光选区熔化[5-7]、激光选区烧结[8-9]、电子束选区熔化（electron beam selective melting，EBSM）[10-11]、激光近净（laser engineered net shaping，LENS）[12-13]和电子束熔丝沉积（electron beam direct manufacturing，EBDM）[14]等，这些技术为金属医学用品提供了一种"因人而异"的个性化快速制造方式。

5.1.1 口腔医学方面的应用

1. 个性化牙冠、牙桥

牙冠、牙桥是缺损、缺失的牙齿和口腔软硬组织的替代品，必须与机体相互适应才能发挥其恢复形态和生理功能的作用。随着社会经济的发展，失牙患者对义齿修复要求越来越高，修复体制作的质量和管理已引起了口腔医师和技师的高度重视。当牙齿损坏后且难以通过补牙的方式修复时，常用的牙体修复方法是采用牙冠（即牙套）套在改小了的天然牙冠上。

传统牙体修复体制造方法一般是先用印模材料从口中翻出牙齿阴模，再用石膏得到阳模，根据阳模制作蜡型，包埋并安装常规铸道，采用离心铸造熔模铸造获得金属基冠，切除铸道后经过打磨、超声清洗后烤瓷。该流程复杂，且在制造过程中由于人工操作质量不一致，造成破坏铸造氧化膜层产生筑巢砂眼、长桥后续焊接时发生形变、人工滴蜡造成边缘不到位等问题。

个性化牙冠、牙桥设计时，通过逆向工程直接获取患者牙齿的三维数据，分割牙颌中各个牙齿，去除待修复牙齿；根据去除牙齿后的空隙大小以及牙弓、牙列情况设计牙桥、牙冠，调整牙尖斜面高度、发育沟、加强带等特征，使所设计的牙桥、牙冠尽量恢复牙颌原始形态。

若采用常规造型软件设计口腔修复体，由于牙齿解剖形态复杂、牙面为不规则曲面，设计复杂，以 Pro/E 软件为例，需要在扫描模型拾取若干点，由点创建曲线，再由曲线生成与牙齿解剖形态相近的曲面，由曲面创建出一定厚度的口腔修复体。此外设计方法必须以原始牙齿作为原始数据，当原始牙齿缺失或特征不全时，就不得不以其他解剖形态相近的牙齿作为原始数据。

目前牙科专业设计软件已经比较成熟：Laserdenta 软件配套的供牙科建模的 CAD 软件、英国 Delcam 公司提供的 DentCAD 软件、丹麦 3Shape 公司的 Dental System 等，这些软件可以根据顾客需求和牙科医生的诊断方案，快速编辑牙冠高度、大小、厚度、牙桥宽度、加强带等设计参量，并有多种材料供选择，将设计与制造紧密结合起来[5,15]。

牙桥、牙冠用 SLM 工艺成形的步骤与一般零件的成形步骤一样，需要特别注意的是牙桥、牙冠属于薄壁复杂曲面零件，并且尺寸较小。为了保证修复效果，要求牙桥、牙冠的成形精度和表面质量较高，因此成形过程要控制好激光功率、扫描速度、铺粉厚度、扫描间距等工艺参数。如图 5-1 将扫描后的牙模分牙，通过牙科专用软件设计牙冠、牙桥，牙冠、牙桥达到一定数量后，将牙冠、牙桥导入 Magic 软件里面添加支撑并切片。采用 SLM 成形装备 DiMetal-100，成形工艺参数采用扫描间距为 0.06mm、层厚为 20μm、激光功率为 170W、扫描速度为 400mm/s，成形后的口腔修复体仍需要去除支撑、表面抛光、后续烤瓷等工序。该方法的优势：逆向工程与牙科专业设计软件获得修复体边缘性精准、密合度高，SLM 工艺制造的修复体内部致密、成形尺寸精度高，为胶黏剂留下均匀一致的间隙，长桥制作时也可以一次成形，无需后续焊接等。

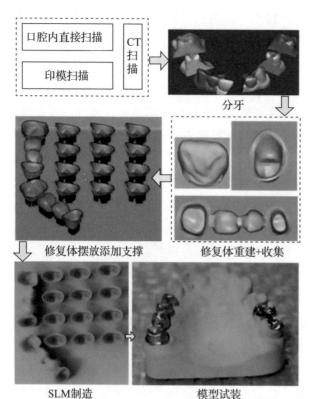

口腔内直接扫描 | CT扫描

印模扫描

分牙

修复体重建+收集

修复体摆放添加支撑

SLM制造 模型试装

图 5-1

个性化牙冠牙桥 SLM 工艺制造

牙冠固定桥的设计是对金属基底冠和内冠固定桥的形态、金瓷结合部位及形状、结构强度、瓷层空间以及咬合、邻接等方面的前期规划。牙冠固定桥在功能上提供基础架构作用，关系着修复体的成功与失败，因此其设计要考虑以下几个关键因素：

(1)金属基底/固定桥的厚度与形状。金属基底和固定桥固位体是紧密覆盖在基牙上的壳状精密金属件，其厚度必须保证刚度需求，在就位和承受颌力时不会发生变形，至少有 0.3~0.45mm 的厚度；金属基底和固定桥固位体的形状要贴合基牙并避免尖锐棱角和倒凹；固定桥桥体特征形态必须保持与邻牙、对颌牙一致，固定桥连接体的设计需无间隙圆弧过渡连接固位体和桥体，且横截面积应不小于 4mm^2 以满足强度要求。

(2)瓷层空间。考虑到瓷层的透明性和牙冠外形尺寸等美观要求，且相对均匀的瓷层有利于抗折，应最小保留 0.7mm 的瓷层空间，理想的厚度为 1mm。

(3)金瓷结合部位及范围。考虑到不同牙体在咬合关系中承受颌力的作用点、颌力大小均不同，金瓷结合部位的设计应避免金瓷结合线与咬合线重合，同时为利于应力分散，应适当远离咬合线 1～2mm。

（4）颊/舌侧边缘设计。保证边缘线的精确性是修复成功的关键，常用的颊/舌侧边缘设计形式有金属式边缘、金瓷混合式边缘和全瓷式边缘，如图 5-2 所示。应结合基牙颈部肩台宽度选择合适设计形式，保证颈缘坚固且具有良好贴合性。

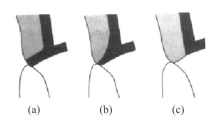

图 5-2

颊/舌侧边缘设计形式
（a）金属式边缘；（b）金瓷混合式边缘；
（c）全瓷式边缘。

(a)　　　　(b)　　　　(c)

在石膏模型上扫描制取牙颌 CAD 模型。病例牙颌石膏模型由广州医科大学附属口腔医院数字化中心提供，经过口腔科医师及技工的精确印模、灌制、牙体预备等流程获得。牙颌 CAD 模型是牙冠固定桥设计的数据基础，如何获得精确的牙颌 CAD 模型、清晰的基牙颈缘线是修复体设计成败的关键因素。如图 5-3 所示操作，使用佳能 D810 扫描仪对上颌牙模、下颌牙模、基牙代型等进行扫描，得到牙颌点云数据，并利用 3Shape 软件根据咬合关系进行自动匹配，然后将其转换为 STL 文件（图 5-4），保存以备 CAD 设计。

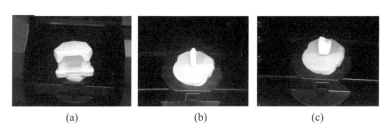

(a)　　　　　　　(b)　　　　　　　(c)

图 5-3　**牙颌 CAD 模型获取**

（a）上、下颌咬合关系；（b）前牙基牙代型；（c）后牙基牙代型。

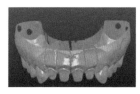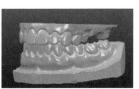

图 5-4

前牙内冠、固定桥牙颌 CAD 模型

前牙内冠设计流程如图 5-5 所示，主要包括以下步骤[16]：

(1)创建病患信息。在 Dental DB 模块输入患者、牙技师等信息；定义修复类型；选择修复材料类型为激光金属粉末。

(2)导入 STL 文件。进入 Dental CAD 设计界面，导入病患上颌 CAD 模型。

(3)征测颈缘线。借助二维横截面视图点击基牙颈缘，并编辑出正确颈缘线。

(4)设置牙冠参数。本研究设置黏着间隙为 0.03mm、额外黏着间隙为 0.06mm、到边缘线的距离为 1mm、平滑距离为 0.2mm，设计边缘线偏移 0.1mm、补偿角度为65°、延伸补偿为 0.2mm、内冠最小壁厚为 0.4mm。

(5)设计舌侧加强杆。点击内冠舌侧边缘，添加舌侧加强杆控制点，设置加强杆高度为 1mm、加强杆角度为75°。

(6)自由造型。采用自由造型工具对内冠进行材料添加/减少及光滑操作，使内冠壁厚均匀且表面光滑。

(7)保存数据。整合设计档案各部分，保存 STL 文件。

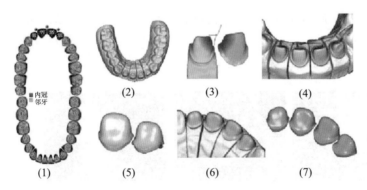

图 5-5 前牙内冠设计流程

后牙固定桥设计流程如图 5-6 所示，与内冠设计类似，主要包括以下步骤[16]：

(1)创建病患信息。

(2)导入 STL 文件。进入 DentalCAD 设计界面，导入 STL 格式的病患上颌和下颌 CAD 模型。

(3)征测颈缘线。同上面(3)确定固位体基牙牙龈线。

(4)设置牙冠参数。同上面(4)设置固位体黏着间隙、边界等参数。

（5）排牙及雕刻。根据对咬牙、邻牙关系调整基牙及缺失牙的咬头、牙脊、邻面、牙龈间隙等形态。

（6）形态冠回切及修整。设置形态内冠最小厚度为 0.4mm、回切量为 0.8mm，并修整使固位内冠表面光滑、桥体上下表面无尖角。

（7）设计连接体。设置连接体最小横截面积为 $9mm^2$，自由设计连接体形态及位置，使其无大片红色薄弱区域，保证连接强度。

（8）保存数据。

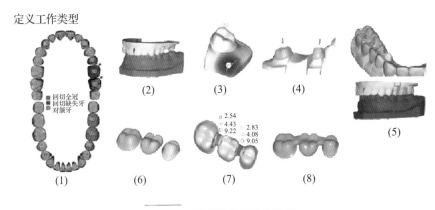

图 5-6　后牙固定桥设计流程

由于目前 SLM 成形系统不能直接接收三维软件设计的实体文件，必须将其转化成 STL 文件，原理是对三维模型表面进行三角网格化，即用大量的三角面片逼近自由曲面。在网格化处理以后，原本光滑的曲面模型变成不连续的多面体模型，其形状和尺寸精度都降低了。STL 文件模型的精度直接取决于离散化时三角面片的数量，一般而言，设置的精度越高，STL 文件模型三角形面片数量越多，但相应文件尺寸也越大，应针对不同零件的具体特征和复杂程度，对几何误差参数进行综合选择。由于牙冠固定桥为细小复杂曲面零件，其文件尺寸较小，适当细化三角面片并不会占用过大的内存及转化时间，而内表面成形精度直接关系其最后佩戴的适合性，因此为了保证零件的成形精度，应对设计的个性化牙冠固定桥模型进行三角面片综合优化处理。如图 5-7 所示，将 Exo CAD 软件设计的 STL 文件上颌前牙内冠、上颌后牙固定桥模型载入快速成形软件 Magics 15.01 进行表面细化平滑处理，修改几何误差值为 0.005mm，获得表面光滑的优化模型。

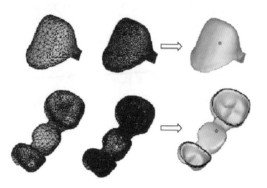

图 5 - 7

牙冠固定桥的平滑处理

理论上，SLM 工艺可以制造任意几何形状的零件，但并不能完美成形所有的结构特征，特别是悬垂结构，该结构在加工过程容易形成挂渣、翘曲变形等缺陷，影响零件的形状精度、表面精度，因此通常需要添加支持，如柱状支撑（图 5 - 9）和十字块状支撑（图 5 - 10）。由于牙冠固定桥内表面将直接与病患基牙接触，属于重要成形面，为确保其冠边缘及内部适合性，在后续加工处理中不得进行打磨处理，因此为保证内表面的成形质量，应对牙冠固定桥模型进行摆放角度优化。如图 5 - 8（a）所示，使用 Magics 软件里的"旋转"命令调整零件空间位置，使牙冠内表面朝上，外表面朝下摆放，同时为减少支撑添加以节约成形时间，应如图 5 - 8（b）所示调整牙冠摆放角度，尽量减少接近极限倾斜角度的悬垂面。图 5 - 11 是个性化牙冠固定桥成形效果。

(a)　　　　　　　　　　　　　　　　(b)

图 5 - 8　**调节牙冠固定桥的摆放角度**

（a）重要成形面朝上；（b）避免极限悬垂面。

(a)　　　　　　(b)

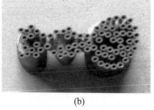

图 5 - 9

柱状支撑

（a）侧面形貌；

（b）底面形貌。

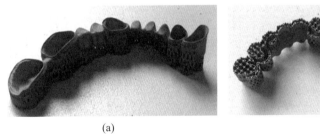

(a)　　　　　　　　　　　　　　(b)

图 5 - 10　十字块状支撑

(a)侧面形貌；(b)底面形貌。

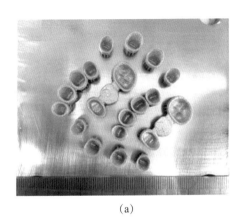
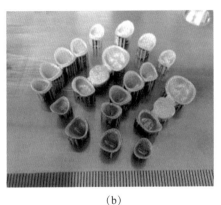

(a)　　　　　　　　　　　　　　(b)

图 5 - 11　个性化牙冠固定桥成形效果

(a)俯视图；(b)侧视图。

　　具有良好的内部成形精度是保证牙科修复体适合性的重要前提，采用逆向反求方法对上颌前牙内冠和后牙固定桥的内表面成形精度进行检测，采用 VTop 200B 蓝光三维扫描仪对用 SLM 工艺成形的牙冠固定桥进行扫描，使用 Geomagic Studio 12 软件对获得的扫描点云数据进行降噪、封装，并转化成 STL 文件，如图 5 - 12 所示。将原来设计的牙冠固定桥和扫描封装数据导入 Geomagic Qualify 12 软件，分别设定为参考对象和测试对象，进行自动最佳拟合对齐，图 5 - 13 为设计模型与成形件的三维及二维比较云图，可见均存在一定三维偏差，偏差范围基本在 - 0.006~0.006mm 内。

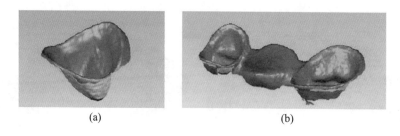

(a) (b)

图 5 - 12 SLM 成形牙冠固定桥扫描封装数据

（a）上颌前牙内冠；（b）上颌后牙固定桥。

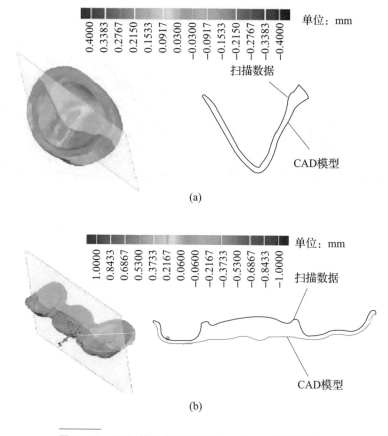

(a)

(b)

图 5 - 13 CAD 模型与成形件的 3D 及 2D 比较云图

（a）上颌前牙内冠；（b）上颌后牙固定桥。

　　为进一步分析牙冠固定桥的适合性，如图 5 - 14 所示，在牙冠边缘、内部轴面及内部颌面分别测量各内冠和固位体的边缘、轴面及颌面偏差，发现各内冠和固位体的轴面偏差最大，颌面偏差最小。为了美观和逼真效果，通常会对成形牙冠固定桥进行打磨（图 5 - 15）和上瓷（图 5 - 16）。

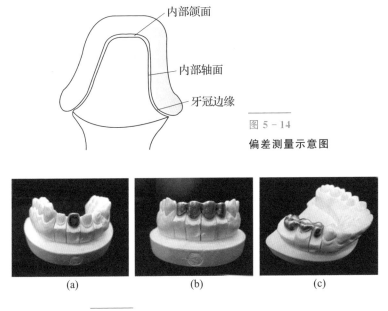

图 5 - 14

偏差测量示意图

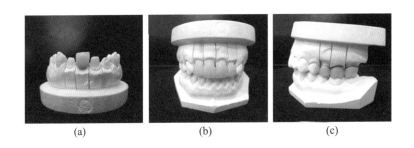

　　　　　　图 5 - 15　**SLM 成形牙冠固定桥打磨效果**

（a）前牙单冠；（b）前牙连桥；（c）后牙固定桥。

图 5 - 16　**SLM 成形牙冠固定桥上瓷效果**

（a）前牙单冠；（b）前牙固定桥；（c）后牙固定桥。

2. 个性化舌侧托槽

　　牙齿正畸是一种将弹性弓丝穿过黏结在牙齿表面上的托槽槽沟上，将不整齐的牙齿逐渐排列整齐的治疗方式。

传统牙齿正畸中所用托槽多是采用标准化设计和生产的通用托槽，即托槽的底板是平面的，托槽槽沟的转矩和转轴角也沿用一系列的数据进行设计。但是，由于人体牙齿的个体差异性比较大，采用通用托槽，在将托槽黏结到牙面上时，医生难以定位，影响矫正效果，也增加了患者的椅旁时间。另外人体牙齿的牙面是不规则的曲面，采用通用托槽时，往往需要在托槽底板与牙面之间填补较多的胶黏剂，以保证托槽与牙齿的贴合，这就导致托槽远离牙面，影响矫正效果并且使患者的口腔异物感变严重，如图 5 - 17(a)所示。

个性化托槽针对不同患者牙齿结构形态特点而设计和制造，托槽的底板、槽沟等都依据患者牙齿的个性化形态而设计，如图 5 - 17(b)所示。

(a)　　　　　　　(b)

图 5 - 17

通用托槽与个性化托槽的对比[17]

(a)通用托槽；(b)个性化托槽。

个性化托槽设计中，个性化体现在个性化底板和个性化槽沟，其中个性化底板是提取牙齿舌侧面曲面，将曲面复制偏移并实体化获得的，个性化底板的厚度由偏移量决定。结扎翼和结扎沟作为常规几何形态，可通过调用特征库选取对应的尺寸，槽沟依靠创建的实体与弓丝进行布尔减运算而得到，这样所有托槽的槽沟均位于弓丝平面上，保证了矫正效果。弓丝的形状设计很关键，在牙齿正畸中，通常以 Andrews 平面作为弓丝平面来确保矫正后所有牙齿的牙冠中心处于同一平面[18]。弓丝应尽量靠近牙面，并且托槽的高度不能过高，但同时也要兼顾弓丝的整体形状，不能过于弯曲。以本小节所针对的个性化舌侧托槽为例，采用蘑菇形弓丝[19]。

个性化托槽的设计，主要考虑：①托槽的基底设计成更加贴合牙齿舌侧的解剖形态，以提高托槽的黏结稳定性和定位的精确性；②通过减小托槽垂直方向的高度来减少托槽对舌头的刺激。

具体来说，个性化托槽的设计可以分为两个过程：①采用逆向工程的方法，获取患者牙齿的三维数字模型；②根据排牙模型，进行个性化弓丝和托槽的设计。在过程①中，由专业医生根据病例分析，得出矫治方案，并将预期的矫治结果在病人的石膏模型上进行重排，得到排牙模型，即在未进行矫治之前，就可预测矫治结果，再将排牙模型输入到计算机中，建立数字化的牙颌模型。在过程②中，由排牙模型的牙弓牙列形态，设计个性化的矫治弓丝，包括弓丝平面和形态的确定；在单颗牙齿的舌侧面基础上设计托槽底板，并根据放置位置确定托槽的结构，包括拾取舌侧面和托槽体、托槽沟翼的设计[20]。

1）弓丝平面和弓形确定

正畸矫治是通过弓丝施力到托槽，并传递到牙齿来实现牙齿移动的，最终牙齿的牙弓形状、牙弓平面都由弓丝平面和弓丝形态来决定，所以，在个性化托槽的设计中，第一步是根据排牙模型，确定最终矫治效果下的弓丝形态，并在此基础之上设计托槽，此弓丝和托槽即为达到预期矫治目标的托槽和弓丝，弓丝形状和位置的确定为第一个关键步骤。根据 Andrews 正常颌六项标准中对于正常牙颌弓丝平面的描述，认为所有牙齿牙冠中心都处于同一个平面，该平面称为 Andrews 平面（图 5 - 18）。在唇侧矫治中，通常取这个面作为弓丝平面。由于舌侧形态不同，该面经过牙齿舌侧面时，并不完全与前牙的牙冠中心相交；另外，考虑到改善患者的舒适度和降低托槽的脱落率等因素，在设计时，取弓丝平面尽量偏向牙龈方向。在本章中，一般取两个中切牙接触点的中点和双侧第一磨牙的舌侧面中点构成弓丝平面，上下颌均采取相同的定位方法，调整弓丝平面位置使其过所有牙齿的舌侧面，实际设计时要根据具体患者的情况进行调整。

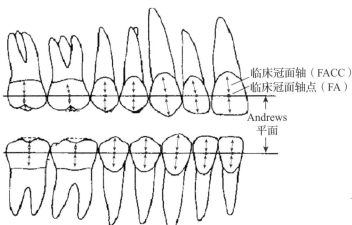

临床冠面轴（FACC）
临床冠面轴点（FA）

Andrews 平面

图 5 - 18

Andrews 平面示意图

　　个性化舌侧弓丝的设计，根据实际设计中的需求，在尖牙和双尖牙间、双尖牙和磨牙间保留第 1 序列弯曲，也就是主弓丝在双尖牙区和磨牙区都向内缩窄，设计的弓形总体上呈现蘑菇状，如图 5-19 所示。这样设计的目的：①使弓丝离每颗牙齿的力矩中心尽量近；②在设计前牙托槽时，不需要过多加厚底板或拉伸托槽体部以使弓丝能穿过槽沟，就可以获得底板更薄、整体尺寸更小的托槽。

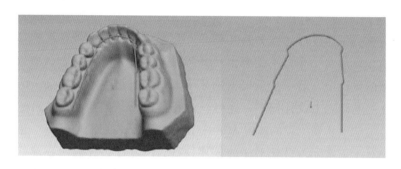

图 5-19　舌侧蘑菇形弓丝的确定

　　一个完整的舌侧托槽包括以下组件：托槽基底、托槽体、托槽槽沟、结扎翼、咬合板。根据不同的牙位，槽沟和槽翼的设计方案如下：外观形状参照 STB 托槽，前牙和 2 个双尖牙设计为侧翼加牵引钩的形式，2 个磨牙设计为颊面管形式，如图 5-20 所示。在设计槽沟尺寸时以 0.46mm×0.64mm 弓丝为基准，但是由于考虑实际需求和加工补偿等因素，设计取值时有所变化。所使用的设计尺寸值有前牙和双尖牙槽沟为 0.46mm×0.64mm 或 0.45mm×0.75mm、磨牙槽沟为 0.45mm×0.75mm、结扎沟为 R0.8mm。

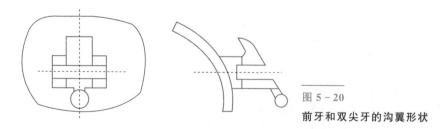

图 5-20

前牙和双尖牙的沟翼形状

　　牙颌模型的获取由暨南大学附属医院正畸科专业医师进行，经历洗牙—抛光—印模—灌制石膏模的过程：①通过超声振动清洗牙齿舌侧，振落舌侧表面的牙石及其他附着物，同时辅以流水冲走，这样，取模时候硅胶能够贴合到每处牙面，得到精确的牙齿模型；②在清洗过后的牙齿舌侧涂上抛光剂，进行抛光，目的也是为了牙面更光滑便于精确取模；③印模。通过将半流动的材料导入口腔后结固而成。采用二次取模法：将初次用硅胶放入口腔内，印取整个牙列，形成初印，印模固硬后去除阻碍、复位口内的印模倒凹部分；在每个牙的牙龈乳头之间刻出排溢沟；在整个牙列注入二次用硅胶；再次取模，即得精细印模，取得的硅橡胶模如图 5 - 21 所示。通过印模得到了病人牙颌的阴模，等待印模模型硬化完毕，在其中灌入石膏，石膏硬化后便获得了病人牙颌的阳模，如图 5 - 22 所示。

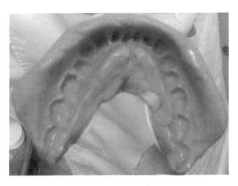
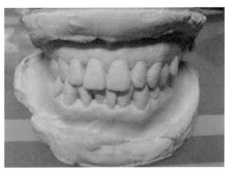

图 5 - 21　病例牙颌的硅橡胶模　　　　图 5 - 22　病例牙颌的石膏模型

　　设计步骤包括导入 STL 文件排牙牙模—确定弓丝平面—托槽底板设计—槽沟槽翼设计等。以 Pro/Engineer 4.0 版本为例，具体制图过程如下：

　　(1)导入排牙模型并处理。在 Pro/Engineer 文件中新建文档，单位设置为 mm，选择"插入小平面特征"，插入 STL 文件中的排牙模型。分样百分比越小，三角面片越少，精度也降低，具体应根据实际确定，通常 20% 是足够的。同时，对模型进行简单处理，删除不需要的小平面，填充扫描缺陷形成的孔洞和多余叠加的小平面，这些缺陷将致使后续的重新造型命令无法实现。

　　(2)创建弓丝平面。分别在 1 号牙和两侧 4 号牙上取两个点，两点选取位置分别是牙齿舌侧面在牙龈以上的最高点和最低点，作直线连接两点。在该直线段上再取点，这样在三个牙上分别产生三个可根据直线偏移比率移动的点，作平面通过这三个点，于是这个平面也可根据点的直线偏移比率移动。移动平面到合适位置形成弓丝平面，选取合适位置的规则是该平面通过所有牙齿的舌侧面，并且方便后续的托槽设计，平面的选取也因上下颌不同而不同。为了便于观测，可用重新造型命令在平面和小平面组相交处形成一条曲线。最终确定的弓丝平面如图 5-23 所示，该平面通过所有牙齿的舌侧面。

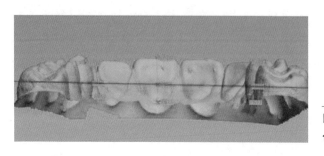

图 5-23
创建弓丝平面

（3）绘制托槽底面。使用造型命令，拾取单牙舌侧面，创建曲线，按住 Shift 键，点取牙面，绘制第 1 条轮廓线（在单牙小平面组的一侧外廓上选取连续的多个点组成一条空间曲线），使用同样方法绘制其他轮廓线及轮廓内曲线，多条纵横的内部曲线形成网格，网格的大小影响最终曲面与牙齿舌侧面的贴合，每条曲线上所取点数越密集，绘制的内部曲线越多，所拾取的牙面越精确。通过这些轮廓线和曲线创建曲面（图 5-24），这个曲面即是托槽的底面，接着选取该曲面，使用编辑偏移命令，输入底面厚度，选取创建侧面，选择合适偏移方式，将底面偏移，一般偏移距离为 0.4mm。

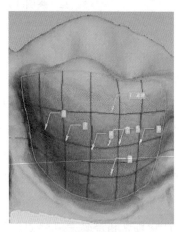

图 5-24
绘制托槽底面图

（4）制作托槽体部。在弓丝平面上虚拟地描绘一条弓丝曲线，曲线可从步骤（3）中重新造型命令形成的曲线偏移得到。将这条曲线在对应牙齿的位置拟合成直线。用扫描曲面命令以该直线段作为扫描轨迹，根据需要描绘出体部轮廓，拉伸得到托槽的体部。

(5)生成实体。将托槽体部与底面偏移面合并，剪去体部在偏移面以下的部分，再将所有的面组合成一个整体，进行实体化，如图 5－25(a)所示。

(6)绘制槽沟。采用切口扫描功能绘制槽沟；在弓丝平面上绘制扫描轨迹（即弓丝轨迹），切口扫描的截面为槽沟截面，如图 5－25(b)所示。

(7)修整托槽。利用倒圆角工具，选取牵引钩、结扎翼及其他边角进行倒圆角，通过修正最终获得外观圆润的托槽，如图 5－25(c)所示。

(8)绘制其他托槽。采用同样方法，依次设计其他牙位上的托槽，最终获得全部托槽。图 5－25(d)为半口托槽示意图。

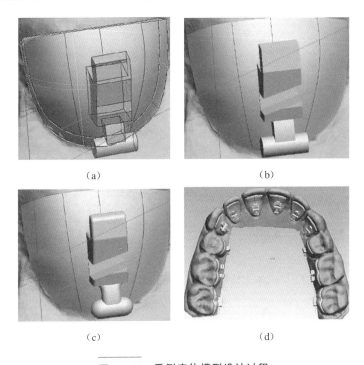

(a)　　　　　　　　　　　　　　(b)

(c)　　　　　　　　　　　　　　(d)

图 5－25　舌侧实体模型设计过程

(a)生成实体；(b)绘制槽沟；(c)修整托槽；(d)半口托槽示意图。

(9)转化为 STL 文件。选取文件类型为 STL，将托槽文件转化为 STL 文件；转换过程中输入合适的弦高和角度控制。

(10)生成弓丝。采用扫描功能，扫描轨迹即选择步骤 (6) 中的轨迹（可通过调出之前的轨迹获得），扫描截面即为弓丝截面（可取不同尺寸，根据矫治阶段不同而定）。

图 5－26 为个性化舌侧托槽的三维图，图 5－27 为多个托槽的排布和摆放

效果及 SLM 工艺制作的个性化舌侧正畸托槽。

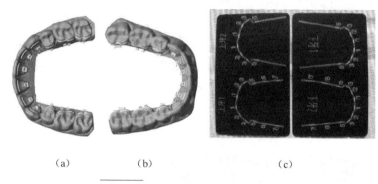

(a)   (b)   (c)

图 5 - 26   个性化舌侧托槽的三维图

(a)上牙；(b)下牙；(c)弓丝。

图 5 - 27   多个托槽的排布和摆放效果以及 SLM 工艺
制作的个性化舌侧托槽

评价托槽成形质量的参数有很多，例如：槽沟宽度及其精度、槽沟近远中截面表面粗糙度、结扎翼表面粗糙度等，其中槽沟宽度及其精度尤为重要。槽沟尺寸与方形弓丝的相互匹配可以使预置于托槽内的转矩被充分表达，以达到对牙齿三维方向的精确控制。槽沟的精度和功能发挥，决定矫治力是否精确传达到各个牙齿，并驱动其发生移动和重排，终达到预期的位置形态。如图 5 - 28 所示，当弓丝完全置于槽沟内时，槽沟宽度的精确度影响托槽的有效转矩。相关研究表明，方形弓丝与槽沟间的间隙会造成转矩损失，每 0.025mm 的余隙造成的 4° 的转矩损失，故槽沟精度需要控制在 0.05mm 误差范围内，矫治中的牙弓牙列形态的改变如图 5 - 29 所示。

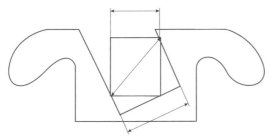

图 5 - 28

方形弓丝与槽沟的匹配关系示意图

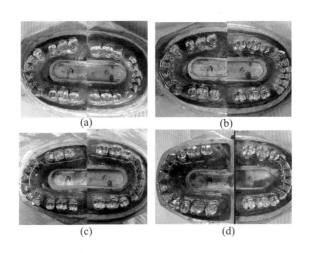

(a)　　　　　　　　(b)

(c)　　　　　　　　(d)

图 5 - 29　　矫治中的牙弓牙列形态的改变

(a)矫治前牙齿排列；(b)第一阶段完成后的牙齿排列；

(c)第二阶段完成后的牙齿排列；(d)第三阶段完成后的牙齿排列。

5.1.2　手术导板上的应用

外科手术设计、手工技能经过外科医生们数百年的努力已经很完善，但是人体感官功能、肢体功能的发挥是有限的，只有借助现代科学技术，延伸人体的功能，才能推动现代外科手术的发展。传统骨科截骨手术操作都由医生在术中凭个人经验决定，切除过程中骨钻、骨刀等手术器械难以准确定位，增加了手术时间和结果的不确定性，给患者带来极大的痛苦和健康隐患。为了克服传统手术操作复杂、准确性差、个体差异性大等问题，个性化手术导板的使用非常有必要。个性化手术模板针对患者损伤的具体情况进行个性化定制，可实现良好定位和对病变部分的准确切除，一般其设计、制作及使用的流程如图 5 - 30 所示。

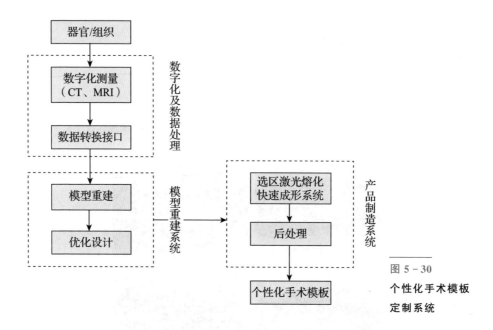

图 5 - 30
**个性化手术模板
定制系统**

本节以肿瘤切除手术导板为例，说明基于 SLM 工艺的手术导板设计制作及使用。肿瘤切除手术软组织切除范围为反应区外 20～30mm，对化疗敏感的肿瘤可减少至 10mm。骨肿瘤切标准尚未统一，创痛标准距离肿瘤边缘 50mm，但也有研究认为 20～30mm 作为截骨平面是安全的，截骨过少可导致肿瘤切除不彻底，过多则影响假体稳定以及增加松动等并发症[21]。对股骨肿瘤来说，为准确切除肿瘤，股骨肿瘤切除手术导板的设计制作及使用流程如下文所述。

1. 数字化测量

（1）数据导入 Mimics 软件。向 Mimics 软件导入目前通用的 Dicom 文件，在导入向导的指引下就可以导入整个目录下的文件或是部分文件。同时，还可以通过半自动的方式导入 BMP 格式或者 TIFF 格式的图像文件，一些其他格式的文件可以通过手动的方式导入。Mimics 软件对图像文件的处理是批量进行，因此效率较高。图 5 - 31 为 Mimics 软件显示的 MRI 文件数据。

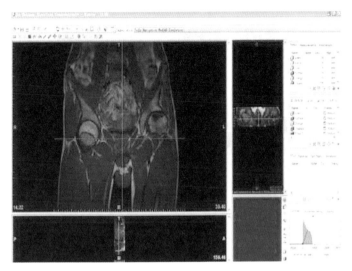

图 5 - 31
Mimics 软件显示的
MRI 文件数据

　　(2)三维重建。CT、MRI 等数字化设备测量得到的信息通常为二维图像，要进行三维数字化辅助手术模板设计就必须转化为后续 CAD 设计软件可以接收的格式，即较为通用的有点云文件、曲线曲面数据文件等。在 Mimics 软件中对二维图像进行阈值分割、区域增长、空隙填补、去除飞边等操作后，存储为能被后续三维设计软件接受的数据文件，如常用的 STL 文件、ASC 文件等。具体操作：导入原始的医学断层图片后，Mimics 软件会根据原始断层面图像计算生成冠状面图和矢状面图，患者的 CT、MRI 数据为 Dicom 文件的横断面图像，一般既包括骨骼组织，也包括肉体组织，不同组织在 Dicom 文件图像中的灰度值不同，可通过 Mimics 软件中的阈值分割功能将骨骼组织提取到一个蒙罩(mask)中，然后才能生成手术部位三维模型，并保存为 STL 文件输出；将获得的 CT、MRI 医学图像数据输入 Mimics 软件，通过阈值分割(thresholding)、区域增加(region growing)、多义线计算(calculation of polyline)、轮廓修补(patching of contour)等对感兴趣的区域(region of interest，ROI)——股骨头，进行三维重建(图 5 - 32)。为了得到清楚的股骨头模型数据，在阈值设定时候，要把股骨头与周围的软组织区分开来，阈值不能设得太高，容易把骨质部分也去掉，也不能设得太低。重建模型后，Mimics 软件还提供了一系列模块，通过这些模块可以将三维模型用于 FEA 分析、生成快速成形接口文件或者输出到相应的 CAD 软件中如 Image ware、UG 或者 Pro/E 中进行后续的设计和处理工作，例如：在三维模型基础上做手术规划、模拟，设计对应的个性化外科手术模板。

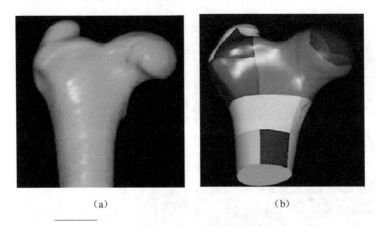

(a)   (b)

图 5 - 32　股骨 CT 图像的预处理与股骨切除设计模型

(a)股骨 CT 图像的预处理；(b)股骨切除设计模型。

2. 数字化模型优化设计

在曲面构造方法方面，大部分专用的逆向工程软件以三角 Bezier 曲面为基础，数据转换过程中会存在数据丢失问题从而产生一定的误差。而 Image ware、Catia、Pro/E 和 UG 等通用软件都采用 NURBS 曲面模型，因此这类软件更适合于医学建模，在实际应用中根据情况可以选择这类软件进行模型重建与优化设计。医学图像处理软件 Mimics，能将 CT 或 MRI 数据直接而快速地转换为三维 CAD 数字模型文件，在医学建模中具有其独有的优越性。因此在实际运用中可以充分利用这些软件各自的优点，相互结合使用。

3. 计算机辅助设计模板及模拟手术操作

在病灶部位的 CAD 模型基础上，根据医学应用需求，进行模型重建、手术规划与数字化预演以及相应的辅助模板的设计。根据手术设计需要截取的范围，构建出手术模板的曲面，并进行偏移、合并、实体化。由于手术模板主要用于术中截骨，因此需要在生成的实体上按手术方案采用计算机辅助设计引导截骨模板，术中引导截骨范围、方向等(图 5-33)，以 IGES 文件输出其片体结构。而后进一步采用 UG 软件对设计的模板进行缝合形成实体，进一步补充设计，建立引导截骨模板 CAD 模型。同时为了准确限制截骨深度、宽度，CAD 设计个性化的骨凿以便于术中准确截骨(图 5-34)，模拟在手术模板的引导下利用个性化骨凿施行截骨术(图 5-35)。

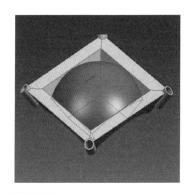

图 5 - 33　模板与股骨头球面匹配

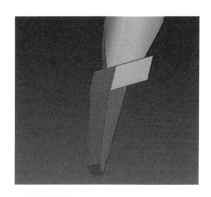

图 5 - 34　骨凿剖面的特殊设计

图 5 - 35

模板引导下骨凿截骨

　　由于股骨头呈球形，组织工程修复骨缺损的支架应与其外形、大小完全匹配，普通的修剪方法难以做到与其一致。因此，我们采用计算机辅助设计技术及逆向工程技术，设计了修剪异体股骨头的辅助修剪模板和修剪异体骨的个性化骨凿（图 5 - 36），可在术前就制备出与骨缺损形态、大小完全一致的异体骨支架植入物（图 5 - 37），从而节省整个手术的时间。

图 5 - 36　异体骨修剪骨凿的剖面特殊设计

图 5 - 37　模板引导下修剪异体骨

4. 成形数据获取

将设计好的三维数字模型(通常为 STL 文件)导入快速成形数据处理软件 Magics(来自 Materialize 公司),根据零件的实际情况进行支撑的自动添加或辅以手动添加然后进行切片处理,将三维信息转化为二维轮廓信息,从而得到 SLM 设备可处理的 Cli(common layer interface)格式层片数据。采用专用的扫描路径规划及生成软件对层片数据逐层添加路径,即可完成选区激光熔化快速制造前的数据准备(图 5-38)。

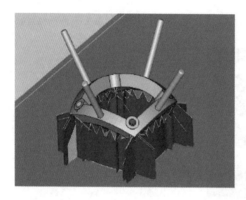

图 5-38

用 Magics 软件添加支撑

5. 术前处理

直接成形的金属手术模板要应用于临床,只需要做简单的后处理,如去除支撑以及表面的简单打磨(图 5-39),再进行高温消毒后就可以满足临床医学应用要求,投入到手术现场(图 5-40)。

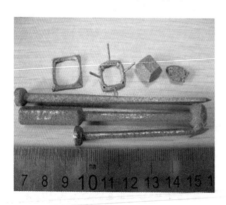

图 5-39 **用 SLM 工艺成形的手术辅助器械图**

图 5-40 **成功切除软骨病变部位**

5.1.3　个性化植入物上的应用

个性化植入体设计的依据和出发点是为满足植入要求，实现人体组织或器官病患部位的修复与重建。因此，在进行个性化植入设计时必须考虑植入体的力学性能、生物相容性、可制造性和与周围骨组织的匹配性等要求，这些设计要求是个性化植入体能否成功应用的关键，如图 5 - 41 所示。

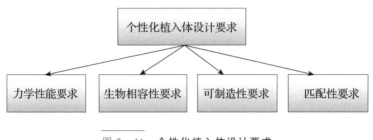

图 5 - 41　个性化植入体设计要求

常用的参数化设计方法主要应用于参数化个性化植入体和参数化个性化多孔植入体的设计。个性化是个性化植入体的主要特征，依据病人病患部位进行修复和重建。现有的多孔植入体设计和成形方法多为以下三种：①先设计出多孔结构模型，然后与重建的三维实体模型进行布尔运算得到多孔植入体；②通过在重建后的植入体表面添加加强筋等的方法设计多孔植入体；③在粉末颗粒中加入发泡剂直接烧结成形。采用上述方法设计或成形的植入体，存在建模过程复杂、效率较低，植入后生物相容性差、易松动、匹配性差和成形效果差等缺点。应用参数化建模方法建立植入体，个性化实体植入体可通过改变输入参数调整各个曲面位置、大小等，个性化多孔植入体可通过调整输入参数调节多孔结构孔隙率、平均孔径和表面积体积比等，通过采用有限元运动受力分析的方法，逐步优化设计，从而使个性化植入体受力均匀。采用增材制造的方法，使参数化个性化植入体和参数化个性化多孔植入体的结构形状不再受成形工艺条件的限制，可实现任意复杂几何结构植入体的直接制造。

1. 固定型膝关节假体

膝关节置换技术与假体设计技术在各自的发展史上交相辉映。手术技术的发展催生了新的假体设计理念，新的假体设计方法又推动着手术技术的发展。膝关节假体既是一种重要的医疗器械，也是一种成熟的工业产品，它集合了先进制造技术和先进设计理念。可以说在膝关节置换领域，膝关节假体是连接医学技术和工学技术的重要桥梁，只要了解膝关节置换手术和膝关节假体的发展历史，就能够深刻地感受到这一点。

最初解剖型假体和 PS 型假体的差异化设计在现代膝关节假体的设计发展中逐渐融合，常见的商用膝关节假体既保留了后稳定机制的结构设计方式又保留了胫骨假体后方的凹槽设计。与此同时，现代膝关节假体也逐渐重视膝关节的解剖特点，由最初的内外侧对称式的设计向非对称式设计转变，出现了旋转平台型假体以改善屈膝运动的受力和摩擦特性。

现代膝关节假体的设计种类虽然复杂多样，但都是为了达到更好的使用效果、更加理想地恢复膝关节多自由度的运动和受力过程。进行膝关节假体置换的目的在于使患者膝关节运动恢复至正常水平，但膝关节的运动特点始终是因人而异的，并且不同的患者对膝关节的使用要求也各有不同，因此是否需要恢复患者膝关节的原始形貌和运动特征成为人们逐渐关注的问题。随着先进制造技术和先进设计方法的出现，个性化的膝关节假体逐渐成为新的发展趋势。

不同于传统 TKA 手术根据患者膝关节尺寸挑选膝关节假体型号的方式，个性化的 TKA 手术过程可以根据患者自身特点，如膝关节的尺寸和受损情况来定制手术方案，并完成假体的个性化设计和制造，金属增材制造技术的发展为上述过程的实现创造了很好的条件。目前，Zimmer 公司在其使用较为广泛的 NexGen 型假体的基础上，推出了可以实现个性化定制的 Persona 膝关节假体，如图 5 - 42 (a)所示。Itotal 假体是 Contormis 公司推出的基于金属增材制造的个性化膝关节假体，如图 5 - 42(b)所示。

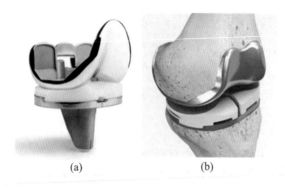

(a)　　　　　　　(b)

图 5 - 42

Persona 假体与 Itotal 假体

（a）Persona 假体；（b）Itotal 假体

假体的匹配性是假体设计和使用过程中普遍存在的难题，原因在假体的设计过程中无法针对患者的个体化差异进行调整。商用膝关节假体产品也在设计上不断进行优化和改进，如将最初的对称式设计转变为更符合解剖特征的非对称式设计。现行的设计方法依据仍然是传统的切骨重建，如膝关节植入体的个性化依据是传统的"5 刀法"切骨，会导致未发生病患部位被切除的可能性，另外，传统的设计方法存在建模过程复杂、建模效率较低的缺点。

假体植入物超出截骨面会与软组织产生不良的相互作用，而裸露的截骨面则会增加术后出血或骨组织异常生长的风险。假体的不良匹配会导致膝关节痛、假体松动和下垂等症状，在对胫骨平台覆盖率的研究中，发现采用非对称式的设计方式可以显著地提高截骨面的覆盖效果。

悬垂（overhang）和悬伸（underhang）是目前广泛采用的用于衡量假体匹配性的指标，悬垂指假体边缘超出截骨面轮廓的最远距离，悬伸指截骨面轮廓超出假体边缘的最远距离。通过测量悬垂和悬伸的长度可以直观地判断假体在截骨面上的匹配程度。Shinya 等[22]对日本人股骨远端形态进行测量并与股骨假体组件进行了比较，同样指出了假体的匹配性问题，同时建议采用相对较窄的股骨假体，股骨前缘应相对于远侧和后侧方向移动 2～2.5mm，以提供最佳的股骨覆盖效果。

膝关节假体的设计方法包括逆向设计、正向设计两种，同时，设计完的假体亦需通过一定的匹配方法进行设计质量保证。

1）膝关节假体逆向设计[23]

（1）下肢力线的重建。膝关节置换手术涉及的主要解剖轴线包括下肢力线、股骨机械轴、股骨解剖轴、外科上髁线、胫骨机械轴和胫骨解剖轴，各轴线的位置分别如图 5 - 43 所示。下肢力线又称下肢机械轴，起点为股骨头中心，终点至踝关节中心，正常的下肢力线应该穿过膝关节中心或偏侧。当膝关节中心向内或者向外偏离下肢力线时，会出现膝关节外翻或者内翻的现象。术后下肢力线是否准确，是衡量膝关节置换手术效果的重要评判标准。

股骨机械轴起点为股骨头中心，终点至膝关节中心，正常膝关节股骨机械轴线应与下肢力线在冠状面上重合；股骨解剖轴是股骨干的中心轴线，股骨机械轴和解剖轴的夹角因人而异，变化范围较大，通常都在 5°～7°范围内；胫骨机械轴和胫骨解剖轴重合，是膝关节中心穿过胫骨骨干中心至踝关节中心的轴线，胫骨机械轴和股骨机械轴在冠状面上的夹角称为髋膝踝角，正常的髋膝踝角应该为180°或略小于180°。外科上髁线是穿过股骨远端外上髁凸点至内上髁凹点的轴线，也是膝关节置换手术过程中的重要参考轴线，被认为是膝关节屈膝运动的中轴线。

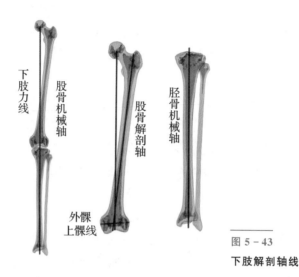

图 5 - 43

下肢解剖轴线

通过 CT 或 MRI 扫描得到的断层图像数据经过三维重建并得到符合设计要求的下肢三维模型后，如何建立下肢的解剖轴线和坐标系是假体的个性化设计过程需要解决的基础问题。

下肢力线、股骨机械轴线和胫骨机械轴线等解剖轴线的重建是假体设计的重要基准，如何确保这些轴线的准确性是假体设计需要解决的首要问题。传统的下肢力线重建方法多数是基于 X 光片上的二维图像，这种方法只能对力线在冠状面上的投影进行重建，并且其准确性较低，患者在摄像过程中下肢位置和角度的轻微变动都会对结果产生不可预测的偏差。另外，由于设计工作是在三维空间中进行，而 X 光照片作为一种二维图像，其上的一条直线在三维空间中表示一个平面，这也是采用 X 光照片进行下肢力线重建工作的局限性。基于此，利用增材制造技术在三维空间中对下肢力线以及相关解剖轴线进行了重建。

①下肢力线的重建。将三维重建后的下肢数据导入参数化设计软件 UGNX 11.0 软件中，通过曲面拟合将股骨头拟合为球面，如图 5 - 44 所示，提取球心点 O，提取踝关节中心点 A，连接 OA 得到患者的下肢力线。

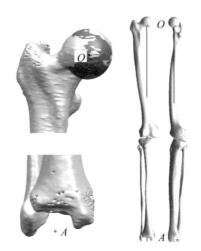

图 5 - 44
下肢力线的重建

②外科上髁线的重建。提取股骨内上髁的凹点中心点 B 和股骨外上髁的凸点中心点 C，连接 BC 得到外科上髁线，如图 5 - 45 所示。

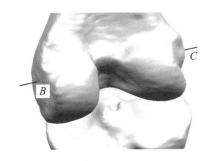

图 5 - 45
外科上髁线的重建

③股骨机械轴线和胫骨机械轴线的重建。以股骨头拟合的球面中心 O 点为起点，至股骨髁间窝凹点的连线作为股骨机械轴；以胫骨平台髁间棘中心为起点、踝关节中心为终点的连线为胫骨机械轴，同时也是胫骨的解剖轴。对于股骨而言，股骨机械轴线和股骨解剖轴并不重合，通过提取股骨干和股骨髓腔的截面轮廓曲线，并根据各截面轮廓曲线的中心点拟合得到的直线作为股骨解剖轴，两轴线的夹角约为 $6°$，在膝关节假体的设计中，股骨解剖轴线仅作为参考轴线。

④调整髋膝踝角。髋膝踝角指髋、膝、踝中心的连线夹角，这个夹角实际上是一个空间夹角，在 X 光正位片上测量的是该夹角在冠状面上的投影角，因此在三维空间中首先需要调整股骨和胫骨的方向。为此，这里先将空间坐

标系的原点放置在股骨机械轴上，并以股骨机械轴为股骨坐标系的 Z 方向，以外科上髁线在 XOY 平面的投影线为股骨坐标系的 X 方向，此时 ZOX 平面即为股骨的冠状面，而 ZOY 平面即为股骨的矢状面。以同样的方式，可以得到胫骨坐标系并确定胫骨的冠状面以及矢状面，如图 5-46 所示。随后，在冠状面上调整股骨和胫骨的位置，使股骨机械轴与胫骨机械轴重合。

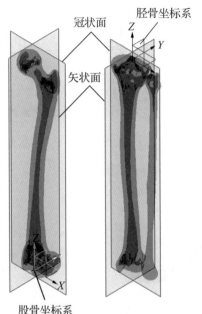

图 5-46

股骨和胫骨坐标系

（2）个性化截骨。截骨面不仅是假体设计过程的基准平面，也是 TKA 手术过程中安放假体的基准面，TKA 手术的过程即切除多余的骨组织暴露出准确的截骨面的过程。因此，如何确定截骨面的位置不仅影响假体的设计也影响着手术的结果。这里参考国内 TKA 手术中使用较为广泛的 Zimmer 公司的 NexGen PS 型假体的截骨方式，并根据患者膝关节的受损情况和结构特殊性对截骨面的位置和角度进行了个性化调整。

股骨截骨分为五个方向，分别为股骨远端截骨、前髁截骨、后髁截骨、前髁角截骨和后髁角截骨，胫骨平台为后倾一定角度截骨，各截骨面的位置和方向如图 5-47 和图 5-48 所示。通过截骨角度和截骨量来定位截骨面，其中截骨量指截骨面距离被切除的骨组织表面最远点（外轮廓基准面）的距离。

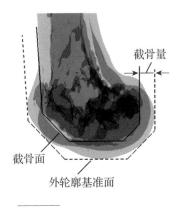

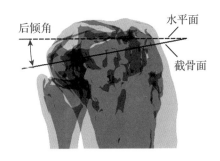

图 5 - 47　**股骨截骨面的位置**　　　　图 5 - 48　**胫骨截骨面的位置**

（3）解剖特征的提取。在传统的膝关节假体设计过程中，通常测量截骨面前后径和内外径的长度并进行统计学分析以提高假体截骨面的匹配程度，但这种非连续的尺寸所包含的患者膝关节结构特征信息非常有限，无法满足患者对假体的个性化需求。因此在对假体进行个性化设计时，采用逆向设计的方法将患者的膝关节模型进行重建，可以实现假体的一对一设计。在进行假体截骨面轮廓的设计过程中，可以提取各截骨面上的骨面轮廓特征以得到截骨面形状的完整信息，从而有效提高假体在截骨面上的匹配性。同样地，在进行假体关节曲面的设计过程中，尤其是在膝关节股骨假体的曲面设计过程中，可以通过截取各平面上股骨表面的轮廓特征，构造高质量的参数化曲线，以实现与患者股骨外形高度贴合的股骨假体关节曲面的设计。

2）假体的正向设计[23]

（1）假体轮廓的个性化设计。如前所述，截骨平面的匹配性差是目前商用膝关节假体比较普遍的现象，原因在采用固定型号的假体，其在截骨平面上的轮廓形状无法满足患者的个性化需求。在膝关节假体的个性化设计过程中，尝试通过对患者截骨面轮廓进行参数化拟合的方法提高假体轮廓的匹配性，增加覆盖率的同时降低了假体的过覆盖程度，同时也保证了假体轮廓在外观上的流畅性。

在确定股骨远端和胫骨平台的切骨平面之后，通过计算机模拟切骨，切骨后的股骨远端和胫骨平台形状如图 5 - 49(b)和图 5 - 50(b)所示，提取股骨远端和胫骨平台上的各个切骨平面轮廓形状，如图 5 - 49(c)和图 5 - 50(c)所示。对于股骨远端，其切骨平面较多，切骨轮廓较复杂且不在同一个平面，为便于轮廓曲线的拟合，这里将股骨远端各切骨平面的轮廓曲线在水平切骨平面展开，并用光滑的参数曲线拟合，如图 5 - 49(e)所示。将拟合后的股骨远端切骨轮廓曲线还原到展开前的位置，如图 5 - 49(f)所示，并作为假体轮廓曲面造型的特征引导曲线。胫骨平台的切骨平面只有一个，可以方便地将原始的不规则切骨平面轮廓曲线拟合为光顺的参数化样条曲线，如图 5 - 50(d)所示。

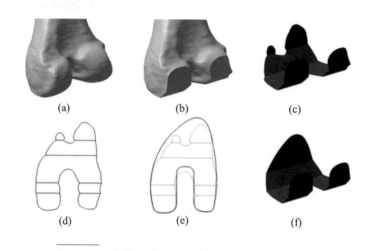

图 5 - 49　个性化膝关节股骨假体切骨轮廓优化过程

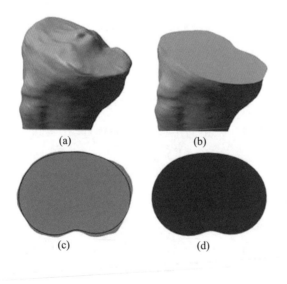

图 5 - 50

个性化膝关节胫骨平台切骨
轮廓优化过程

（2）关节曲面的个性化设计。

①股骨滑车曲面的个性化设计。股骨滑车曲面的形状影响着屈膝运动过程中的髌骨轨迹，滑车曲面的匹配程度低会导致髌骨运动轨迹异常从而间接影响屈膝运动，严重的甚至会导致患者术后出现膝前痛的症状，髌骨轨迹不正常是导致 TKA 手术失败的重要原因之一[24]。

以还原股骨滑车面的轨迹和形状为目标，可提出个性化膝关节股骨假体的滑车曲面设计方案。提取股骨解剖轴线且平行于 Y 轴的平面上髌股关节面的截面轮廓曲线，拟合为曲率连续的参数化三次样条曲线，在样条曲面的法向平面提取髌股关节面的轮廓曲线，并拟合为参数化三次曲线。以拟合得到的样条曲线为引导曲线，创建出与股骨原生骨面高度贴合的参数化曲面。

②胫股关节曲面的个性化设计。股骨后髁曲面位于股骨远端至后髁与胫骨接触的骨面区域，是完成膝关节屈曲运动的接触面。在解剖结构上，股骨远端内外后髁的形状大小和空间位置都是存在差异的，正常的股骨在结构上内侧髁内外宽度要窄于外侧髁，而在空间位置上，内侧髁通常要比外侧髁靠下、靠后，从矢状面上观察，内外侧髁截面轮廓线的曲率变化也不相同，这就给股骨假体的个性化设计方案提出了多种解决途径。目前常见的商用膝关节股骨假体，其内外后髁关节曲面的形状通常是相同的，这种设计简化了膝关节的结构也简化了膝关节的运动过程，但是与膝关节的解剖结构是不相符的。采用矢状面上的特征曲线和曲线法平面的截面轮廓曲线这两条参数曲线来定义假体关节曲面的设计方法，在完成了个性化股骨滑车曲面和胫股关节曲面的造型之后，对各曲面进行拼接，个性化全膝关节假体的设计效果如图 5 - 51 所示。

图 5 - 51
个性化膝关节假体的设计效果

3) 量化假体匹配性[23]。

为了便于对膝关节股骨假体在截骨面和外形上的匹配程度进行量化分析，本书提出了股骨假体截骨面覆盖率和假体重合度两个指标来衡量假体的匹配性，并用过覆盖率和欠覆盖率以及过重合度和欠重合度来量化假体的不匹配性，并希望通过上述指标来指导股骨假体的个性化设计。

参考胫骨截面覆盖率的计算公式：假体骨质覆盖率(%) = (胫骨平台假体面积/胫骨平台截骨面面积)×100%，定义股骨截面覆盖率、过覆盖率和欠覆盖率的计算公式为

$$\varepsilon = \frac{S_c}{S_f} \times 100\% \tag{5-1}$$

$$\varepsilon_o = \frac{S_o}{S_f} \times 100\% , \quad S_o = S_p - S_c \tag{5-2}$$

$$\varepsilon_e = \varepsilon - 1 \tag{5-3}$$

式中：ε 为股骨截骨面覆盖率；ε_o 为股骨截骨面过覆盖率；ε_e 为股骨截骨面欠覆盖率；S_c 为股骨截骨面上假体覆盖区域的总面积；S_f 为股骨截骨面的总面积；S_p 为假体的截骨面的总面积；S_o 为假体上超出截骨区域的总面积。

以 S_{ci}、S_{fi} 分别表示股骨截骨面 $i (1 \leqslant i \leqslant 7)$ 上被假体覆盖区域的面积和截骨面的面积，那么

$$S_c = \sum S_{ci}, \quad i = 1,2,\cdots,7 \tag{5-4}$$

$$S_f = \sum S_{fi}, \quad i = 1,2,\cdots,7 \tag{5-5}$$

截骨面 $i (1 \leqslant i \leqslant 7)$ 的覆盖率可表示为

$$\varepsilon_i = \frac{S_{ci}}{S_{fi}} \times 100\%, \quad i = 1, 2, \cdots, 7 \tag{5-6}$$

以 S_{pi} 表示股骨假体的截骨面 $i (1 \leqslant i \leqslant 7)$ 的面积，S_{oi} 表示股骨假体截骨面 i 上过度覆盖区域的面积，那么

$$S_{oi} = S_{pi} - S_{ci}, \quad i = 1,2,\cdots,7 \tag{5-7}$$

$$S_o = \sum (S_p - S_c), \quad i = 1,2,\cdots,7 \tag{5-8}$$

截骨面 $i (1 \leqslant i \leqslant 7)$ 的过覆盖率和欠覆盖率可表示为

$$\varepsilon_{oi} = \frac{S_{oi}}{S_{fi}} \times 100\%, \quad i = 1, 2, \cdots, 7 \quad\quad (5-9)$$

$$\varepsilon_e = \varepsilon_i - 1, \quad i = 1, 2, \cdots, 7 \quad\quad (5-10)$$

股骨假体是膝关节假体的核心组件，其结构较胫骨托复杂，切骨平面更多，且关节曲面形状不规则，若仅采用截骨面覆盖率这一指标，无法全面分析股骨假体在外形上的匹配性。对于个性化膝关节假体，优势主要集中在股骨假体的个性化结构上，由于患者膝关节结构的独特性，采用不同的设计和制造方法得到的个性化假体，其外形的匹配程度必然是假体个性化程度的重要评价指标。于是这里提出股骨假体重合度的概念来量化股骨假体在外形上的匹配性，同样地，将假体重合度的概念细化为过重合度和欠重合度两个指标。

参考截骨面覆盖率的定义方式提出股骨假体重合度指标：股骨重合度是指植入后的股骨假体与被切除的骨组织在空间上的重合程度，以 ρ 来表示股骨假体重合度，计算公式可表示为

$$\rho = \frac{V_c}{V_b} \times 100\% \quad\quad (5-11)$$

式中：V_c 为假体植入后的股骨假体与原骨组织重合区域的体积；V_b 为切除的骨组织的体积。

同时，引入假体过重合度和欠重合度的概念，用来衡量假体在外形上的过度重合程度和欠重合程度，用 ρ_o 表示假体过重合度，ρ_e 表示假体欠重合度，则 ρ_o 和 ρ_e 的计算公式可以表示为

$$\rho_o = \frac{V_o}{V_p} \times 100\%, \quad V_o = V_p - V_c \quad\quad (5-12)$$

$$\rho_e = \rho - 1 \quad\quad (5-13)$$

式中：V_o 为植入的假体超出原骨组织部分的体积；V_p 为假体的有效体积。

2. 生物型关节植入体

目前，国内手术中采用的植入体大部分是国外进口的产品，与中国人种的匹配程度和相似度较低。图 5-52（a）为国外膝关节股骨植入体植入后与中国人的匹配情况，可看出红色标注部分股骨前外髁与人体骨基本没有接触，匹配程度较低，易导致植入体松动。在实际手术过程中，经常出现为实现植入体匹配切除未发生病变的骨的情况，造成不必要的骨损失。图 5-52（b）中

红色标注部分为采用少量切骨后与植入体匹配情况，可发现股骨后内髁与人体骨没有接触，必须加大切骨量才能实现与现有植入体的匹配。个性化植入体设计的关键为个性化切骨，因此，为实现真正的个性化植入体手术，对股骨关节面或其他植入体的再设计显得非常必要。

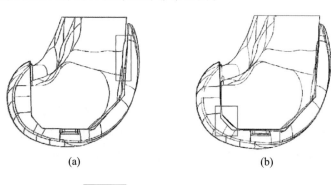

(a)   (b)

图 5 - 52 个性化切骨存在的问题

(a)股骨前外髁与人体骨匹配情况；(b)股骨后内髁与人体骨匹配情况。

当前，膝关节植入体采用的切骨方式通常为"5 刀法"，即根据现成的系列化产品尺寸，沿着股骨后外髁、股骨后内髁、股骨远端、股骨前外髁和股骨前外髁"5 刀"切除，图 5 - 53 为依据"5 刀法"切骨提取切骨面建立的股骨植入体模型。采用"5 刀法"切骨可能会导致未发生病患部位被切除，众所周知骨的价值比黄金更高，因此，怎样在保证匹配性的前提下，尽量减少切骨量，成为了个性化植入体设计的关键。激光选区熔化(SLM)成形技术的出现为个性化植入体的应用提供了可行性。

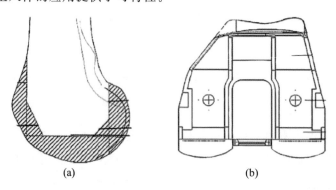

(a)   (b)

图 5 - 53 股骨植入体的设计

(a)股骨"5 刀法"切骨；(b)股骨植入体设计对应面。

传统个性化植入体的设计过程复杂、效率较低，下面以膝关节植入体为例介绍参数化个性化设计。膝关节植入体的参数化个性化设计关键在于个性化切骨，通过参数化编程，医生可在不需要专业设计人员的情况下，通过简单的尺寸测量，选择合适模型，输入控制参数调整切骨量。医生将设计好的模型给加工人员，通过激光选区熔化成形设备直接成形，实现真正的诊断—设计—制造一体化。膝关节股骨植入体的参数化个性化过程如下：

①根据以往病例建立膝关节植入体模型数据库；

②通过 CT 或 MRT 扫描获取病人病患部位图像，根据病人病患部位选择切骨量，获得病人病患部位切骨尺寸；

③根据病人病患部位切骨尺寸，从数据库中选择与其相近的假体模型，导入 Rhinoceros 软件；

④打开 Grasshopper 插件进行电池图程序的编写，利用 Surface 电池分别读取五个切骨面股骨后外髁、股骨后内髁、股骨远端、股骨前内髁和股骨前外髁，如图 5 - 54 所示。

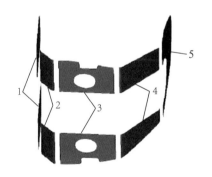

1—股骨后外髁；2—股骨后内髁；
3—股骨远端；4—股骨前内髁；
5—股骨前外髁。

图 5 - 54
股骨假体切骨面

⑤进行曲面的缝合、移除数据分支、平整数据、简化数据；

⑥根据病人病患部位切骨量的大小，偏移股骨假体切骨对应面，设置偏移方向和偏移距离，设置偏移切骨曲面为实体；

⑦移除与原模型相接触的曲面，合并原实体模型与偏移后的模型；

⑧烘焙（bake）到 Rhinoceros 软件中，得到个性化切骨植入体模型。

参数化实现的个性化股骨植入体的部分电池图如图 5 - 55 所示。图 5 - 56 为输入参数调整后的股骨植入体模型，由图 5 - 56 可看出，采用参数化方法建立的模型，建模效果较好，通过上述步骤，可实现在较小切骨量的前提下，重建后的植入体模型与周围骨组织契合良好。

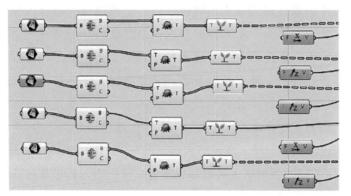

图 5 - 55

参数化个性化股骨
假体部分电池图

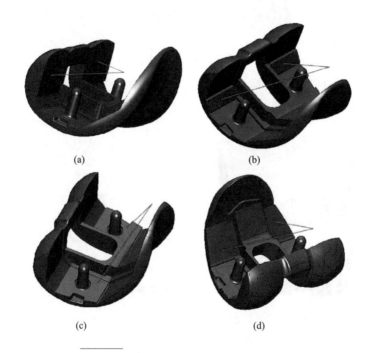

(a)

(b)

(c)

(d)

图 5 - 56　参数化实现的个性化股骨植入体

（a）股骨后外髁；（b）股骨后内髁；（c）股骨内侧；（d）股骨前内髁。

将设计完成后股骨植入体和逆向完成的股骨远端导入 Autodesk Simulation Mechanical 软件，进行有限元受力分析检查其匹配程度，对其进行改进，使其受力均匀，从而减少假体之间的松动可能性。将优化设计后假体保存为 IGES 文件，进行多孔建模。图 5 - 57 为股骨植入体和股骨远端进行受力分析后的应力分布情况。

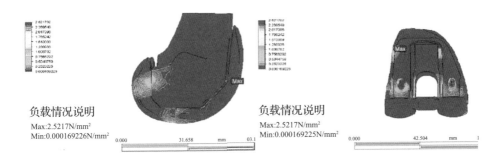

负载情况说明
Max:2.5217N/mm²
Min:0.000169226N/mm²

负载情况说明
Max:2.5217N/mm²
Min:0.000169225N/mm²

图 5 - 57　膝关节植入体有限元受力分析结果

通过建立适应曲面的桁架线，在曲面上沿曲面流动，建立桁架结构。桁架结构在受力时各杆件主要受单向拉、压力，通过合理布置桁架结构的上下弦杆和腹杆，使桁架结构内部弯矩和剪力自适应分配。在颅骨、股骨和胫骨植入体与骨组织接触部位表面建立桁架多孔结构，可在保证多孔植入体力学性能的前提下，增加周围组织的长入，减少假体松动的可能性，提高手术的成功率和使用寿命。Rhinoceros 软件中的参数化桁架结构模型如图 5 - 58 所示。

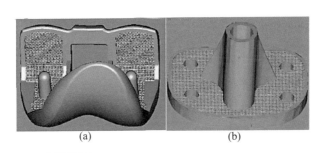

(a)　　　　　　　　　　　(b)

图 5 - 58　参数化桁架结构个性化多孔植入体
（a）股骨植入体桁架结构三维模型；（b）胫骨植入体桁架结构三维模型。

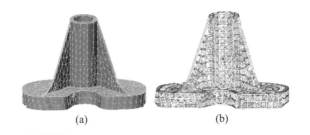

(a)　　　　　　　　　　(b)

图 5 - 59　参数化有限元结构个性化多孔植入体
（a）胫骨植入体的有限元网格划分结果；（b）生成网格后的胫骨植入体模型。

　　将结构优化后胫骨几何形体的后处理结果，从 Autodesk Simulation Mechanical 软件平台中用 Excel 表格文本形式导出，提取出模型的节点位置信息。编写电池图程序，实现参数化个性化胫骨植入体的参数化建模，通过调节输入参数来更改模型，对 Grasshopper 软件生成的模型进行平滑等操作后，复制到 Rhinoceros 软件中，实现胫骨植入体的有限元法参数化建模。图 5-59 为 Rhinoceros 软件中的有限元法参数化建模植入体模型，有限元网格线完全根据植入体模型的有限元网格划分结果生成，所设计的有限元多孔结构完全根据生成的网格线实现。采用参数化建模方法设计的多孔结构可在最大程度上减小零件的应力集中现象，实现力的最优分配（图 5-60）。

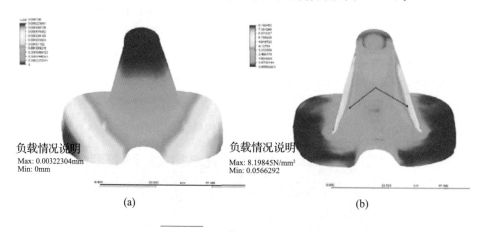

(a)　　　　　　　　　　　　　　　　　(b)

图 5-60　有限元受力分析结果

(a)胫骨植入体位移分布云图；(b)胫骨植入体应力分布云图。

3. 椎间融合器

　　使用椎间融合器是脊椎重构的一个重要方法，主要有生物型椎间融合器、金属型椎间融合器、复合型椎间融合器等。生物型椎间融合器主要以自体骨移植为基础重构脊椎，这一方式虽然可以尽可能减小排异的产生，但是存在取骨区疼痛和融合器稳定性差的缺陷，手术时间也相应较长。

　　自 1983 年 Bagby 与 Kuslish 合作制成 BAK 融合器（图 5-61）用于人体腰椎椎间融合术以来，医学上已研制出各类脊椎植入假体用于脊椎重构[25]。目前，非自体骨脊椎植入假体主要有钛网融合器、聚醚醚酮（PEEK）融合器等。

图 5 - 61

BAK 融合器

钛网融合器又称钛笼，可根据需要剪裁成不同的长度，植入脊柱后能恢复脊柱的前柱稳定性，并可基本恢复脊柱的椎间隙高度，但是由于钛网融合器边缘过于锋利，植入人体后发生沉降是大概率事件，且有断裂的风险，所以存在一定的局限性[26]。Heo 等利用钛网融合器植骨融合，治疗化脓性脊椎炎，取得了良好的效果[27]。

聚醚醚酮（PEEK）融合器（图 5 - 62）是由聚醚醚酮材料人工合成的高性能多聚体，优点是与人体骨的弹性模量接近，对于促进骨融合具有良好的效果[28]，Vaidya 等研究认为 PEEK 融合器用于腰椎融合效果良好。但该融合器植入后容易移位和沉降，也具有一定的局限性[29]。

图 5 - 62

PEEK 融合器

随着增材制造技术成形精度的不断改善和应用的不断普及，该技术也逐渐用于直接制造个性化的椎间融合器中。这里选取一例人体脊椎生物标本作为研究对象，将该研究对象寰椎切除，以新的椎间融合器置入切除部位进行脊椎稳定性重建，将其进行 CT 扫描得到相应数据，进行以下设计：

（1）将患者脊椎椎体 CT 扫描数据导入 Mimics 软件中，提取目标脊椎的三维模型数据，并在 Geomagic Studio 软件中进行模型降噪优化，得到三维实体模型数据导入三维设计软件 SolidWorks 中，如图 5 - 63（a）所示；

（2）根据前述椎间融合器植入假体的设计理论，选取上下节脊椎椎体部位为结合面，从该结合面出发，设计植入假体的多孔结构主体部分，如图 5 - 63（b）所示；

（3）在多孔结构主体结构基础上，于多孔结构周围设计少量支撑外壳，并在外壳距离上下节脊椎附近设计固定孔，以便椎间融合器假体能牢牢固定在上下节脊椎之间，维持脊椎系统的稳定性，如图 5 - 63（c）所示；

（4）完善椎间融合器植入假体整体设计，对假体边缘处增加圆角等设计，如图 5 - 63（d）所示。

至此，一个完整的连通多孔结构椎间融合器植入假体设计得以完成。

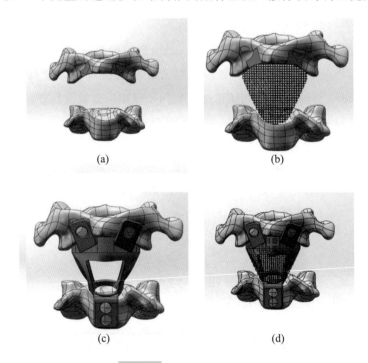

(a)

(b)

(c)

(d)

图 5 - 63　椎间融合器设计

利用光固化高精度增材制造设备进行脊椎骨的成形，将脊椎的树脂模型与 SLM 成形的连通多孔椎间融合器相匹配，如图 5 - 64 所示。

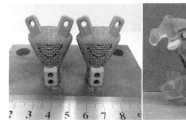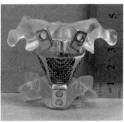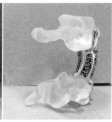

图 5 - 64　**SLM 成形椎间融合器与树脂模型匹配情况**

4. 多孔下颌骨假体[30]

随着计算机辅助技术的发展及增材制造技术尤其是 SLM 成形技术的出现，人们提出了更多的金属下颌骨假体的设计方案。借助计算机辅助技术，学者们设计出了一些具有镂空和多孔结构的下颌骨假体，并通过增材制造技术成形，甚至应用到临床中。现有的下颌骨假体的轻量化设计常表现出以下特点：

(1)一些根据下颌骨应力分布规律设计的下颌骨假体，往往具有宏观镂空结构，而不是尺寸更加微小的多孔结构，如 2012 年比利时就曾制造过一种钛合金下颌骨假体。由于不具备真正意义上的多孔结构，因此，它们不具有利于骨细胞长入植入体孔隙的优势。

(2)一些具有真正意义上的多孔结构的下颌骨假体，在设计上往往具有均匀的孔径和孔隙率。均匀分布的孔意味着在假体内部，无论是应力较低的区域，还是应力较高的区域，都具有同样密集的多孔结构，这会导致应力较低区域存在不必要的材料浪费。可见，在现有的下颌骨假体设计中，下颌骨的应力分布规律还没有被很好地用于指导下颌骨假体的设计。按照下颌骨的应力分布规律，对下颌骨假体的内部多孔结构进行有梯度、有区分的设计，将使多孔结构不必按照应力最大值下的孔隙率设计，而是可以根据不同区域受力程度的不同，呈现出一定的梯度分布。主要设计内容如下：

①个性化外壳设计。对于下颌骨假体的外部壳体结构，其优化设计主要基于假体植入部位的个性化要求，并对假体与植入部位之间的固定结构进行优化设计。

②轻量化多孔内胆设计。对于下颌骨假体的多孔内胆结构，需要进行进一步轻量化设计。简单来说，按照下颌骨的应力分布特点和规律，对下颌骨

假体内部多孔结构的孔隙率参数进行具有梯度化规律的设计，使下颌骨假体孔隙率无需均匀分布，而是可以在高应力区设计相对密实的孔，在低应力区设计相对稀疏的孔。

设计方法：经过一系列的逆向建模操作和正向设计，优化得出的下颌骨假体外壳高度个性化的外形，实现和植入部位的高度匹配。同时，在保持其一贯个性化特点的基础上，参考传统颌面外科钛板的形态，对连接植入部位两端健康骨的固定结构进行优化设计，最终设计出具有广泛借鉴价值的个性化固定翼结构。

完整的多孔下颌骨假体设计制作步骤可描述如下：

步骤一：CAD 辅助设计。为建立个性化下颌骨模型，首先将一名成年男性志愿者的头部 CT 扫描数据通过 Mimics 16.0 软件提取下颌骨部分的三角面片模型，并以 STL 文件导出，如图 5-65 所示。其次，将其导入逆向建模软件 Geomagic Studio 8.0 中进行曲面重建，经过一系列逆向建模操作，最终获得下颌骨模型 IGES 文件，如图 5-66 所示，用于后续的有限元力学模拟及个性化多孔下颌骨假体的正向设计。

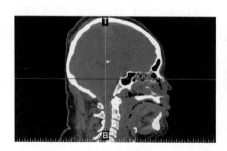 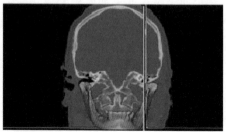

图 5-65　CT 扫描获得的下颌骨三维数字模型

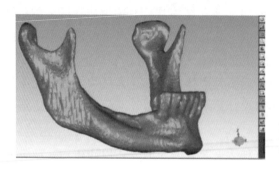

图 5-66
下颌骨模型的曲面重建

步骤二：模型的光滑处理。三角面片越多，模型越精细，但数据量越大，处理起来就越麻烦。由于仅要求下颌骨植入物能在面部形貌上与植入部位相匹配即可，对模型的还原度要求不如牙科类产品如局部义齿支架高，因此，可以考虑将模型表面进行光滑处理以减少下颌骨三角面片模型的面片数量，如图 5 - 67 所示。

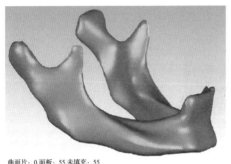

曲面片：0,面板：55,未填充：55
当前三角形：34014

图 5 - 67
光滑处理后的下颌骨三角面片模型

步骤三：生成轮廓线。得到修复后的光滑模型后，对该下颌骨模型的处理就进入到了曲面阶段。由于下颌骨模型形状不规则，因此本书采取精确曲面的方式，直接在三角面片上进行曲面拟合，如图 5 - 68 所示。构造曲面片这一步骤的目的在利用生成的轮廓线和边界线将下颌骨模型的表面划分成多个较为规则的四边形曲面区域，如图 5 - 69 所示。

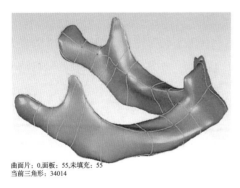

曲面片：0,面板：55,未填充：55
当前三角形：34014

图 5 - 68　**编辑轮廓线**

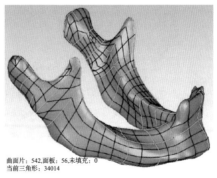

曲面片：542,面板：56,未填充：0
当前三角形：34014

图 5 - 69　**构造曲面片**

步骤四：构造格栅。选择命令"构造格栅"→"确定"，图 5 - 70 所示为本例下颌骨模型生成的格栅图，红色的部分表示构造格栅质量不佳，其原因一可能是模型太不规则，原因二可能是前期的数据处理不够好，或是轮廓线、曲面片出了问题。由于此处红色部分较少，可按照系统的提示对其进行修补完善。同时，由于红色区域本身属于下颌骨模型中曲面复杂的部分，修补效果可能不佳，因此也可直接进入下一个逆向建模的步骤。

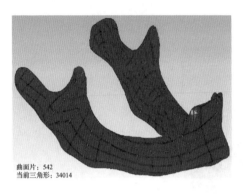

曲面片：542
当前三角形：34014

图 5 - 70
构造格栅

步骤五：拟合曲面片。完成上述操作后，选择命令"拟合曲面片"→"合并曲面"→"确定"，并另存为 IGES 文件，至此，完成了对原始三角面片模型 STL 文件到下颌骨实体模型 IGES 文件的转换。图 5 - 71 所示即为经过逆向建模操作后获得的下颌骨模型，可以看到，这是一个高度个性化的模型，该模型将被用于下颌骨正中咬合状态下的有限元分析和进一步的正向设计。

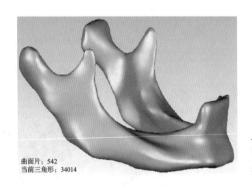

曲面片：542
当前三角形：34014

图 5 - 71
拟合曲面片后的下颌骨模型

步骤六：有限元力学模拟。将 IGES 格式的下颌骨模型导入有限元软件 Abaqus 进行力学模拟。模型导入 Abaqus 软件后，经过设置弹性模量、生成自动网格、添加约束、加载载荷等一系列步骤(图 5 - 72)，模拟得出了正中咬合状态下人体下颌骨的应力分布规律(图 5 - 73)，为指导下颌骨假体的内部多孔结构的孔隙率梯度分布设计(图 5 - 74)提供依据。

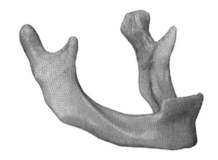

图 5 - 72

下颌骨有限元模型网格划分图

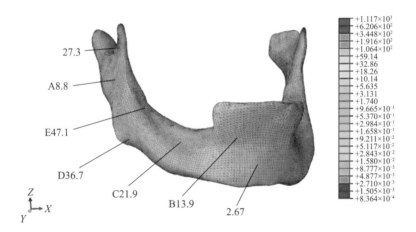

	+1.117×10³
	+6.206×10²
	+3.448×10²
	+1.916×10²
	+1.064×10²
	+59.14
	+32.86
	+18.26
	+10.14
	+5.635
	+3.131
	+1.740
	+9.665×10⁻¹
	+5.370×10⁻¹
	+2.984×10⁻¹
	+1.658×10⁻¹
	+9.211×10⁻²
	+5.117×10⁻²
	+2.843×10⁻²
	+1.580×10⁻²
	+8.777×10⁻³
	+4.877×10⁻³
	+2.710×10⁻³
	+1.505×10⁻³
	+8.364×10⁻⁴

27.3

A8.8

E47.1

D36.7

C21.9

B13.9

2.67

图 5 - 73　下颌骨松质骨模型在正中咬合状态下的正应力分布

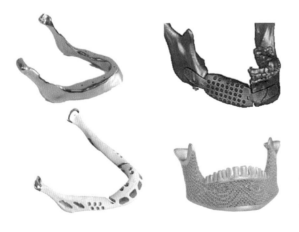

图 5 - 74

下颌骨假体的各种设计

　　步骤七：将压缩实验与 Gibson‐Ashby 抗压模型结合。使用德国万能实验机 CMT5105（100kN）以 2mm / min 的纵向位移速率对孔隙率为 60%、

65%、70%、75%、80%、85% 的多孔结构样件应进行压缩实验，以获得 SLM 多孔结构的压缩应力-应变数据（图 5-75）。成形三组每个孔隙率参数下的多孔样件，并进行三次压缩实验，取三次实验所获得的抗压强度的平均值对多孔金属材料的 Gibson-Ashby 抗压模型进行拟合，并根据拟合结果进行模型修正，最终建立起 SLM 成形镍钛合金八面体多孔结构的孔隙率参数与其抗压强度之间的数学关系。与应力区域 C 对应的个性化多孔下颌骨假体及模拟试戴如图 5-76 所示。

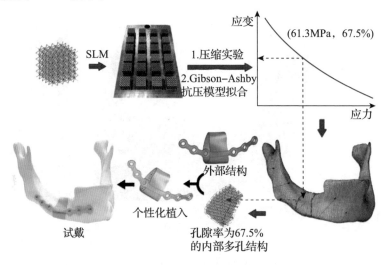

图 5-75 对下颌骨假体的轻量化设计研究思路

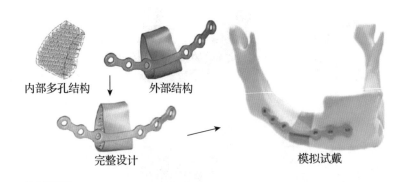

图 5-76 与应力区域 C 对应的个性化多孔下颌骨假体及模拟试戴

步骤八：用 SLM 工艺成形。将个性化多孔下颌骨假体模型导入 Magics 软件进行加工位置摆放、支撑添加以及切片处理，并采用优化后的工艺参数通过 SLM 成形设备 Dimetal－100 进行成形，最终获得图 5－77～图 5－79所示的下颌骨假体样件。

图 5－77

SLM 成形下颌骨假体

图 5－78

**超声波清洗、抛光与
喷砂后的下颌骨假体**

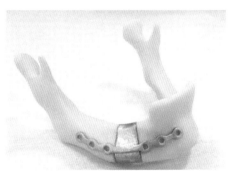

图 5－79

树脂模型试戴

5.1.4 康复辅助器具行业的应用

土耳其工业设计师丹尼斯·卡拉萨欣使用增材制造技术设计出多孔结构的骨骼固定器，并嵌入超声波装置来加快骨折部位的痊愈（图 5－80）。采用增材制造技术，能对骨折部位进行三维扫描生成数字模型，再打印出完全匹配患者肢体的固定装置，实现完美的贴合。

图 5 - 80　　与患者完美融合的康复辅助固定器具[31]

多孔结构设计与传统的石膏固定相比的好处在于通风良好，而传统石膏固定由于封闭性易造成皮肤溃疡、过敏等。与此同时，丹尼斯·卡拉萨欣加入了低频超声波，每天对骨折部位进行 20min 的超声波透射。这是一项已知的能够加快骨骼生长的技术，用在这里有望减少骨折病患 38% 的康复时间。

增材制造踝关节/足部矫形器上有很多透气孔，环状封闭系统几乎覆盖整个脚面，使其具有良好的透气性，防止出汗过多。

图 5 - 81 为设计师 Steiner 为经历过车祸的患者所设计的增材制造矫形器。患者在车祸后只能依靠轮椅或拐杖与矫形夹板行动，但是传统的矫形夹板非常重，并且外观比较笨重，影响患者康复心情。通过增材制造技术制造的这款膝踝足矫形器由于采用多孔结构，夹板质量轻，透气性良好，有较强的支撑性。增材制造技术在矫形器上的应用使其具有更大的设计自由空间，可实现复杂造型及集成的功能；在同一个矫形器中可以变换不同的材料厚度，从而增强特定部位的灵活性或硬度。

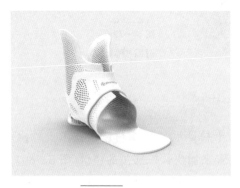

图 5 - 81　增材制造踝关节/足部矫形器[32]

5.2 航空航天领域的应用

随着增材制造技术的发展，越来越多的复杂结构可以通过增材制造技术制造出来，创新结构设计在航空航天领域的应用也越来越广泛。增材制造创新结构在航空航天领域的应用优势主要体现在以下两方面[33-35]：

1）优化零件结构，减轻质量，减少应力集中，增加零件可靠性

对于航空航天武器装备而言，更轻的质量不仅可以增加飞行装备在飞行过程中的灵活度，而且可以增加加载质量、节省燃油、降低飞行成本。增材制造技术在航空航天领域的应用在于可以优化复杂零部件的结构，在保证性能的前提下，可进行全新的结构设计，制造新型结构，促进结构设计创新，如空间点阵夹芯结构，具有结构轻、刚性好、散热好等特点。而拓扑优化无应力集中，复杂结构形式通过增材制造很容易实现。

一方面，增材制造技术容易实现产品结构一体化，可将数十个、数百个甚至更多零件组装的产品进行一体化设计，通过该技术一体制造出来，简化了制造工序，使结构更加紧凑，各个结构集成的同时大大减少了其质量与体积；另一方面，一体化结构可节约制造和装配成本，消除装配误差。而且通过优化零件结构，能使零件的应力呈现出最合理的分布，减少因疲劳裂纹产生的危险，从而增加其使用寿命。通过合理复杂的内流道结构实现温度控制，使设计与材料的使用达到最优化。

增材制造技术可通过最优的结构设计来显著减轻金属结构件的质量，从而节约昂贵的航空材料，降低加工成本，实现载荷的均匀分布，提升产品在复杂工况条件下的可靠性与稳定性，延长零件使用寿命，使结构质量占比大幅下降。

2）轻量化结构提高材料的利用率，节约昂贵的战略材料，降低制造成本

航空航天制造领域大多使用价格昂贵的战略材料，比如像钛合金、镍基高温合金等难加工的金属材料。传统制造方法对材料的使用率很低，一般不会超过10%，甚至仅为2%～5%。材料的极大浪费也就意味着机械加工的程序复杂，生产周期长。如果是那些难加工的零件，加工周期会大幅度增加，制造周期明显延长，造成制造成本的增加。

金属增材制造技术作为一种近净成形技术，只需进行少量的后续处理即可投入使用，材料的使用率达到了 60%，有时甚至在 90% 以上。这不仅降低制造成本，节约原材料，更符合国家提出的可持续发展战略。

当前，增材制造技术已引起全球重视，并已经从研发转向产业化应用。麦肯锡咨询公司、美国《国防》杂志社等机构均将增材制造技术视为未来最具颠覆性的技术之一。增材制造技术的主要应用领域包括电子设备及消费品、汽车及零部件、生物医疗、工业设备等，特别是其在航空航天领域中的应用正逐步深化。

增材制造技术不仅突破了传统制造工艺对复杂形状的限制，使几乎任意形状都可以加工，与航天产品轻量化的结构设计思路高度契合，还使设计人员拥有几乎无限的结构设计空间，可以大幅度提升结构性能，挖掘现有材料的潜力。目前，增材制造技术在航天领域中的应用可以分为三个层次：

(1) 利用增材制造技术研发新材料、新结构。通过研发适用航空航天产品的高强轻质的新材料、新结构，为航天器结构设计提供更坚实的物质基础。

(2) 利用增材制造技术直接制备航空航天产品，可以实现航天产品的低成本、短周期、小批量的制造，缩短概念设计到产品定型的研制周期，推动航天器设计制造水平的提升。

(3) 增材制造技术在空间环境的应用，可以真正实现空间制造。研究增材制造技术、材料对空间环境的适应性，有助于实现就地取材、快速制造、实时维修，对人类实现星际旅行，地外生存具有跨时代的意义。

5.2.1 航空天线的应用

天线被广泛应用在民用飞机、军用飞机、卫星、无人机以及地面上的电子终端中。然而，目前的天线，特别是航空航天中使用的 RF 天线，在质量方面还需要进一步减少，天线的设计也有继续优化的空间。

美国的创业型企业 Optisys 公司采用激光选区熔化技术金属增材制造设备进行天线的直接制造，通过仿真技术和金属增材制造设备对天线进行了设计优化与制造，在实现天线轻量化方面取得了进展，如图 5-82 所示。这种功能集成式的增材制造天线，比传统工艺制造的天线质量减少了 95%，交货时间由 11 个月减少为 2 个月，生产成本减少了 20%～25%。借助增材制造技术，Optisys 公司可以制造出以往难以制造的复杂结构，包括天线中的晶格结构等，使其在产品的设计和性能方面获得了提升。

图 5 - 82　美国 Optisys 公司的 3D 打印天线阵列[36]

天线支架是一种具有复杂形状的薄壁类零件，主要作用是支撑传感器。天线支架最初采用铝合金材料通过传统的减材制造方法加工而成，但由于设计之初考虑了传统加工方法的各种约束，因此，加工出的天线支架普遍偏重。

瑞士苏黎世 RUAG Space 公司是欧洲航空航天行业的领先设备供应商。Altair 公司的产品设计团队利用其先进的拓扑优化技术帮助 RUAG Space 公司设计和优化了有史以来最长的工业级 3D 打印航天部件之一——3D 打印天线支架[37]。

RUAG Space 公司与 Altair 公司合作，对这种支架进行了重新设计，使其更适于增材制造技术。Altair 软件使他们可以充分利用增材制造技术带来的设计自由度，优化该部件的拓扑结构，使其只使用必要数量的材料。该部件最后交由德国 3D 打印厂商 EOS 将其打印出来，成品的质量被削减了一半，而且刚性更为出色。3D 打印天线支架的仿真驱动式设计流程与装配如图 5 - 83 所示。

RUAG Space 公司选择了 Altair 产品开发部门对 3D 打印流程的设计提供支持，因为 Altair 公司在开发和利用优化技术方面具有丰富的专业知识。借助优化方法，制造商可确定哪些材料在结构中是必不可少的，而哪些材料在移除后不会对性能造成负面影响，并就此来减少质量。通过优化过程可确定理想的材料布局，而通过增材制造技术则可构造出更接近这一理想设计的形状。

Altair 优化技术和增材制造技术的巧妙结合使轻量化设计上升到一个全新的高度，这种制造流程能够制造结构高效的部件，而刚度更高、质量更轻的部件极大程度地减少了发射航天器和卫星的成本。未来，使用 3D 打印机制造整个卫星结构将有望成为现实。这意味着，电气线束、反射器、加热管等现在只能单独制造的部件，将能够直接整合到结构元件中。

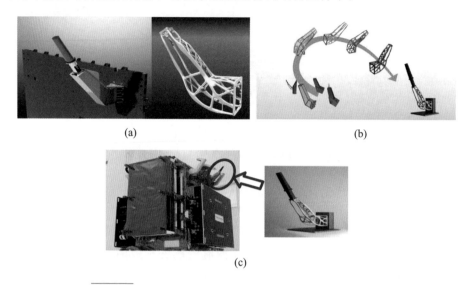

(a)　　　　　　　　　　　　　　　　　　　(b)

(c)

图 5 - 83　3D 打印天线支架的仿真驱动式设计流程与装配

(a)天线支架初始设计；(b)天线支架的最终设计；(c)天线支架的优化设计过程。

华南理工大学的增材制造研究团队以空间站载荷船舱外天线支架为例，验证了基于 SLM 工艺的结构优化设计策略的可行性。天线支架原设计采用材料为 2A14 - T6 铝合金，为复杂异型薄壁件，采用传统加工工艺成形的支架容易翘曲变形，难以保证舱外天线支架的装配面与舱体紧密贴合。本书通过改变制造工艺对设计思路的限制，以功能优先和减重为准则，实现空间站舱外天线支架的轻量化设计。

该案例中，通过对天线支架进行拓扑优化，在保证使用性能的前提下，去除了冗余材料，获得了天线支架的最优轻量化结构，应用基于增材制造的重设计方法对构件进行设计，并通过形状优化进一步提高了构件性能（图 5 - 84）。天线支架的质量由 0.46kg 减少至 0.32kg，减少了 30.43%；天线基频由 1104.5Hz 提高至 1658.7Hz，提高了 50.18%，这表明舱外天线支架经过结构优化后不仅达成了减重目标，而且在一定程度上提高了天线支架的刚度，使天线支架的固有频率有所上升，不易发生共振。对比成形零件扫描数据与原始模型数据，经过基于 SLM 的结构设计后，构件的加工制造质量也得到保证，成形精度良好，验证了该设计方法非常适用于 SLM 成形。

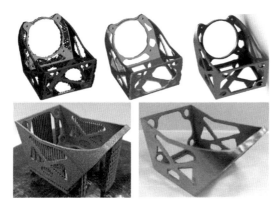

图 5 – 84

SLM 成形拓扑优化结构天线支架[38]

　　从事轻型、低功耗合成孔径雷达设备和雷达图像处理的公司 IMSAR 开发了一种小尺寸、质量轻、功耗低的高空雷达设备(图 5 – 85)。这种高空雷达设备产生得益于经过军事验证的雷达技术，以及一种小型化的增材制造铝制天线阵列。该高空雷达能够在超过 18km(约 60000 英尺)的高空，以多种操作模式运行，并能够在平流层环境中连续运行。该 IMSAR 高空雷达中安装了一种由 Optisys 公司开发的功能集成铝制增材制造天线阵列，为保证高空雷达能够在 HALE 飞机严格的要求下运行，Optisys 公司在设计上进行了创新，该阵列集成了多个喇叭、波导组合器、安装结构和散热特征，使该增材制造的集成化设计天线阵列所需零件数量减少了 94%，并减少了高空雷达系统所需的空间和质量，使其能够集成到以往无法携带雷达传感器的 HALE 平台上。低损耗的增材制造天线阵列还可以进一步降低雷达系统的功率，延长使用寿命。轻量化的集成天线阵列在 HALE 平台上，为图像采集提供了灵活性。

图 5 – 85　安装了增材制造集成天线阵列的高空雷达[39]

5.2.2 航空发动机上的应用

增材制造技术开启了下一代航空领域的飞机发动机以及航天领域的火箭发动机性能竞争之路。近几年,航天强国在航空发动机的技术发展与产品研制过程中,持续出台具有指导意义的战略政策,并不惜巨资实施系列专项技术研究计划,如美国的综合高性能涡轮发动机(IHPTET)计划、极高效发动机技术(UEET)计划、环境负责航空(ERA)计划以及欧盟的系列框架计划。多种涡扇发动机牢牢占据了各级别发动机市场,同时它们不断开展包括齿轮传动、开式转子、混合电推进等新型动力技术的探索,呈现出多元化的发展趋势。

2019 年,美国通用电气航空集团宣布旗下的 GE9X 发动机凭借单发超过 60.9t 的推力打破新吉尼斯纪录。该发动机集成了通用电气航空集团在过去十年中开发的先进技术,其中包含增材制造的零件 304 个,是新一代商用发动机家族中的巅峰之作。

GE9X 航空发动机中 7 个增材制造部件分别是燃油喷嘴、T25 传感器外壳、热交换器、粒子分离器、5 级低压涡轮(LPT)叶片、6 级涡轮叶片和燃烧室混合器(图 5-86)。通用电气航空集团的传统换热器由数十根细金属管组成,而用于 GE9X 的增材制造热交换器具有完全不同的外形,其中包括优化的通道和复杂的内部几何形状。而诱导器旨在提高发动机的耐用性,结合增材制造技术带来的设计自由度,满足客户需求的挑战性技术要求。GE9X 航空发动机的增材制造零件不断创新表明通用电气航空集团在航空发动机领域的不断发展[40]。

图 5-86

GE9X 航空发动机及其增材制造零部件[40]

西班牙安达卢西亚航空航天发展基金会（FADA）使用雷尼绍的 RenAM 增材制造设备为 Bloostar 气球辅助火箭生产燃烧室，如图 5–87 所示。由于发动机尺寸较小，可以使用增材制造技术有效地生产，简化快速原型设计，缩短测试改进周期。同时，使用增材制造技术还可以实现轻量化，减少成本[41]。

图 5–87

西班牙航空公司增材制造出的

发动机燃烧室[41]

2016 年，美国航空航天局（NASA）对以液态甲烷为燃料的增材制造火箭发动机涡轮泵（图 5–88）进行了测试。经满功率测试，这些涡轮的功率可达 600 马力（1 马力 ≈ 735W），燃料泵每分钟可循环运转 36000 次并输送出 600 加仑（1 加仑 ≈ 3.785L）的液态甲烷，足以驱动可产生 22500 磅（1 磅 ≈ 0.4536kg）推力的火箭发动机。借助增材制造技术，NASA 在制造涡轮泵时能节约大概 45% 的组件，使快速设计、制造和测试两种不同设计的火箭发动机涡轮泵成为可能。液态甲烷燃料和增材制造技术是 NASA 包括火星探测在内的未来太空探索的核心所在，而这项测试会同时推动两种技术的进步并提高 NASA 执行未来太空探索任务的能力[42]。

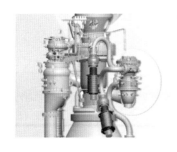

图 5–88

美国航空航天局（NASA）的增材制造火箭发动机涡轮泵[42]

2016 年 1 月，美国 Orbital ATK 公司在 NASA 兰利研究中心成功测试了 SLM 成形的高超声速发动机燃烧室，如图 5–89 所示。在 20 天的测试过程中，燃烧室经受住了各种高温高超声速飞行条件的测试，包括此类装置有记录以来时间最长的连续推进风洞测试。此项测试成功为 Orbital ATK 公司在设计新的燃烧室方面打开了更广阔的空间。通过增材制造技术，不仅可以优化几何形状、集成功能组件、完成传统方式不能实现的加工，也可以降低成本、缩短研制周期[43]。

图 5-89　高超声速飞行器及 SLM 成形及超声发动机燃烧室[43]

　　知名法国航空与国防企业赛峰（Safran）的增材制造金属涡轮喷嘴（图 5-90）获得了欧洲航空安全局（EASA）的飞行认证，该喷嘴是 Leonardo AW189 型直升机辅助动力单元（APU）的核心部件之一，这证明了增材制造确是一种制造高应力部件的可靠技术。该增材制造喷嘴是 eAPU60 型涡轮的中央组件，通过激光选区熔化技术打印镍合金制成，在 -75.5～45℃环境下均可正常使用。采用增材制造技术让它的组件数量从原先的 8 个减少到了现在的 4 个，同时质量减少了 35%，令 eAPU60 获得了同类涡轮中最好的推重比，大大提高了该航空涡轮的性能。eAPU60 能够提供 60kW 有效功率，保证发动机的电力启动（在地面或者空中停车状态）和座舱加热。eAPU60 具有更优的功率质量比、出色的紧凑性、流线型结构和基于创新科技的高压力循环、高可靠性保证、低使用费用和出色的性能[44]。

图 5-90　增材制造金属涡轮喷嘴[44]

　　美国军队使用的黑鹰和阿帕奇直升机，由于需要装载新的弹药和航空电子等设备导致质量不断增加，因此为这些直升机配备具有更高动力的发动机被提上日程。通用电气公司的 T901 发动机凭借卓越的压缩机技术满足了美国军队对于直升机动力性能和维修便捷性的需求，T901 发动机实现了更高的部件效率，改善了失速裕度，达到 3000 轴马力，如图 5 - 91 所示。

图 5 - 91　大量使用增材制造零部件的 T901 发动机[45]

　　单轴核心架构是 T901 发动机设计的关键，该设计实现了成本效益和战斗所需的灵活模块化结构结合。单轴核心意味着压缩机和气体发生器中的所有旋转部件在一个轴上并以相同的速度旋转。相比之下，双轴芯结构则将压缩机分成两个独立的旋转转子，每个旋转转子由同心轴上单独的燃气涡轮机驱动。由于增加的阀芯需要额外的框架、附加轴和附加轴承，故同时增加了发动机的质量和复杂性。质量的增加会使直升机可用的有效载荷减少，将这种发动机整合到飞机中也会带来更大的挑战。双轴芯发动机的拆卸难度更大、维护成本更高。

　　通用电气公司的 T901 发动机使用了大量的增材制造零件，通用电气公司利用生产先进涡轮螺旋桨等飞机发动机的工厂和增材设计方式去设计与制造这些零件。在进行增材制造零件设计时，通用电气公司采用功能集成的一体式结构，使发动机中子部件的数量显著减少。例如，T901 中的某 1 个增材制造零件，原来的设计方式是由 50 多个子部件组装而成的[45]。

　　通用电气公司通过采用增材制造技术，减少了对装配部件的需求，降低了 T901 发动机的质量。同时，在进行增材制造零件设计时，通用电气公司还尝试了更先进的空气动力学形状的设计思路，对发动机性能、可靠性和耐用性的提升具有积极意义。

空中客车 A350-1000 用的是 XWB-97 发动机（图 5-92），该发动机的增材制造镍金属结构件是一件直径 1.5m、厚 0.5m 的前轴承座，含有 48 个翼面。由于结合了增材制造零部件的创新结构和更新的发动机核心技术以及更大风量的风扇，该新型高温涡轮技术可产生 97000 磅的推力[46]。

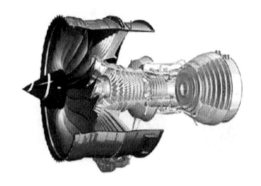

图 5-92

使用增材制造创新结构零部件的宽体客机发动机[46]

2016 年，通用电气公司对一台 35% 零部件都采用增材制造的演示验证发动机进行了测试。该发动机主要用于验证增材制造技术在先进涡桨（ATP）发动机的适用性，该发动机将为德事隆公司最新研制的 Cessna Denali 单引擎涡桨飞机提供动力。通用电气公司增材制造的 ATP 发动机已开始运行，这款发动机（图 5-93）为高级涡轮螺旋桨飞机提供动力。由于采用了增材制造技术及一体化结构，发动机由 855 个独立部件减少到 12 个，超过 1/3 的引擎零部件由增材制造完成[47]。

图 5-93

通用电气公司使用增材制造零部件的涡桨发动机[47]

5.2.3　卫星系统中的应用

由于增材制造技术的优势独特，在航空航天、卫星制造等方面，它几乎受到所有航天强国的重视。德国开展了增材制造热塑性材料（PA）在卫星大规模生产中的适用性研究；美国则采用金属增材制造技术制造卫星器件，甚至用来增强卫星射频滤波器的生产。嫦娥四号任务"鹊桥"中继卫星的成功发射实现了我国增材制造部件在轨应用，与此同时，我国还将该技术用于卫星等离子体推进器筛网等器件的制造，增材制造技术在卫星系统中的应用越来越广泛。

2014 年 12 月，Aerojet Rocketdyne 公司成功完成了对立方体卫星 (CubeSat)高冲击可适应模块推进系统(简称 MPS‐120)的点火实验，这也是该公司首次增材制造的肼集成推进系统(见图 5‐94)，其设计目标是为微型 CubeSat 卫星提供动力。MPS‐120 包括 4 个小型火箭发动机和输送系统组件，1 个增材制造的钛活塞、推进剂贮箱和压力箱。增材制造该推进系统仅用了一个星期，组装只用了 2 天时间，大大缩短了研制周期[48]。

图 5‐94

MPS‐120 推进系统

2016 年 3 月 31 日，俄罗斯首个增材制造的立方体卫星 Tomsk‐TPU‐120 搭载太空货运飞船 Progress MS‐02 成功进入太空，随后由空间站的宇航员将其放置在既定轨道上，在未来半年里绕地球飞行。该卫星(图 5‐95)由托木斯克理工大学(TPU)设计并制造，卫星外壳使用俄罗斯联邦航天局(ROSCOSMOS)批准的材料增材制造而成，除此之外，其电池组的外壳也用氧化锆陶瓷材料增材制造而成，尺寸为 300mm×100mm×100mm，是 1 颗标准的立方体卫星，这也是世界首次将增材制造的卫星系统送入太空[49]。

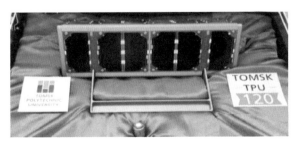

图 5‐95

Tomsk‐TPU‐120 立方体卫星[49]

2017 年，Materialise 公司与数字化服务巨人源讯（Atos）公司携手，开发出了一个突破性的航空航天部件：增材制造钛金属螺套，如图 5 - 96 所示，该部件比当前使用的传统螺套轻近 70%。该零件主要用来固定和连接卫星上的嵌板等尺寸较大的结构，这种螺套通常是由铝和钛制成的 100% 实心结构，传统结构的螺套体积大且笨重，借助增材制造，该部件的内部被部分掏空或使用多孔结构支撑，减轻了其质量。目前将 1kg 零部件送入地球轨道的成本大约是 2 万美元，因此借助增材制造技术为航空零部件减重，可以为航天部门节约数以百万美元的成本[50]。

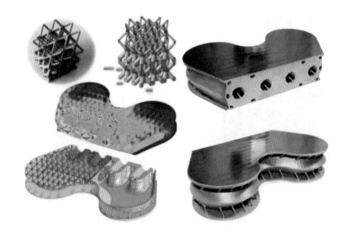

图 5 - 96

增材制造钛金属卫星固定螺套[50]

来自 RUAG Space 公司的增材制造组件将成为月球上第一个大型增材制造零部件，以色列月球探测任务信息的数字化"时间胶囊"的安装完成，标志着由私人资助的 SpaceIL 月球着陆器已经完成研制，于 2019 年 2 月 18 日在美国佛罗里达州卡纳维拉尔角发射，该太空船采用 RUAG Space 公司开发的增材制造铝结构支架。

软件公司欧特克和美国航空航天局（NASA）喷气推进实验室的工程师们设计出了一种全新的星际着陆器（图 5 - 97），未来预计将对木卫二和土卫二等遥远的卫星进行探索。它的质量远远小于美国航空航天局送往其他行星和卫星的大多数着陆器，这款着陆器的质量与喷气推进实验室的其他着陆器设计相比降低了 35%，质量约 176 磅，远低于 NASA 最新的洞察力号火星着陆器质量（约 770 磅）[51]。

图 5 – 97

增材制造铝结构着陆器支架[51]

2017 年，Rocket Lab 公司在新西兰成功发射了其首枚（也是全球首枚）电池动力火箭 Electron。遗憾的是火箭最终没能进入预定轨道，但这依然让新西兰成为了世界第 11 个成功将火箭送入太空的国家。

Electron 个头不大（直径 1m，高不到 20m），但却搭载了推力高达 5000 磅的 Rutherford 发动机（如图 5 – 98 所示，所有主要部件制备均采用电子束熔融技术），而且大量采用了碳复合材料，比一辆宝马 Mini Cooper 还要轻，所以发射能力很强，能将 330 磅的卫星送到距地表数百千米的轨道。另外，它的发射周期很短，发射成本也很低，每次"仅为"500 万美元左右，远低于当前平均值[52]。

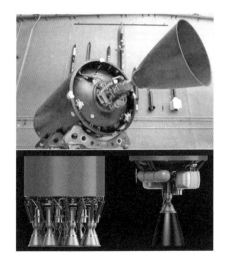

图 5 – 98

增材制造 Rutherford 火箭发动机[52]

5.2.4 太空产品中的应用

目前，增材制造技术在航空航天领域已体现出极强的应用价值和发展潜力，不仅缩短了航天产品的生产周期，降低了成本，还进一步提高了产品性能。早在 2014 年，世界上首台太空增材制造设备（3D 打印机）就在国际空间站安装成功，先后制造出一系列太空专用零部件，揭开了人类"太空制造"的新时代[53]。

作为一种全新的生产方式，太空增材制造的产品可以胜任一些传统制造工艺难以完成的工作。有了太空增材制造技术，就可以将奇形怪状、功能各异的零部件直接在外太空完成打印。携带一台增材制造设备进入太空，就可以省去携带数以万计的各种零部件的巨大麻烦，只需携带几千克的 3D 打印耗材就足够了。同时，太空增材制造技术还可省掉航天器在发射过程中对结构强度的苛刻要求，太空打印出来的零部件将比发射升空的更加瘦身，从而实现更大的经济效益。

太空增材制造技术更是可以将太空废物"化腐朽为神奇"，一旦太空中制造的产品出现损坏，只需要将其熔化成原材料就可再次重复利用。未来，太空增材制造技术还可利用地球轨道上的报废卫星甚至是直接到一些行星上就地取材进行太空制造。

太空增材制造技术不仅省时省力省经费，更可大幅度降低太空飞行对地面的依赖程度。相比于半年一次的太空补给，增材制造技术只需数小时就可以生产出需要更换的零部件。未来有了太空增材制造设备（图 5-99），就可以在失重环境下自制所需的各类实验和维修工具以及零部件，将大幅度提升空

图 5-99 英国伯明翰大学研发的微重力金属增材制造设备[54]

间站实验的灵活性和维修的及时性，有效减少空间站各类零件备件的种类和数量，降低空间站对地面系统的依赖，从而为人类开展星球探索提供新的动力和希望。

英国伯明翰大学先进材料和工艺实验室（AMP Lab）的科学家团队已经研发出微重力金属增材制造设备，在条件成熟的情况下这台金属增材制造设备将被带到国际空间站中。伯明翰大学研发的微重力金属增材制造设备可以进行铝的增材制造，打印材料并不是铝金属粉末，而是铝金属丝材，金属丝材的增材制造技术为直接能量沉积（DED）技术。铝金属丝材被送入增材制造设备，加热至其熔点，并挤压成指定形状，随着铝冷却，其表面张力会使打印材料逐层融合在一起，在这个过程中不需要依靠重力。未来，太空增材制造技术将成为载人空间飞行和宇宙考察的标配装备，势必引领未来太空制造新潮流[54]。

5.2.5　其他航空零部件上的应用

2015 年 7 月，美国雷神公司曾经尝试使用增材制造技术制造导弹，包括电子电路，以及使用增材制造技术开发"爱国者"空气导弹防御系统。雷神公司已经能够增材制造 1 枚完整可用导弹的 80% 的部件，如图 5-100 所示。

图 5-100　导弹火箭推进器[55]

2016 年 3 月 16 日，美国海军完成了"三叉戟Ⅱ（Trident Ⅱ D5/UGM-133A）"潜射弹道导弹的第 160 次试射，并在飞行实验中测试了首个使用增材制造技术生产的导弹部件——2.5cm 长的铝制连接器后盖，如图 5-101 所示。洛克希德·马丁公司的工程师采用全数字化流程，只用了传统工艺一半的时间就设计制造出了这种保护线缆连接器用的铝合金后盖。

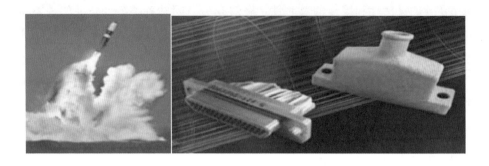

图 5 - 101   三叉戟 Ⅱ 导弹连接器后盖

2015 年 2 月，通用电气公司的增材制造 T25 传感器外壳通过了美国联邦航空管理局（FAA）的认证。2015 年 4 月，通用电气公司宣布，生产的超过 400 台 GE90 发动机已加装了增材制造 T25 传感器外壳（图 5 - 102）。这批增材制造 T25 传感器外壳将负责固定 90 - 94B 发动机中的 T25 传感器，其位置位于发动机内高压压缩机的入口处。这些壳体是用钴铬合金粉末以激光烧结的方式根据 CAD 设计文件逐层构建的，通过这种新的生产方式，能够更好地保护传感器上的电子不受具有潜在破坏性的气流和结冰的影响。

图 5 - 102

通用电气航空公司的增材制造 T25 传感器外壳及燃料喷嘴

2016 年 4 月，通用电气航空集团向欧洲飞机制造商空中客车公司交付了安装有增材制造燃料喷嘴的 LEAP 飞机发动机。LEAP 发动机是第一款采用增材制造燃料喷嘴的飞机发动机，该燃料喷嘴增材制造使用的材料是一种超级合金，除此之外，LEAP 发动机上还使用了完全用碳复合材料制成的风扇叶片，以及用又轻又耐高温的陶瓷基复合材料（CMC）制成的零部件等。这些新技术使 LEAP 的燃油效率比 CFM 国际公司（由法国 SMECMA 公司和美国通用电气公司组成）之前最好的发动机还要高 15%，并且减少了其碳排放量，使维护成本更低[56]。

Ariane 6 是欧洲航天局（ESA）委托空中客车与赛峰公司合资成立的

Ariane 集团研制的新一代运载火箭(图 5 - 103),设计目的是以更具竞争力的低成本帮助欧洲进行空间探索,最大亮点在于喷嘴头是用镍基合金(IN718,耐高温耐腐蚀)增材制造的,组件数量由原先的 248 个减少到了 1 个。这不仅增强了该组件性能,而且极大缩短了制造时间,也降低了成本[57]。

图 5 - 103
3D 打印一体化火箭喷嘴

5.3 汽车工业领域的应用

增材制造技术在汽车行业有着十分重要的作用,采用该技术可以完成几乎所有的汽车零件制造,它可以极大地缩短汽车研发的周期,同时也能够节约汽车生产的成本,摆脱传统汽车制造对模具的依赖。这些优点让增材制造技术在汽车制造行业的应用越发广泛[58],对汽车行业的整体发展有着十分积极的意义。

随着国内汽车市场的飞速增长及出口量的增加,想要得到自己预期的份额,获取更多的客户,除了品牌推广、价格优势、提高性能以外,汽车设计以及产品差异化正起着越发重要的作用,直接表现为汽车外观的造型、材料的选取、内部结构的合理布置以及性能的改进。同时,为应对残酷的市场竞争,汽车厂家必须以最低的成本开发出最受欢迎的车型,并且能在第一时间上市,才能够赢得市场[59]。

作为工业 4.0 时代的一大标志,增材制造技术必将为汽车制造业的发展提供更好的助力。当前,增材制造技术在汽车行业中的应用已经不再局限于简单的概念模型设计,正朝着设计和制造更多的功能零部件方向发展,渗透到汽车零部件的各个领域。虽然目前受设备和材料等限制，增材制造技术于整车直接制造尚不成熟，但其在汽车零部件制造中已较为普遍。例如汽车格栅、汽车仪表盘、空调管路、进气歧管、发动机罩、装饰件、车灯等都已经采用增材制造技术制作样件或量产件，如图 5-104 所示。

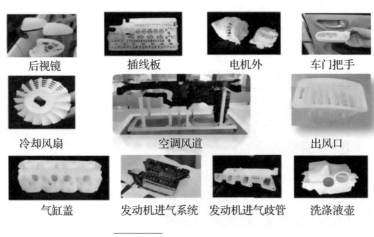

后视镜　　　　插线板　　　　电机外　　　　车门把手

冷却风扇　　　　　　空调风道　　　　　　出风口

气缸盖　　　发动机进气系统　　发动机进气歧管　　洗涤液壶

图 5-104　增材制造汽车样件

5.3.1　汽车工业领域的应用优势

增材制造可以说是革命性的一项技术，被应用于多个领域。随着增材制造技术的不断发展，其在汽车领域也有了越来越多的应用。近年来，增材制造技术在汽车制造业内的应用迅速发展，无论是针对车厂、零部件厂商还是售后服务供应商，增材制造技术都为其开辟了一条更快捷、高效的创新途径，使企业不受传统制造方式的限制，迈入发展快车道[60]。增材制造技术与传统制造业中 CNC 加工相比具有的优势在以下几个方面[61]：

(1)增材制造技术辅助汽车的研发设计，大大缩短开发周期，降低成本。

汽车的研发周期一般需要 3~5 年，但是面对汽车市场的激烈竞争，这么长的时间可能会对汽车制造企业造成巨大的危害。因此，各大车企都在想方设法缩短汽车研发周期。在传统汽车制造领域，汽车零部件往往需要长时间的研发、测试。从研发到测试阶段还需要制作零件模具，不仅时间长，而且成本高。当存在问题时，修正零件也同样需要漫长的时间。这些不足都限制了汽车工业的发展。

增材制造技术无需制造模具、刀具和夹具，省去零件图形转换、模具设计与制造以及切削、锻造和铸造等烦琐加工工序。研发人员可以利用增材制造技术，在数小时内或数天内通过计算机软件制作出概念模型，再将三维设计图通过增材制造设备直接转换成实物，极大减少人力和物力的投入，并显著缩短周期，增材制造技术让未来零部件的开发成本更低、效率更高。在汽车新车型研发阶段，运用增材制造技术可快速验证和优化零部件结构，特别是快速验证和定型复杂功能部件（如发动机、变速器、底盘等）。

由于增材制造技术的快速成形特性，增材制造还可以应用于汽车外形设计的研发，如图 5-105 所示。传统的手工制作油泥模型，由于其主要依赖于纯手工制作，所以这对操作人员技术纯熟程度要求较高，而且制作周期长、耗费成本高。因为汽车的外形相对复杂，由许多光滑的曲面组合而成，通常制作一个全尺寸的汽车模型需要 3～4 个月，而一个全尺寸内部油泥模型则需要 2～3 个月。增材制造技术的出现，为汽车油泥模型制作提供更为高效的解决方案。增材制造技术能更精确地将三维设计图转换成实物，且时间更短，提高汽车设计层面的生产效率，使新车开发试制成本有望大幅下降。目前许多厂商已经在设计方面开始利用增材制造技术，比如宝马、奔驰设计中心。

图 5-105

增材制造汽车模型

汽车零部件的开发往往需要长时间的研发、验证。从研发到测试阶段还需要制作零件模具，不仅时间长，而且成本高。当存在问题时，修改零件结构等也同样是漫长的周期。而增材制造技术则能快速制作造型复杂的零部件，如图 5-106 所示。当测试出现问题时，修改三维文件重新打印即可再次测试。同时增材制造技术允许多样的材料选择，不同的机械性能以及精准的功能性原形制作，使设计人员在前期就能够随时修正错误并完善设计，尽早规避错误。通过增材制造技术可实现错误规避和更加丰富的功能性实验，加快零部件在设计层面的生产效率，并节约研发设计当中发生错误所消耗的人力和物力成本。

图 5 - 106　增材制造金属汽车零部件

（2）增材制造技术突破了制造局限，可促使产品设计由面向制造工艺的设计转向面向零件性能的最优化设计，从设计源头改善汽车性能。

随着汽车轻量化、低排放、节能和新能源等需求的不断提升，汽车零件结构（如自由曲面、内流道、多层嵌套结构、多部件组合等）越来越复杂，尺寸极限要求（如薄壁、变壁厚等）越来越突出，新材料的不断涌现，导致传统模具、刀具以及铸锻焊等制造工艺难度越来越大。为了适应加工工艺要求，汽车某些结构、尺寸和材料只能采取一定程度的让步设计或次优设计，降低了零部件甚至整车的性能。应用增材制造技术可以制造出高比表面积多孔栅格、复杂内流道甚至是内空结构、复杂自由型面和变壁厚、多组件免组装以及多材料、梯度材料和梯度结构等难成形的零件结构（图 5 - 107 和图 5 - 108），应用于汽车发动机、变速器、底盘、三元催化器陶瓷体的功能性零部件。增材制造技术应用在新型电动汽车车身及其零部件的研发和制造中，不但可以解决复杂零件的制造难题，还可以从设计源头优化零件和汽车整体性能。

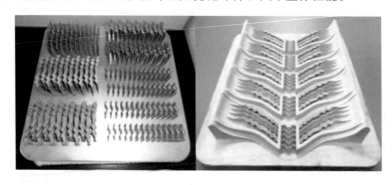

图 5 - 107　内设复杂冷却水道的汽车轮胎模具

图 5 - 108
增材制造造型复杂的汽车轮毂

(3)实现多品种车型的快速开发及个性化车型的快速低成本定制。

随着社会经济和人们生活水平的不断提高,个性化消费需求越来越明显。针对消费者个性化定制需求,汽车企业利用增材制造技术也能提供高性价比的解决方案。比如,消费者希望让自己新车外观及内饰与众不同,如个性突出的车灯、形状和结构异类的车身、变化多端的内饰等等。如果采用传统工艺开发新模具,其成本高于数十万元,但增材制造技术可以很方便地满足这些制造需求,无需额外制造模具,最大限度精简制作工序,降低成本。例如,利用增材制造技术可以在车胎表面刻上客户名字或人像,从而在雪地或沙漠里行驶中留下自己的"足迹"。增材制造技术还可以灵活制造适应不同气候和地理条件的轮胎花纹,提高轮胎安全系数、耐磨程度以及滚动效率,在彰显个性的同时还赋予特殊的服役性能。

早前,日本丰田汽车公司与克莱姆森大学国际汽车研究中心研发的概念车款 CU - ICAR(图 5 - 109),仪表盘面板、中控面板以及通风口都可以通过增材制造技术完成。MINI 为英国皇室成员哈里王子与梅根·马克尔婚礼定制的 MINI 三门版车型,运用增材制造技术在侧舷窗深深烙印下了两位新人的专属标识[62]。

图 5 - 109　装有增材制造内饰的概念车款 CU - ICAR [62]

（4）促进汽车行业往低能耗、低排放和绿色化方向发展。

一方面，传统的汽车零部件制造方法需要浪费大量的材料，原因在减材加工——机械加工和模具的制造必然会带来材料的浪费，不仅增加了企业生产与制造的成本，还不利于环境保护。通过增材制造技术，可以减少材料的浪费，甚至可以在进行汽车零部件加工时实现零浪费，这也是国家与政府大力扶持增材制造技术的原因之一。当前在汽车制造行业，增材制造技术应用的领域还有一定限制，这和技术不成熟有着较大关系。在后续的发展中，增材制造技术必然会趋于成熟，如果汽车全部零件都可以通过增材制造技术实现，就能够极大地减少材料浪费，实现企业生产成本的降低，有助于减少汽车制造对能源的浪费，推动可持续发展。

另一方面，借助增材制造技术，可以实现汽车零部件最优性能设计的结构制造，从结构上实现最大程度的轻量化，满足性能要求的同时减少材料的使用。同时，基于增材制造技术，可以设计和制造最优工作性能的发动机缸体、燃油喷嘴、燃烧室、变速传动机构以及底盘等功能性零部件，制造具有最优空气动力学特性的车身等。从零部件的结构和功能优化上提升整车性能，降低燃油消耗，减少排放，实现绿色制造，满足使用需求。

随着社会的不断发展进步，汽车行业的发展日新月异，导致了国内外汽车行业的竞争力越来越激烈，如何有效地提升汽车的研发、生产速度，节约生产成本，设计构造吸引眼球的汽车外观，是急需解决的问题，也是汽车公司占领汽车市场的关键因素，是在激烈的汽车行业竞争中立于不败之地的核心条件。随着科学技术的发展进步，增材制造技术不需要依赖模具的特点使产品的开发速度也有很大程度的提高[63]。

相较传统汽车制造业，目前，增材制造的产能还是较低，很难实现大规模量产。此外，由于需要考虑到安全性等因素，原材料品质与成本因素很难平衡，导致单车生产成本过高，这些也制约着现阶段增材制造汽车的商业化进展。就现阶段而言，增材制造技术的应用也许更适合设计领域和汽车研发阶段，还有单件小批量生产，例如，整车的油泥模型、车身、底盘、同步器等零部件开发，以及橡胶、塑料类零件的单件生产。

增材制造技术在汽车行业的应用贯穿汽车整个生命周期，包括研发、生产以及使用环节。就应用范围来看，目前增材制造技术在汽车领域的应用主要集中于研发环节的实验模型和功能性原型制造，在生产和使用环节相对较少。未来，增材制造技术在汽车领域仍将被广泛应用于原型制造。随着增材制造技术不断发展、车企对其认知度提高以及汽车行业自身发展需求，增材制造技术在汽车行业的应用将向市场空间更大的生产和使用环节扩展，在最终零部件生产、汽车维修、汽车改装等方面的应用将逐渐提高[64]。

5.3.2　汽车整车上的应用实例

1. 概念车

2013 年 3 月 1 日，由 JimKor 和他的 KorEcologic 团队合力完成的一款混合动力的汽车——世界首款全增材制造汽车 Urbee2 面世。它是一款三轮混合动力汽车，多数零部件来自增材制造技术，如图 5－110 所示。Urbee2 的整个制造过程持续了 2500h。据称，Urbee2 汽车仅需要制造 50 个零部件左右，而一辆标准设计的汽车需要成百上千的零部件。Urbee2 的车身由增材制造成一体，而其他大部分组件还是分别制造，再填充到车身里面。车辆除底盘、动力系统和电子设备等外，超过 50% 的部分都是由 ABS 塑料打印而来，整个汽车的质量约为 550kg，这使其与其他汽车相比质量减少一半以上，从而达到节油的目的。通常情况下，这款车每升汽油能在高速公路上行驶 85km，在城市道路上行驶 42km，相比其他汽车来说具有良好的经济性能[65]。

图 5－110

世界首款增材制造汽车 Urbee2

2013 年，车辆设计专业毕业的 Siegel[66]，利用增材制造技术成功设计出一款可定制和自行组装的概念汽车，并由此而获得了 2013 年的皮尔金顿汽车最佳设计大奖，如图 5－111 所示。据悉，这款概念汽车的设计初衷，是希望汽车设计的发展和服务与时俱进，避免过时的思维或设计，利用创新和前沿性的眼光来满足用户需求。据了解，这款增材制造的概念自装汽车，是由一款被称为 Genesis 的 3D 打印机器人制造的。这款 3D 打印机器人能为自己制造一个汽车，而用户一旦购买了 Genesis，并且家中进行初始化设置之后，Genesis 将会定义并且根据自己的规格来打印一款一模一样的汽车。尽管目前这款增材制造自组装汽车仍然是一个概念，但它的技术在未来有可能再进步。Siegel 目前是伦敦皇家艺术学院的车辆设计师，相信以后会有更多像他一样的年轻设计师，根据生产经济性及环保设计的压力，来进行技术上的创新，如玻璃的创新设计，这些都直接影响未来汽车行业的发展。

图 5 - 111

增材制造的概念自装汽车

2015 年北美车展上[67]，美国 Local Motors 公司带来了另一辆增材制造汽车，名为 Strati，如图 5 - 112 所示。Local Motors 公司展示了制作该车的步骤：第一阶段利用增材制造 ABS 塑料钢筋和碳纤维材料完成零部件的基础制作；第二阶段由数控机床经过几个小时的铣削，完成零部件的细节；第三阶段将这些零件组装起来。Strati 全车大约有 40 个零部件，它的制造时间仅为 44h。如果加上组装时间，最新的数据表明只需要 3 天就能造出 Strati。从超过 100 天到 3 天，效率的飞速提升预示着增材制造汽车的未来发展难以预估。该车除了动力传动系统、悬架、电池组、轮胎、电气系统和挡风玻璃外，其余部件都是增材制造完成制作的，包括底盘、仪表板、座椅等，由电池组供电的动力系统可以提供 100km 左右的续航里程。Strati 具有个性化定制、快速制造、零部件少、电力驱动、原材料便于获取和回收利用等增材制造汽车的共同点。

图 5 - 112

美国 Local Motors 公司的增材制造汽车 Strati

2. 赛车

在 2012 年大学生方程式大赛中，一辆全新的赛车吸引了人们的目光，这辆名为阿里昂（Areion）的赛车是全球第一辆由增材制造设备制造的赛车，是由 16 位工程师组成的 Group T 小组制造并展示的。该设计团队的工程师来自比利时鲁汶工程国际学院，他们用 3 个星期的时间建造这个赛车，将它命名为 "Areion"，在希腊神话中 Areion 是非常敏捷迅速的神马。如图 5 - 113 所示为这辆名为 Areion 的赛车，车身大部分是由增材制造设备制作的，车身前部打印出的鲨鱼皮结构可以减少阻力和增加推力，该车在德国霍根海姆赛车道上从 0 提速到 100km/h 仅用了 3.2s，并在赛道上达到最高速度 141km/h

图 5 - 113

全球首辆增材制造赛车

的成绩。赛车采用的尖端技术包括电力驱动系统、生物复合材料和比利时增材制造厂商 Materialise 的大件制造技术等[68]。

2018 年，长沙理工大学汽机学院 CRT 赛车队的 FNX‑17（图 5‑114）是运用增材制造技术实现轻量化和优质化的赛车。其方向盘、立柱、进气总成、摇臂等 41 个关键零部件均采用湖南华曙高科技有限责任公司（以下简称"华曙高科"）先进的增材制造技术，该车 60% 零件采用了金属增材制造技术。赛车各零部件严丝合缝，车身设计、结构、轻量化等性能更优异，整车质量仅为225kg，加装限流阀后最高时速可达 140km/h。长沙理工大学与华曙高科自2013 年开始合作，连续 4 年将增材制造技术应用于大学生方程式赛车，FNX‑17华曙高科定制版赛车，则是 2017 年车队与其共同研制的一款赛车，并将作为华曙高科增材制造技术在汽车行业的应用示范[69]。

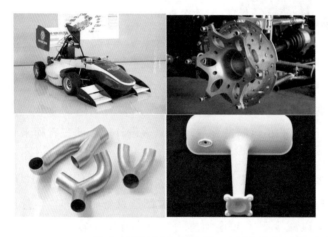

图 5‑114

长沙理工大学的增材制造 FNX‑17 赛车

FNX‑17 赛车的设计制造过程，运用了大量的虚拟仿真分析和优化计算方法，实现了整车轻量化、可靠性提升和整车性能优化。CRT 车队采用了增材制造技术设计和制造赛车上数十个形状和结构复杂、传统工艺加工困难的零部件，如排气系统二合一接口、进气系统稳压腔和进气歧管、悬架系统立柱、转向系统支撑结构及方向盘、大部分的空气动力学套件等。赛车零部件经过华曙高科和长沙理工大学 CRT 赛车队合作优化设计，兼顾了轻量化和强度的双重要求，对赛车燃油经济性和安全性等提升具有重要意义[70]。

3. 跑车

2015 年，美国旧金山的 Divergent Microfactories（DM）公司成功开发增

材制造超级跑车——刀锋(Blade),如图 5 - 115 所示。"刀锋"的制造使用了一种核心技术:"节点"(Node),这是一种增材制造合金连接件,可以将标准化的材料连接到模块化的复杂结构中。与传统加工方法相比,"节点"技术使用的能源和原材料更少,允许制造商快速成形和建造复杂的结构,并且无需使用金属模具和冲压设备。此外,使用"节点"技术制造的底盘质量为传统汽车的 1/5,而且更加坚固耐用。

图 5 - 115

全球首辆增材制造超级跑车
——刀锋

　　DM 公司表示此款车由一系列铝制"节点"和碳纤维管材拼插相连,可轻松组装成汽车底盘,更加环保。由于该车结合了增材制造技术和轻量化结构设计,整车质量仅为 1400 磅(约 0.64t),从静止加速到每小时 60 英里(96km)仅用 2s,使其轻松跻身顶尖超跑行列[71]。

　　德国汽车制造商宝马集团凭借 2018 年 BMW i8 Roadster 金属增材制造敞篷车顶支架(图 5 - 116)赢得了 2018 年 Altair Enlighten 奖,这一创新组件生产标志着金属增材制造部件首次应用于批量生产车辆。该金属增材制造支架将敞篷车顶盖连接到弹簧铰链上,使车顶折叠展开,无需增加额外的降噪设施,如橡胶减震器或更强(更重)的弹簧和驱动装置。该部件需要提升、推动和拉动车顶,具备复杂的结构,这通过传统的铸造方法是几乎不可能实现的。2018 年宝马 i8 敞篷跑车通过采用激光选区熔化技术与拓扑优化设计结合的方式,使整车质量减少了 44%、刚度增加10 倍[72]。

图 5 - 116

**宝马集团的增材制造
敞篷跑车车顶支架**

5.3.3 汽车内外饰上的应用实例

在 2015 年的法兰克福车展上，法国标致汽车推出的一款名为 Fractal 的
纯电动概念车，曾因科技感十足的增材制造消声内饰赚足了眼球。这款增
材制造内饰是由 Materialise 公司设计和打印的，如图 5 - 117 所示，增材制
造内饰占到了 Fractal 电动车内饰总表面积的 82%。内饰的表面具有凹凸不
平的结构，内部是中空的，这些结构不但可以减少声波和噪声水平，而且
能使声波从一个表面反射到另一个表面，实现对声音环境的调整。这么复
杂的造型通过传统的模具注塑的方式是无法实现的，但这恰好是增材制造
技术所擅长的。

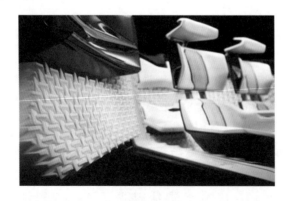

图 5 - 117

**法国标致汽车增材制造
汽车内饰**

设计这么复杂的声学内饰并不是一件简单的事情。Materialise 公司的设
计团队通过一系列复杂的算法设计出三维数字模型，然后使用 Materialise 公
司的创建处理软件对模型进行切片，最后使用激光选区烧结增材制造设备，

采用白色尼龙材料制成，整个制造流程的监控由 Streamics 软件完成。制造完成后，还需要进行植绒处理，让内饰富有柔软触感和更强的环境耐受力。在此之前已经有许多其他的汽车品牌也在内饰或车辆的其他部分的制造上采用了增材制造技术，未来必定会有更多的汽车品牌，特别是高端汽车积极拥抱增材制造元素。毫无疑问，这对增材制造企业和消费者来说都是很棒的消息。

　　从 2016 年起，梅赛德斯-奔驰卡车中的部分塑料配件就可以向原厂制造商戴姆勒公司进行小批量订购，对于这些配件，戴姆勒公司接受 100 个以内的任何数量订购订单。厂家之所以接受生产如此小批量的订单，是由于戴姆勒采用了激光选区烧结增材制造技术来制造这些塑料配件（图 5 - 118），通过无模具的塑料件直接制造技术，生产少量塑料配件也是经济的。另外，戴姆勒公司还计划用增材制造技术为其巴士汽车客户提供小批量特殊零部件或配件制造服务。这项服务应用的增材制造技术仍是激光选区烧结，材料为尼龙粉末。经过戴姆勒公司的验证，汽车中的一体式零钱盒，支架、电线管道等零件是可以通过增材制造技术进行制造的。

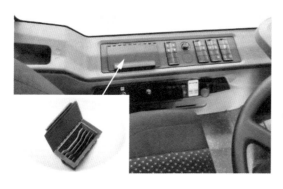

图 5 - 118

奔驰卡车
增材制造汽车内饰

　　2018 年，宝马集团旗下的 MINI 品牌推出了新型增材制造和激光切割服务，进一步提高了 MINI Yours 个性化定制服务的质量（图 5 - 119）。该服务于 2018 年 3 月运行，新旧款 MINI 汽车均可以体验。新一代 MINI Yours Customized 系列的车主可通过公司便捷的在线配置程序，自行设计和更换仪表盘、门槛甚至车门灯等汽车的各部分，在网上商店订购组件。车主可根据自己的需求改变组件的颜色、尺寸和表面粗糙度，搭配最流行的装饰，对汽车的名称、标识或图案进行个性化定制。利用增材制造和激光切割技术生产这些组件需要大约 12h，在 4 周内送到客户家中，而且不到 5min 就可完成单个组件的安装[73]。

图 5 - 119

**宝马 MINI 推出增材制造
定制化服务**[73]

　　奥迪公司使用 Stratasys J750 全彩多材料增材制造设备进行汽车尾灯罩的
原型设计(图 5 - 120),将这些多色、透明的零件一体打印。通常情况下,这
些透明的多色盖子是使用铣削或注塑进行原型制造的,并且必须由多个单独
的颜色部件组成,不能进行一件式生产,需要花费较长的装配时间。然而,
现在奥迪增材制造中心能够使用全色、多材质 J750 设备来制造整个部件,能
够将这些多色、透明的零件制成一体,无需像以前那样需要多个步骤。其本
身能够打印超过 50 万种颜色组合,这意味着零件可以按照多种颜色和纹理生
产。通过使用增材制造技术克服以前使用的多步生产方法,奥迪公司已经将
尾灯罩的原型制造时间缩短了 50%,同时满足了严格的设计要求[74]。

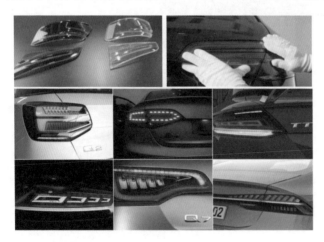

图 5 - 120

**奥迪公司制造的彩色汽车
尾灯罩**[74]

5.3.4　汽车轮胎上的应用实例

　　2017 年 6 月,米其林公司展示了一款最近研发的增材制造轮胎[75],如
图 5 - 121所示。和传统的气压式轮胎完全不同,轮胎上面有蜂巢形的图案,

设计灵感来自自然界，比如珊瑚虫、人类肺部的肺泡，这样的结构不但让轮胎保持了很好的弹性，而且完全不用担心爆胎和漏气。这款轮胎采用了类似蜘网海绵的结构，由生物可降解原料制作，包括天然橡胶、竹、纸、锡罐、木材、塑料废弃物、干草、轮胎屑、二手金属、织物、硬纸板、糖浆，以及橘皮。值得一提的是，米其林还为该轮胎嵌入了 RFID 传感器，收集数据、预测车子的性能表现，以及适应不同的道路状况。然而这些都还不只是这款轮胎的亮点，据米其林公司人员介绍："这将会是一款比汽车寿命还长的轮胎，当轮胎与地面接触的表面发生磨损时，只要用增材制造设备重新制造添加胎面，就可保证轮胎的持久性。想要等到轮胎报废，那要等到行驶千万千米以后了。"

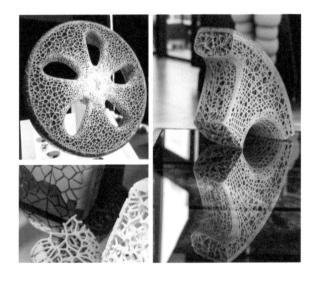

图 5 - 121

米其林公司研发的增材制造轮胎

　　2017 年 7 月，由山东玲珑轮胎股份有限公司与北京化工大学联合开发的增材制造聚氨酯轮胎面世(图 5 - 122)，并鉴定合格，成为国内首条通过增材制造方式制备的标准规格聚氨酯轮胎。此次开发成功的增材制造聚氨酯轮胎，采用热塑性聚氨酯(TPU)材料，比传统橡胶胎面具有更低的生热和更低的滚动阻力，有望成为下一代绿色轮胎的主打材料。该轮胎通过熔融沉积法完成制造，轮胎内部为正六边形空心结构，轮胎一体成形。使用增材制造技术无需模具就可制备出具有各种花纹结构的低滚动阻力、高耐磨轮胎，工艺流程短、全自动、可实现现场制造，因此，制造更快速、高效[76]。

图 5 - 122

国内首条增材制造聚氨酯轮胎[76]

2018 年，业界知名的改装轮圈品牌 HRE 发布了旗下最新的概念轮毂作品 HRE3D＋，如图 5 - 123 所示，这是世上第一组采用钛合金增材制造技术制造而成的轮圈，特殊且复杂的造型无疑呈现出了目眩神迷的视觉效果，也让车迷看到了增材制造技术和未来轮圈设计的潜力与可能性。HRE3D＋开发计划是由 HRE Wheels 公司与奇异集团旗下的 GE Additive 公司共同打造的作品，它们利用增材制造技术，创造出了用传统制造方式无法达成的轮圈造型，同时也利用这个尖端技术让轮毂的质量更轻、强度更高。

图 5 - 123

增材制造钛合金复杂结构轮毂[77]

该轮毂的外圈由碳纤维材料制作而成，肋条则由钛合金增材制造而成，中心座同样是以钛合金打造，外圈、肋条与中心座三个组件则是以钛合金螺丝紧固件组合成完整个轮圈。使用传统轮圈的制造方式，一个 45kg 的锻造铝料用 CNC 切削掉大约 80% 的部分才能制作完成一个完整的轮圈，而采用增材制造技术只需要削去大约 5% 的原料，且削去的原料可以回收使用，大幅增进了制造效率和环保效益。另外，钛合金拥有比铝合金更高的强度和抗腐蚀性，因此能够使用更少的材料，进而减轻质量[77]。

随着智能汽车特斯拉的诞生，世界汽车行业也开始迎来了新一轮的革命，同样的，作为汽车最为重要的部件，汽车轮胎也迎来了新一轮革命。著名轮胎公司固特异推出了一款特殊的轮胎，这款轮胎的特殊之处在于它是球形的，它被命名为 Eagle - 360，如图 5 - 124 和图 5 - 125 所示。

图 5 - 124

Eagle - 360 轮胎概念图[78]

图 5 - 125

Eagle - 360 球形轮胎[78]

据悉，这款名为 Eagle - 360 的轮胎是增材制成形的，它是为自动驾驶汽车而准备的一个解决方案。据固特异轮胎公司介绍，Eagle - 360 轮胎独特的球形将帮助提升汽车的安全性和可操作性。Eagle - 360 轮胎的设计人员认为，球形才是轮胎终极机动性的最终形态，因为球形更加圆滑，它能向四面八方滚动，并且依靠球形的多面性，能减少汽车侧滑、路面结冰难以驾驶等问题。

此外还有一个好处就是，该轮胎能实现 360° 的旋转，对司机来说绝对是福利，倒车入库、侧方停车等完全不是难事，并且最重要的是停车方式更加简单，这也意味着停车点的空间可以更小，停车场能规划更多的停车位。

当然了，目前 Eagle - 360 轮胎最大的问题在于如何和汽车相连，因为球形所有点都相同，因此像传统轮胎那样安装是不现实的。目前固特异轮胎公司给出的方案是，通过磁悬浮将其与车身相连，就好比磁悬浮列车一样。

除了独特的使用方式之外，固特异轮胎公司还希望它能拥有更多的智能功能。比如在 Eagle‒360 轮胎中内置传感器来记录目前的行驶状况，如天气情况、路面条件等。其次利用固特异胎面花纹磨损和压力监测技术，Eagle‒360 轮胎内置的传感器可记录和管理轮胎磨损情况以延长其行驶路程。

5.3.5　汽车其他方面的应用实例

1. 制动钳

大众汽车集团在德国沃尔夫斯堡开设了一个新的模具制造中心，这个部门正与惠普公司合作开发"最先进的一代 3D 打印机"，最终的目标是通过增材制造设备批量生产一部分汽车零件。而布加迪作为大众集团的顶级品牌，更是先行一步，已经设计并制造出增材制造汽车零件，目前已经进入测试阶段。2018 年底，布加迪公司展示了在新款威航车型上取代传统制造卡钳的增材制造制动钳（图 5‒126）及其测试程序。测试过程中，一个带有圆盘和刹车片的卡钳放在一个模拟速度高达每小时 249 英里（约 400km）的支架上。在这样高速的情况下完成制动对于卡钳是一项真正的挑战，在最高负载时，刹车盘和卡钳都达到了1000℃，可以说刹车盘完全是在燃烧。

图 5‒126

布加迪公司的增材制造制动钳

迄今为止，用于汽车零部件增材制造生产的材料主要是铝，而布加迪新的制动钳由钛制成。新的钛制动钳，长 41cm、宽 21cm、高 13.6cm，质量只有 2.9kg。与目前使用质量为 4.9kg 的铝制部件相比，布加迪可以通过使用新的钛合金部件确保得到更高的强度，并且使制动卡钳的质量减轻约 40%。布加迪目前正在研究如何更快地生产增材制造部件。此后，将在大众汽车新的增材制造中心将卡钳与其他部件一起投入批量生产[79]。

2. 涡轮机叶轮

Voxeljet 公司是一家德国增材制造设备制造商，其突出的技术优势是产品体积非常庞大，其制造的增材制造设备成形体积可到达几立方米，主要为制造业用户提供产品。如图 5-127 所示为 Voxeljet 公司增材制造出的汽车涡轮机叶轮。众所周知，汽车发动机是靠燃料在汽缸内燃烧做功来输出功率的，由于输入的燃料量受到吸入汽缸内空气量的限制，因此发动机所输出的功率也会受到限制。如果发动机的运行性能已处于最佳状态，再增加输出功率只能通过压缩更多的空气进入汽缸来增加燃料量，从而提高燃烧做功能力。因此在现有的技术条件下，涡轮增压器是唯一能使发动机在工作效率不变的情况下增加输出功率的机械装置。而涡轮增压器的制造一直是汽车制造行业的一大难题，尤其是汽车涡轮机叶轮的制造，由于造型复杂、材质要求严格等原因，叶轮的设计制造变得非常困难。不过利用增材制造技术，Voxeljet 公司的设计师们很快就完成了对汽车涡轮机叶轮的制作。设计师们仅花费了近 5h 来印刷精确砂型，而采用传统的模具制造方法，模型板或单独芯盒的生产可能就需要几个星期，之后经过进一步的浇铸等复杂工序，这件涡轮机叶轮就完成了[80]。

图 5-127
增材制造出来的汽车涡轮机叶轮

3. LED 大灯散热器

英国增材制造企业 Betatype 公司对汽车 LED 大灯散热器(图 5 - 128)进行了优化设计,在设计方面做了全面考虑,设计师采用了功能集成化的设计,并设计了内置支撑功能,该功能使制造零件无需添加额外的支撑结构。完成后的制件通过手工的方式即可从基板中分离,无需借助其他分离切割设备。散热器的生产采用雷尼绍的多激光器金属增材制造设备 RenAM 500Q,结合优化的设计方案和工艺,每个系统一年的产能从 7055 个增加到 135168 个,实现了约 19 倍的提高,如果安装 7 台设备,每年可以生产接近 100 万个增材制造零件。这一探索反映了基于激光选区熔化的金属增材制造技术有更具优势的成本和生产效率量产汽车零部件的可行性[81]。

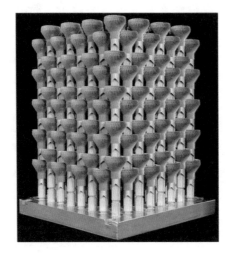

图 5 - 128
通过增材制造设备进行批量
制造的大灯散热器

4. 发动机模型

欧洲一位保时捷汽车的爱好者在增材制造服务商的协助下,利用三维扫描、建模软件、增材制造设备和铸造技术,制造了一台保时捷 356 汽车发动机模型,如图 5 - 129 所示。模型的设计、零部件制造以及装配过程在短时间内就完成了,在制造过程中不同性能的增材制造树脂材料让设计者有了更加灵活、多样的选择。

增材制造的保时捷 356 发动机模型与真实发动机的比例为 1∶4。在制造时,设计者首先对保时捷 356 发动机进行了拆分,并使用 David Laser 扫描仪对这些零部件进行逐一扫描,然后在扫描数据基础上进行三维建模,设计者用到的软件是 Rhino 和 Meshmixer，他根据自己在成本和精度方面的要求，最终选择了 Formlabs 公司的 Form 2 SLA 增材制造设备及其配套的树脂增材制造材料，进行发动机模型零部件的制造，如图 5 - 130 所示。

图 5 - 129

保时捷 356 发动机模型

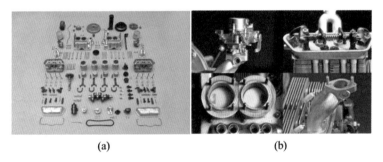

(a)　　　　　　　　　　　(b)

图 5 - 130　　增材制造的保时捷 356 发动机零件和装配图

(a)零件；(b)装配后。

发动机模型制造过程中总共用到了三种不同的树脂材料，其中那些在最终组装中需要进行微调和用螺丝连接的部件是由透明树脂材料打印的，而发动机支架和皮带是用弹性树脂材料打印的。发动机模型中的支撑架所需的材料是铝合金，设计者采用了增材制造加熔模铸造的方式来制造该部件，铸造用的母模是铸造专用树脂增材制造的，母模打印出来之后设计者将其提供给当地一家铸造工厂，进行铝合金支撑架的制造。

该发动机模型共有 250 个零部件，设计者先后分了 5 个批次进行增材制造，总共耗时 45h。打印完成之后还需要进行零部件的后处理，包括去除增材制造过程中产生的支撑结构，对零件中的微孔进行精制，对零部件进行打磨和喷漆。后处理完毕，设计者花费了 4h 完成了发动机的组装[82]。

随着全世界大部分国家燃料成本的持续增加，欧洲国家、美国和亚洲国家的相关法规越来越严格，加上消费者需求不断变化，如何降低 CO_2 排放并将车辆运行成本降至最低成为汽车制造商和消费者的关注热点。目前汽车制造商正大力投资开发轻型汽车和更经济的发动机，从而进一步降低燃料的消耗。

雷诺（Renault）公司作为欧洲最大的汽车制造商之一，已把目光投向了订单的顶端。雷诺公司的动力总成部门希望通过重新设计关键部件以使用最少的材料来进一步减轻汽车质量，并提高现有和开发中的发动机的性能。最终，动力总成部门对 DTI 5 的 4 缸 Euro 6 步 C 发动机的优化设计和增材制造进行了尝试[83]，如图 5-131 所示。

图 5-131 增材制造柴油发动机

在增材制造技术的帮助下，工程师成功地将 DTI 5 引擎的零件数减少了25%（相当于 200 个零件）。对于 4 缸 Euro 6 步 C 发动机，雷诺卡车工程师团队不仅虚拟设计了整个发动机，而且还制造出了摇臂和凸轮轴轴承盖。随后，他们在发动机内对这些增材制造零件进行了 600h 的台架实验，结果证明这些零件十分耐用。同时，这个 4 缸发动机的质量减少了大约 120kg，占到发动机总质量的 25%。减小尺寸和质量后，发动机可实现更大的有效载荷和总体上更低的燃料消耗（即较低的成本）。

5. 立柱

自 2000 年首次参加澳大利亚 SAE 学生赛车比赛以来，莫纳什赛车队一直在稳步提高赛车的性能。基于 2013 年汽车的初始原型后轮毂设计，该团队着手开发钛制前轮毂和立柱，以减少汽车的未悬挂质量。这是一个艰巨的挑战，因为此前的设计已经由轻质铝制成。为了解决这个问题，莫纳什赛车运动采用了 Altair 公司的优化技术 OptiStruct 来设计和优化钛制立柱，然后使用 CSIRO 公司的增材制造技术生产了钛立柱，如图 5‑132 所示。

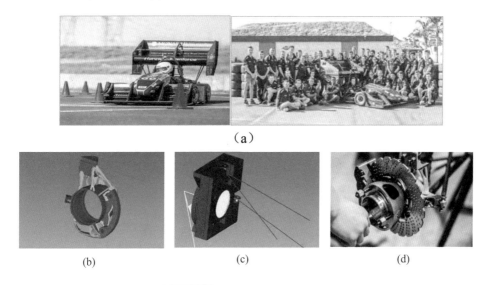

图 5‑132　增材制造赛车钛立柱

(a)比赛现场；(b)定义设计空间；(c)在给定的边界条件下拓扑优化从而得到理想的材料分布；(d)可与现有铝立柱互换的钛立柱设计。

通过增材制造，该团队所使用的钛材料不及传统制造流程中所用材料的 50%，组件质量进一步减少 30%，并且结构更坚固。与此前制造的铝制零件相比，整个制造过程只花了一天时间，节省了大量时间。此后莫纳什赛车车队第六次获得方程式汽车大赛（FSAE）——澳大利亚大赛冠军，凭借这一成果，莫纳什赛车车队成为 FSAE 方程式历史上的第一支在单场比赛中连续六次获得冠军的车队。

6. 转向柱固定座

一辆车的转向系统会影响整车的灵活性与稳定性，对于高速行驶的赛车，转向系统的稳定表现会让整车在比赛中更灵活地穿越各种弯道和障碍，进而提高比赛成绩。当前的赛车转向柱底座有 4 个不同的区域，彼此之间的角度不同，因此，用 5 轴铣床制造加工这种转向柱底座非常困难。目前生产这个部件的解决方案是将该部件以 4 个不同的铣削铝部件组成，并以螺栓连接在一起。改进转向柱底座可以极大程度地提高赛车性能和减少质量，因而德国德累斯顿工业大学（Technische Universität Dresden）的研究员 Michael 与在校学生 Hofman 开始探索重新设计并采用增材制造技术（电子束熔融技术）生产该零件的可能性[84]，如图 5 - 133 所示。

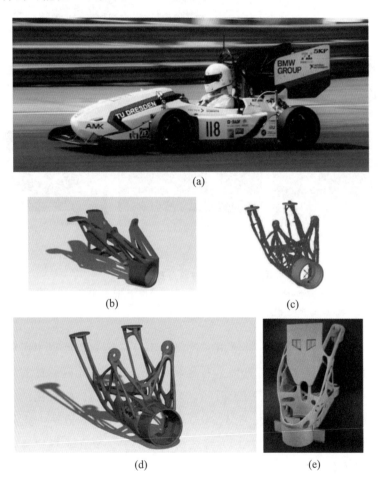

(a)

(b)   (c)

(d)   (e)

图 5 - 133　通过 Inspire 软件中的 PolyNURBS 功能重塑造型全新增材制造部件（后处理之前）

(a)大学生方程式赛车；(b)原装转向柱；(c)拓扑优化结果；(d)制作结果照片 1；
(e)制作结果照片 2。

该部件生产过程使用的是 ArcamA2X 电子束熔融设备，材料采用钛合金。通过拓扑优化设计和增材制造方式生产，转向柱安装座的必要零件数量从 4 个减少到 1 个，质量减少了 35%，从 500g 降低到 330g，制造时间约为 29h。

7. 液压阀

芬兰国家技术研究中心（VTT）是北欧国家中领先的研究机构，拥有芬兰的国家授权。几十年来，VTT 为国内外私人和公共部门的客户和合作伙伴提供了专业知识、顶尖研究成果和科学的技术解决方案。2015 年，VTT 进行了一项研究，以探索芬兰增材制造技术发展的可行性。该项目由多个公共和机构资助，包括芬兰政府资助机构 Tekes、VTT 和几家较小的芬兰公司。项目中，VTT 工程师选择了芬兰液压缸产品制造商 Nurmi Cylinders 的阀块作为案例（图 5-134），该阀体主要用于机械工业、船舶等。两家公司的共同目标是通过增材制造来减少阀块所需的尺寸和材料量，并优化和改善阀块的内部通道，从而为客户提供更好的组件。

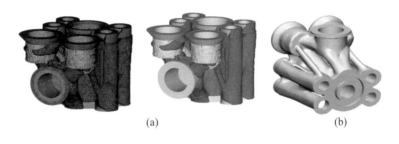

(a)　　　　　　　　　　　(b)

图 5-134　增材制造液压阀

(a)使用 OptiStruct 和 OSSmooth 软件生成形状；(b)用于 3D 打印的几何模型。

阀块是复杂的组件，其中许多管道汇集到一起并相交。在传统的加工方式中，阀块的交叉歧管是通过机械加工交叉钻孔完成的。然而由于机械加工的角度限制，一方面流体效率不能得到最高效的优化，经常需要在流道内部添加插头来调整流量；另一方面加工过程中还面对着同位精度的挑战，而增材制造技术带来了流体流动优化的新方法。

在 VTT 进行的研究项目中，客户提供了边界条件以及其他内部条件限制，例如，必须考虑实际放置阀门的位置以及加工公差，内部通道的大小、位置和方向也可由客户和部分非设计空间决定。在这种情况下，设计空间是一个块，上面有一些孔，用于放置连接螺栓。为了应对这一挑战，VTT 使用了 3-matic 软件应用程序。3-matic 软件可以在 STL 文件上进行设计修改，重新网格化以及创建 3D 纹理、轻型模型和共形结构。由于阀块通道弯曲成 S 形，其部分横截面为圆形，在使用激光选区熔化技术制造过程中，难以在通道非常小的内部添加支撑。为解决该问题，在保持横截面积不变的同时，VTT 工程师更改了内部流体通道的形状和路径，改为椭圆形或菱形通道，如图 5-135 所示。

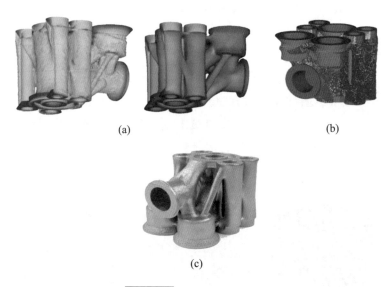

图 5-135　增材制造液压阀

(a)使用 OptiStruct 软件进行设计分析；(b)拓扑优化结果；(c)增材制造结果。

采用这种新方法进行设计及其生产的阀体表现优异：组件尺寸和质量的总体减少，改进了阀体内部通道中的流体流动，并满足所有压力和强度要求。用传统的钻孔技术制成的类似阀块估计重达 2.5kg，经过优化的新型增材制造阀块质量不到 600g，与传统的设计和制造方法相比，质量减少了 76%。并非每种组件或产品都适合增材制造技术，这取决于其大小、形式和设计以及所需的数量。阀块非常适合增材制造技术，并且在增材制造时具有提高质量、性能和设计自由度的巨大潜力。

5.4　模具行业的应用

模具作为工业生产中的基础工艺装备，在电子、汽车、电机、仪表、家电和通信等行业中，60%～90%的零部件都是通过模具成形的技术进行制造的，对于产品质量的提高有着极大的影响。模具制造提高了生产效率，为产品的快速更新创造了条件，其先进程度是衡量一个国家制造业水平的重要标志之一。但模具制造也有一定的局限性：模具开发的技术难度大，零件的外观不同，模具制造的难度也不同，结构越复杂的零件，相应模具的制造越难实现。随着国际竞争加剧和市场全球化，产品更新换代加快，多品种、小批量成为模具行业的重要生产方式，这种生产方式要求缩短模具制造周期、降低模具制造成本，如何在较短的时间内制造出高水平模具一直是模具技术研究的热点[85]。

增材制造技术作为 21 世纪一种革命性的数字化制造技术，以其具有可自由成形和材料利用率高等特点，已经逐渐应用于国民经济发展的许多领域。在模具行业，增材制造技术不仅能够有效解决传统模具制造过程中所遇到的复杂零部件难以加工等技术难题，还能满足模具行业面临的各种快速响应制造需求。增材制造技术的出现，使传统的模具制造技术有了重大的改革和突破，推动了复杂结构模具数字化制造的技术进步[86-87]。

5.4.1　模具的分类

模具主要包括金属模具、非金属模具。金属模具包括冲压模具、锻模具、铸模具、挤压模具、拉丝模具和粉末冶金模具等。非金属模具包括塑料模具、无机非金属模具。按照材质来分，包括砂型模具、金属模具、真空模具和石蜡模具。从模具行业产业结构来看，我国模具行业主要为冲压模具、塑料模具、铸造模具等类型，如图 5 – 136 所示。

图 5 – 136

常见模具的分类

增材制造成形模具的方式包括直接制模法和间接制模法。

1)直接制模法

目前增材制造直接制模法主要应用于模具的工作零件和随形冷却通道零件等制造方面,如图5-137所示。

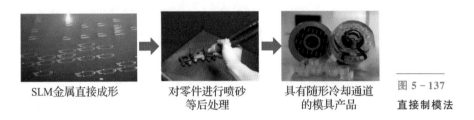

SLM金属直接成形　　对零件进行喷砂　　具有随形冷却通道　　图5-137
　　　　　　　　　　等后处理　　　　　的模具产品　　　　**直接制模法**

2)间接制模法

间接制模法包括熔模与砂模,其成形过程如图5-138所示。

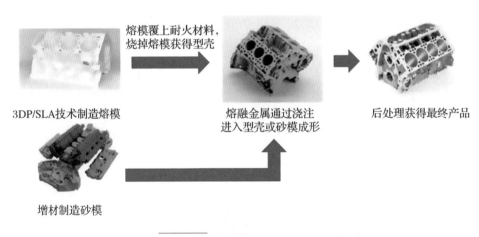

3DP/SLA技术制造熔模　　熔融金属通过浇注　　后处理获得最终产品
　　　　　　　　　　　进入型壳或砂模成形

增材制造砂模

图5-138　**熔模或砂模成形过程**

5.4.2　模具行业的应用优势[88-90]

1)缩短模具生产周期

在传统的模具制造业中,模具制造一般需要经过开模具、铸造或锻造、切割、部件组装等过程成形。由于考虑到还需要投入大量资金制造新的模具,公司有时会选择推迟或放弃产品的设计更新。而增材制造技术则免去了那些复杂的过程,可以将计算机中的三维设计转化为实物模型,并且拥有着极高的效率,自动、快速、直接和精确是增材制造技术最主要的特点。利用这种技术进行模具制造，在几个小时之内就能将相关的模具制造完成，实现模具从平面图到实体的飞跃。通过降低模具的生产准备时间，以及使现有的设计工具能够快速更新，增材制造技术使企业能够承受得起模具更加频繁的更换和改善，有利于促进企业的更新换代，促进企业发展。

2）降低制造成本

与传统数控机床成形不同，增材制造技术成形过程不是去除材料，而是逐层添加材料来完成成形过程。正是这种颠覆传统的成形工艺，材料利用率极高，在制造过程中将为企业节省大量原材料。而且增材制造成形工艺不需要传统的刀具、夹具，降低了制造过程中造成的额外成本。同时，使用增材制造技术进行模具的制造，能够帮助工程师尝试无数次的迭代，并可以在一定程度上减少因模具设计修改产生的前期成本，对模具的生产有着极大的帮助，有利于促进制造成本的进一步降低。

3）模具的定制化有利于实现最终产品的定制化

随着人们生活质量的提升，越来越多的人追求个性化的产品，从手机、笔记本电脑到汽车，个性化和创新化的需求和趋势逐渐明显，但这是传统加工制造业难以解决的技术瓶颈，这为增材制造技术的发展提供了契机。增材制造技术具有更短的生产周期，能制造更复杂的几何形状，降低最终制造成本的特点，使企业能够制造大量的个性化模具来实现产品定制化。增材制造模具非常利于定制化、小批量生产，比如医疗设备和医疗行业，它能够为外科医生提供增材制造的个性化器械，如外科手术导板和工具，使他们能够改善手术效果、减少手术时间。

4）为产品的设计、性能的提高提供更多的可能性

传统的加工制造业对产品的创新和创意有一定程度的限制，例如，我们现在所使用的各种产品，都是在可以制造出来的设计和制造理念下生产的，也就是说，从这个产品的设计到生产，我们都必须考虑其加工制造性。借助增材制造技术不但可以使创意设计空间更加广阔，也会大大地缩短产品的开发时间，降低生产成本，同时可以将计算机设计出来的创意产品直接在增材制造设备上快速制造出来，实现产品的并行设计制造。另外，增材制造技术还可以通过成形任意形状的冷却通道，确保实现模具的随形冷却，使模具的温度控制更加优化且均匀。

随着技术的发展，增材制造技术还可以进行多种材料、梯度材料的制造，使模具在功能方面也从传统均质材料到非均质材料转变，使其性能更加多元化。

5.4.3　在模具行业的应用实例

1. 轮胎模具

增材制造技术在模具上最具优势的方面是制造随形冷却通道。传统的模具内，冷却水路是通过交叉钻孔产生内部网络，并通过内置流体插头来调整流速和方向，金属增材制造技术在模具冷却水路制造中的应用则突破了交叉钻孔方式对冷却水路设计的限制。新型模具将冷却水道形状依据产品轮廓的变化而变化，模具无冷却盲点，可有效提高冷却效率、减少冷却时间、提高注塑效率；水道与模具型腔表面距离一致，有效提高冷却均匀性、减小产品翘曲变形，提高了产品质量，如图 5 – 139 所示。

图 5 – 139

传统冷却通道　　　　　随形冷却通道　　　　**传统冷却通道与随形冷却通道比较**

米其林公司通过与法孚公司的合作，将其共同开发的金属打印设备 Addup 用于米其林轮胎模具的研发与制造，推出了 MICHELIN CrossClimate＋这款新轮胎产品(图 5 – 140)，并通过安全认证，使米其林公司的轮胎在市场上更具竞争力。

MICHELIN CrossClimate＋轮胎采用了米其林公司三种创新的元素：创新的胎面橡胶材料、全新的胎面花纹以及高性能轮胎沟槽。"V"形胎面花纹优化了轮胎整个寿命周期在雪地路面上的抓地力。并且 MICHELIN CrossClimate＋轮胎的使用寿命比目前米其林公司标杆性夏季轮胎 MICHELIN ENERGY SAVE＋的更长，比普通高端四季轮胎平均寿命长 25%。

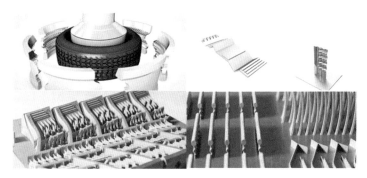

图 5 - 140

米其林公司的

增材制造模具

在轮胎花纹的加工过程中，加工工序高度集中，主要以铣削加工为主，但因为加工的角度、转角等不统一，有些花纹还有薄而高的小筋条或者窄而深的小槽，包括那些表面不规则的高低结构，对机床的刚性和刀具的要求比较高。增材制造技术可以完成传统机械加工难以实现的复杂形状，更复杂、更好的抓力和稳定性能无疑是高附加值轮胎的抢滩高地[91]。

2. 医疗模具

位于美国密歇根的 PTI 马科姆工程塑料公司（简称 PTI 公司）专注于生产注塑成形的塑料零件，最近 PTI 公司尝试通过增材制造技术来加工随形冷却的注塑模具（图 5 - 141），从而取代传统的钻孔方式实现模具在注塑过程中的快速冷却。通过仿真软件数学分析发现，这种薄壁的空心模具可以提供注塑所需的强度，PTI 公司于是决定通过增材制造技术来制造工具钢材料的空心模具。PTI 公司所制造的这个模具是用于医疗行业的，模具有 7 英寸（1 英寸≈0.025m）高，与仿真结果一致的是，模具并没有产生裂纹，注塑的节拍从原来的 46.5s 减少到 41.5s[92]。

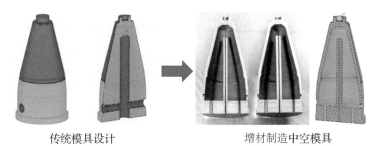

传统模具设计　　　　　　　　　　增材制造中空模具

图 5 - 141　美国 PTI 公司增材制造中空模具

3. 发电机叶片模具

在温室效应日益加剧的当下,人类比以往任何时候都更加渴望清洁能源——风能、水电和太阳能等。但是成本问题始终是挡在人们面前的一大障碍,为此,隶属于美国能源部的先进制造办公室(AMO)转向了采用增材制造技术以减少风力涡轮机的开发成本。由于风力涡轮叶片的长度动辄超过 40 英尺(1 英尺≈0.3048m),AMO 为此打算将 6 英尺长的部件分别成形出来,然后组合成模具,使其可以浇铸出完整的叶片,如图 5-142 所示。一旦组装完成,这巨大的增材制造模具就具有非常平整、光滑的表面,而且具有很好的气密性,非常适合铸造风力叶片,成本比传统的风力叶片低得多[93]。

图 5-142

**美国 AMO 的增材制造风力
发电机叶片模具**

4. 离合器/变速器铸模

铸造薄壁结构的零件,尤其是薄壁离合器壳体,对砂型制造提出了很大的挑战。Voxeljet 公司与 Koncast 公司通过增材制造砂模,铸造离合器外壳的方法,在不到 5 天的时间就解决了这一技术难题。更优质的砂带来更精细的分辨率,并提供了最佳的铸造表面质量,在 z 轴方向上,其精度是使用标准砂的两倍。这款铝制离合器箱用作设计验证过程中的原型,尺寸为 465mm×390mm×175mm,质量的 7.6kg,通过 Voxeljet 公司的增材制造设备来完成砂模制作(图 5-143),Voxeljet 公司专家选用了高质量的 GS09 砂来达到极薄的壁厚打印。铸造过程采用的是 G-AlSi8Cu3 合金,温度达到了790℃,这个过程生产的离合器与后面测试通过后批量生产的零件是完全一致的。Koncast 公司也从中获得了巨大的时间和成本优势,因为在这个过程中不需要前期开模的刀具准备,避免了木模的制造成本。

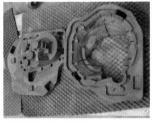

图 5 - 143

增材制造离合器壳体砂型模具

赛车变速箱壳体不仅有薄壁的特点，在机械加工后还需要严格检查孔与孔、面与面、孔与面的相互位置精度以及孔本身的精度，这对前期铸造也提出了严格的要求。Voxeljet 公司在方程式赛车变速箱的精密铸造模具增材制造方面积累了丰富的经验，面对薄壁和严格的尺寸公差要求，它采用 PMMA材料来制造精密铸造模具，整个模具尺寸为 590mm×455mm×455mm，质量为 3.2 kg，交货期为 5 天，最后铸造出来的铝制变速箱质量为 8.5 kg，如图 5-144所示。如此复杂的变速箱完整铸造出来，完美地满足了尺寸公差的要求[94]。

图 5 - 144

增材制造赛车变速箱
壳体铸造模具

5. 发动机进气歧管砂模

汽车发动机进气歧管位于节气门与引擎进气门之间，在发动机内空气进入节气门后，经过歧管缓冲后，空气流道就在此分岔了。进气歧管必须将空气、燃油混合气或洁净空气尽可能均匀地分配到各个气缸，为此进气歧管内气体流道的长度应尽可能相等。为了减小气体流动阻力，提高进气能力，进气歧管的内壁应该光滑。

赛车的进气歧管具有许多干涉部位，这对于砂型铸造和后期的机械加工都提出了许多挑战。为了满足复杂性的精确要求，Voxeljet 公司将这一854mm×606mm×212mm大小的进气歧管模型拆分成 4 块来进行砂模制造，最终成形的零件满足使用要求，如图 5-145 所示。

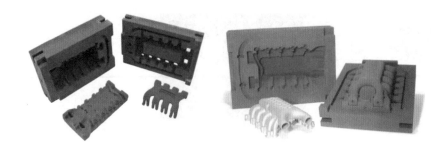

图 5 - 145　增材制造赛车进气歧管砂型模具[94]

奥托循环（Otto-cycle）发动机通常具有排气再循环（EGR），其中排气被引导返回至进气歧管以便减小汽缸中的温度峰值，以此方式实现减少或限制氮氧化物的排放。

6. 涡轮叶片模芯与涡轮增压器熔模

1）涡轮叶片模芯

涡轮叶片是涡轮发动机中涡轮段的重要组成部件，高速旋转的叶片负责将高温高压的气流吸入燃烧器，以维持引擎的工作。为了能保证在高温高压的极端环境下稳定长时间工作，涡轮叶片往往采用不同方式来冷却，例如，内部气流冷却、边界层冷却、抑或采用保护叶片的热障涂层等方式来保证运转时的可靠性。Eagle 工程资源公司通过直接打印陶瓷（direct print ceramic，DPC）核心技术来生产陶瓷芯，内含涡轮叶片复杂的冷却通道（图 5 - 146），与增材制造的熔模一起配合使用[95]。

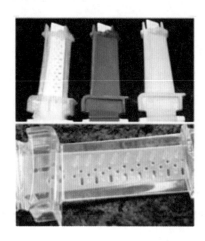

图 5 - 146

内含涡轮叶片复杂的冷却通道

2）涡轮增压器熔模

奥托循环发动机通过给排量较小的发动机配备一个特别的涡轮增压器达到最佳输出功率与热效率的匹配。为了达到最大的效率，涡轮增压器必须具有完美的几何形状。通过仿真软件，设计人员获得了形状复杂的模型。然而，在实际的制造过程中，为了避免修改、完善造成的额外巨大成本，Voxeljet公司将两部分零件组合在一起，通过增材制造 PMMA 材料来制造这个尺寸为258mm×193mm×160mm 的精密模具（图 5 - 147），最终满足了近净成形复杂形状涡轮增压器铸造的要求。

图 5 - 147

增材制造 PMMA 材质的涡轮增压器模具[95]

增材制造技术的出现，对传统制造业来说确实是前所未有的挑战。不可否认，增材制造技术在随形冷却、异形模具制造方面有传统制造业无可比拟的优势。但是增材制造技术和传统制造技术都存在优势和劣势，目前增材制造技术无论是在硬件设备还是制造工艺方面都还存在不足，传统制造业已有较长时间的历史，经过了无数实践的检验，因此增材制造技术制造模具要想取代传统模具制造业还需要很多时日。

国内目前进行增材制造模具应用研究的企业并不多，随着未来增材制造技术的产业化、市场化，对于广大模具制造企业来说，模具增材制造是一个很好的发展方向。进一步完善增材制造技术，大力研发新型增材制造设备，解决增材制造的尺寸限制，也是未来将增材制造技术运用于模具制造的一个重要研究方向。另外，将传统制造业与增材制造技术相结合，优势互补，如大尺寸基体由传统机加工制造，精细复杂结构由增材制造技术在基体上完成，既减少制造成本又节约生产时间。增材制造技术能够制造复杂零件的优势，在模具设计与模具制造领域具有广阔的应用前景。

5.5 珠宝行业的应用

5.5.1 珠宝首饰设计应用的优势[96-98]

1）设计空间几乎无限，珠宝首饰更加定制化、个性化

在消费者越来越追求与众不同的今天，首饰设计也越来越趋向个性化、艺术化，很多首饰不仅仅是一件金银配件，而是转变成代表佩戴者个性、价值观、生活品位的象征物，首饰设计中越来越多地体现了单纯的感觉、自由的精神，要求作品不仅要有独立存在感，同时又有趣味性、佩戴起来有生命力。

传统设计工艺中，设计师的设计方案要先考虑其工艺性，否则在生产制造上都是不切实际的，这严重限制了设计师的思维以及创新。伴随着增材制造技术的成熟发展，作为先进制造的增材制造技术已经开始应用到珠宝设计行业并形成了相对成熟的技术和规模体系。增材制造技术在珠宝设计领域的成熟应用突破了传统珠宝设计的局限性，精简了珠宝生产加工环节，使珠宝设计变得更加简单、多样。借助增材制造技术，设计与工艺之间的鸿沟将被填平，珠宝设计师们可以充分发挥自己的创意和灵感，采用创新结构设计方法，直观方便地绘制出复杂、生动、流畅的造型，设计出形状各异的珠宝首饰，使首饰更加个性化，满足广大用户日趋苛刻的个性化设计和为定制化提供更优质的服务，这点是传统手工艺难以达到的。

2）减少生产工艺，缩短设计研发周期，节约生产成本

传统的珠宝首饰制造流程要经过起银版、压胶模、开胶模、注蜡、修模等多套程序，工序繁多且杂，产生的设备、场地、材料、人力及时间成本较大。而借助增材制造技术，通过三维软件可以模拟各种材质，通过输出效果图，观察最终效果，省去制作模具和样本的费用，使设计研发周期大大缩短。同时，提高工作效率和单位劳动时间，改善制作精度，降低返工率，节约生产成本。

3）便于修改

通过观察三维模型、渲染效果图，设计师或者消费者可以很直观地预见首饰成品的效果，并对首饰设计的偏差做出及时的判断和修改，使首饰符合顾

客要求，提升顾客满意度。

5.5.2　珠宝首饰设计案例

目前，增材制造技术在珠宝行业的应用主要有两种方式：间接成形和直接成形。其中，直接成形方式是指通过增材制造技术（如 SLM 等）直接制造出珠宝模型，再通过一定的后处理获得精美珠宝。间接成形是指通过增材制造技术成形珠宝的蜡模（或树脂模），通过熔模铸造方式获得珠宝模具，后续通过金属液的浇注得到珠宝首饰件。

贵金属增材制造强大的个性化定制优势，以及节约生产时间和成本的特点越来越深得人心。无论是在精度还是在设计的自由度上，金属直接制造相对于传统失蜡铸造的优势越来越明显。一些增材制造厂商也开始瞄准这一契机，推出能够打印贵金属的设备，用户可以根据自己的喜好，利用金、银、铜、钯、铂金来进行珠宝首饰制造。

1. 柔性免组装的手链

2016 年 10 月，广州迪迈珠宝 3D 设计学院携手意大利 Sisma 公司在国内首次发布贵金属增材制造设备——Mysint J 的消息，黄金饰品叮实现直接制造（图 5 - 148），引起了增材制造及珠宝行业的强烈关注。

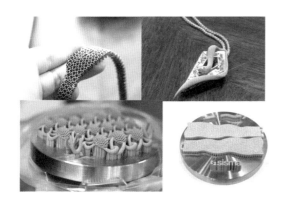

图 5 - 148

意大利 Sisma 公司贵金属设备
增材制造的珠宝首饰[99]

广州迪迈公司的设计师通过巧妙的设计，使增材制造能一次成形结构紧密、柔性免组装的手链。图 5 - 149 中的比基尼由广州迪迈公司独家代理的意大利增材制造巨头 Sisma 公司产品——Mysint 100 金属增材制造设备制造，仅仅花费了 12h 就将设计师的奇思妙想成为现实。产品结构精密柔软，一体成形，这种创新设计的复杂结构是传统工艺难以完成的。

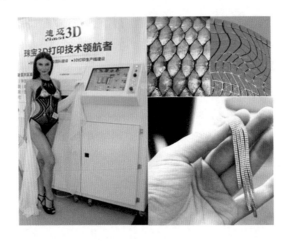

图 5 - 149
广州迪迈公司增材制造的
珠宝首饰[99]

2017 年，意大利珠宝设计师 Paola Valentini 在法国珠宝制造业专业委员会 Comité Francéclat 组织的增材制造珠宝大赛中获得了顶级设计奖，图 5 - 150 为其设计的创意金手镯。Paola Valentini 设计的手镯使用黄金粉末，花费了大约 12h 进行增材制造。据说这件惊艳的作品由两千多层组成，层厚为15μm。要将金粉熔化成层，激光的温度需要达到1700℃。抛光后玫瑰金的优雅手镯质量为 64g，手镯的波浪纹理仿佛音浪，通过一个内部整合扣来实现穿戴。

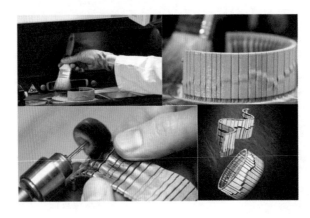

图 5 - 150
增材制造金手镯[100]

2. 定制化首饰

Shapeways 公司在官方网站上，向用户推出了各种材料的增材制造定制化服务，如首饰制造(图 5 - 151)。在做工和工艺方面，Shapeways 公司的首饰制造工艺融合了增材制造与传统制造技术，它首先用高分辨率增材制造设备制造出蜡模，然后再用失蜡法浇铸，最后进行清洗，并手工打磨成形。

图 5 - 151
Shapeways 网站的
增材制造定制化首饰[101]

美国首饰品牌 Lace 的创始人和设计师 Jenny Wu，同时也是洛杉矶的一名建筑师，她把对现代设计的敏感以及对材料的把握，都运用到了增材制造首饰的设计中，使设计的首饰充满建筑感。品牌 Lace 尤其擅长设计组合式的首饰，由不规则的几何元素构成，规律或不规律的排列方式，加上材料本身的材质以及大量地使用黑、白、灰和银色，塑造出具有张力的造型[102]，如图 5 - 152所示。

图 5 - 152
美国 Lace 品牌的
增材制造首饰

图 5 - 153 为费城的设计师 Maria Eife 采用多孔结构拓扑优化设计的复杂几何形状的精美珠宝首饰作品，它充分展示了增材制造技术在结构创新设计方面的潜力。

图 5 - 153　来自费城的珠宝设计师 Maria Eife 的增材制造作品

国内广州雷佳增材科技有限公司也推出了制造贵金属珠宝首饰的专用设备，并打印出了一批具有复杂结构的精美珠宝饰品（图 5 - 154），为增材制造技术在珠宝首饰行业的应用提供了更多的可能性。

图 5 - 154　广州雷佳增材科技有限公司的 SLM 珠宝专用设备及精美珠宝

3. 创意设计

仿生设计在珠宝首饰设计中的应用充分体现了自然科学和首饰设计的完美结合。运用仿生结构设计，可以创造出结构精巧、用材合理的作品。独特的仿生结构设计把蓬勃的生命力赋予作品，使珠宝首饰发挥出自然的美感，充分体现设计作品与自然的和谐统一，同时仿生结构设计保证了作品结构的强度以及合理性。图 5 - 155 中的增材制造珠宝采用仿生结构设计，既保证结构的强度，又使其形状精美。

图 5 - 155　采用增材制造技术制造的精美仿生珠宝饰品

　　巴塞尔珠宝设计展是一个顶尖的手表和珠宝盛宴，汇集了全球奢侈品行业的精华，作为其中的一部分，Stratasys 公司的子公司 Solidscape 举办了一场 3D 打印珠宝竞赛。如图 5 - 156 为目前该公司评出的在本届设计大赛上最亮眼、最新颖的 3D 打印珠宝和艺术品。图 5 - 157 中的珠宝结构采用拓扑优化仿生结构设计方法，通过增材制造技术制造成形的珠宝结构能完美契合宝石，同时保证结构结实、形状精美[103]。

图 5 - 156

珠宝设计大赛铂金奖作品"下降的自由"和"元素 17"

图 5 - 157

珠宝设计大赛金奖作品"雨林"和"Chalom篮子"

5.6 其他领域的应用

5.6.1 时尚家居设计

当今，随着经济社会的发展，新材料、新技术和新的设计理念的涌现为家具设计的发展提供了更广阔的平台，家具作为家居生活中的必备物品，消费者对家具的创新设计充满期待，家居市场的消费者在购买家居产品时所考虑的因素不仅仅只局限在价格和质量上，还会更多地考虑产品品牌所带来的附加价值，创意将成为家居产品销售的最大卖点。

创新设计成为了未来家具设计的主要发展趋势。家具的设计创新主要包括造型创新、功能创新、材料创新、技术创新等。

(1)造型美观的家具更易受到人们的青睐，家具创新首先应从造型方面入手，造型创新需要建立在继承传统的基础上，融入现代设计理念。

(2)在设计创新时，我们会重点关注的是功能性创新，常用的设计创新手段就是在原有家具产品的功能上添加额外的功能，从而使家具更受消费者的喜爱。

(3)材料是家具设计的重要组成部分，随着新材料的不断出现，不同材料之间的组合运用成为未来家具设计必然的发展趋势。

(4)新技术的出现推动了家具设计的创新，为家具的造型设计和生产方式提供了更多的可能性与可操作性，变革家具设计的理念与方法。同时，共同设计(co-design)成为未来发展的一种趋势，设计师、用户、商家共同参与到家具设计的过程中，由设计师主导，把消费者的个性化需求更多地融入设计理念中。如今，80后、90后已经成为主流消费群体，彰显个性已经成为了年轻人的一种生活方式，用户不再满足于家具传统单一的设计风格和功能，而更多地关注个性化、简约化的家具，个性化定制家具必然会成为未来家具设计的主流[104]。

增材制造技术的出现可以更好地帮助设计师实现家具定制化与个性化的设计需求。受传统大批量生产方式的制约，消费者的差异性很难在设计中体现出来，个性化与定制化需求通常被忽视。增材制造技术可以根据消费者的喜好，设计出与用户使用习惯相匹配的产品。用户可以根据实际情况、个人喜好、行为习惯，参与家具的设计与生产，增材制造技术使产品的定制化与个性化成为可能。

　　增材制造技术的出现，解放了设计师的想象力。对于运用传统制作工艺很难生产的部件、一体成形的参数化有机形态，运用增材制造技术，可以帮助设计师更加快速、准确制作出预期的外观形态。增材制造技术改变了传统设计中的三维塑形方式、空间组织形式、审美方式，使设计师可以设计大量的有机形态的家具。

　　1. 台灯

　　图 5-158 为比利时增材制造服务商 Materialise 在比利时布鲁塞尔美术中心的增材制造创意结构台灯，其灯罩造型奇特、结构复杂，采用传统方式制造难度大、成本高，而采用增材制造技术能轻易一体成形灯罩实体，使设计独特的台灯不再受制于制造工艺。

图 5 - 158

增材制造台灯

　　有艺术家通过设计创意结构的灯罩，可以使灯具展现形状复杂的图案，该种灯罩可应用于某些现代化建筑的场合，如图 5-159 所示。

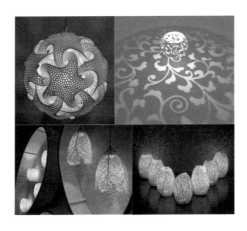

图 5 - 159

增材制造创意结构灯罩

图5-160的增材制造夜灯被设计为铰链式结构，外罩可以伸缩和折叠。在打印过程中，该夜灯是在折叠状态下完成的，折叠状态下打印能减少尼龙粉末材料的消耗且减少打印时间，完成后该折叠夜灯能够展开到其完全体。该夜灯在结构上的巧妙设计使增材制造技术与艺术美观达到完美结合，家居更具有个性化、定制化。

图5-160 具有折叠结构的增材制造夜灯[105]

2. 桌椅

图5-161为增材制造技术制造的FRACTAL. MGX茶桌，图中增材制造出来的细微复杂结构展示了其在设计和结构上的潜力。整个茶桌由树干状的桌腿来支撑，桌腿向上延伸形成树枝状的支架撑起桌面，桌面由复杂的多孔结构组成。整个设计高度复杂又条理清晰，传统制造技术难以做到。由于增材制造技术具有成形复杂结构的特点，该种创新复杂结构通过该技术能快速制造出来。

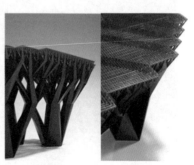

图5-161 FRACTAL. MGX茶桌[105]

图 5-162 为增材制造 ONE SHOT MGX 圆凳，该圆凳具有免组装结构，且其筋骨采用增材制造技术一体成形，旋转式的结构能使其完成折叠以方便搬运或节省空间，同时巧妙的力学结构能使其具有足够的强度。

图 5-162
ONE SHOT MGX 圆凳[105]

扎哈·哈迪德(Zaha Hadid)是现今建筑界被广为追捧的建筑大师，她的作品大胆运用空间和几何结构，反映出都市建筑繁复的特质。扎哈·哈迪德的设计范围极其广泛，不仅以建筑设计而知名，而且涉足工业设计、家具设计、服装设计等设计领域[106]。2016 年，扎哈·哈迪德及其计算和设计研究小组与增材制造公司 Stratasys 合作，研究了增材制造椅子项目的拓扑优化潜力，并使用 Altair HyperWorks(一种用于计算机辅助工程的软件套件)进行拓扑优化[107]，如图 5-163 所示。其主要目标是在不需要的地方去除材料，从而减轻结构的质量[108]。

图 5-163　**增材制造椅子**[109]

该椅子尺寸为 650mm × 830mm × 990mm，通过 Stratasys 公司的 Objet1000 大型多材料增材制造设备制造，自 2014 年开发初始增材制造原型以来，该椅子已在欧洲各地的各种展览和博物馆中展出[109]。事实上，这把椅子是为了探索多颜色、多材料增材制造技术的潜力而特意设计的。这把椅子的设计同样很符合人体工程学的要求，优化后的设计几何形状更加实用且稳定，同时减少了材料需求。借助拓扑优化，能够将椅子的整体质量减少 50%，如图 5-164 和图 5-165 所示。

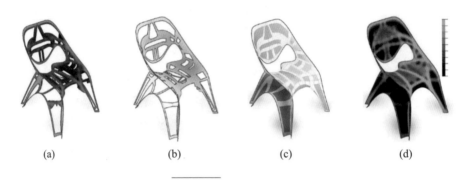

(a)　　　　　　(b)　　　　　　(c)　　　　　　(d)

图 5-164　拓扑优化过程

(a)通过去除低密度表面构造骨架网格；(b)重组骨架网格；(c)填充孔隙；
(d)重新映射得到高分辨率网格。

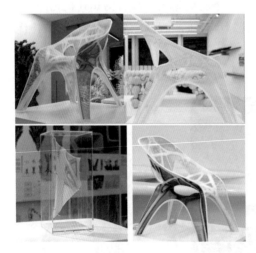

图 5-165

拓扑优化后的增材制造椅子

3. 水龙头

2016 年，全球领先的卫浴品牌"美标（American Standard）"使用了直接金属激光烧结技术制造出具有创新结构的增材制造水龙头 DXV，如图 5-166

所示。设计师通过将水路隐蔽成一个看起来仅仅起到装饰作用的精细结构，将水流本身作为装饰元素，在顶部分成了 19 个水道，完全颠覆了原有的水路设计方式，使得水流展现在人们面前的是那种类似瀑布的天然形态。随着增材制造变得越来越普遍使用，将有更多结合实用性与美学的家居产品诞生[110]。

图 5 - 166

增材制造水龙头 DXV

5.6.2　运动装备设计

1. 运动鞋

人在处于不同的运动状态时对鞋底的压力分布不同，人们设想在压力密集的鞋底部位增大鞋底组织的密度可以实现更好的压力缓冲效果。而关于压力的变化需要一个精确的量化模型才能得到更精确的鞋底设计（图 5 -167），这个模型的建立则需要大量的测试数据来支撑。

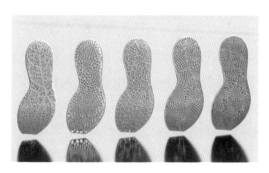

图 5 - 167

具有不同组织密度的鞋底

新百伦(New Balance)公司在麻省理工学院劳伦斯(Lawrence)的运动研究实验室负责收集运动数据，这些数据通过安装在测试跑道地板上的传感器来记录运动员的脚踏在地板上到离开地面的过程中脚底的压力变化情况，并进行分析(图5-168)。

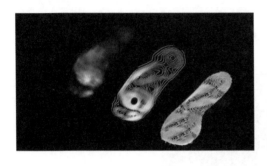

图 5 - 168

通过数据分析设计鞋底结构

为了通过数据了解人体对鞋底密度分布的需求，更好地实现仿生力学建模，Nervous Systems 公司利用增材制造技术创建一个模型生成平台，该平台可以实现"高度可控、各向异性泡沫结构"，并且能根据实际情况快速地测试和修改。该平台的泡沫细胞三维阵列结构是相对密度低、高多孔度的结构，结构轻量、强度高，如图5-169所示。与自然界的木材和骨的泡沫结构相似，在不同的区域因为结构的不同而显示出不同的材料特性。

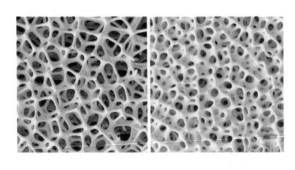

图 5 - 169

具有多孔泡沫结构的
增材制造鞋底组织

Nervous Systems 公司进行了根据压力变化来生成中底定向结构的系列实验，这些实验突出反映了压力与脚的解剖结构之间的关系，包括脚跟、脚掌和脚趾这些主要的受力区域所承受的压力区别以及压力与运动的变化关系。因此，Nervous Systems 平台的算法可以帮助新百伦公司为客户实现独一无二的、完全定制化的鞋子(图5-170)，不但适合脚型和还适合鞋子主人的运动方式[111]。

图 5 - 170

增材制造多孔结构鞋底的定制化运动鞋

2. 自行车

FIX3D 自行车架是定制化、一次性增材制造出来的运动装备（图 5 - 171），特别之处在于其尽量减少用料的轻量化设计。车架采用了格栅结构来实现比传统自行车架更轻却强度更高的效果，并且采用了增材制造技术一体化成形。增材制造技术应用于自行车制造上能节省能源和资源，使生产方式更加环保[105]。

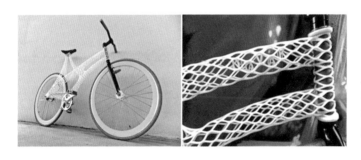

图 5 - 171

增材制造轻量化自行车车架

增材制造技术在运动装备上的应用具有巨大优势：一方面是由于它的高度定制特性；另一方面是由于在结构和材料上的灵活性，诸如头套、专业运动鞋、防护设备，都已经将增材制造技术运用起来。

Empire Cycles 位于英格兰西北部，是英国一家独具特色的自行车设计和制造公司。该公司积极致力于使用精湛的英国工程技术开发和制造高端产品，为全球山地自行车和高山速降自行车提供创新设计。2015 年，雷尼绍公司和 Empire Cycles 公司携手合作制造出世界上首款增材制造金属自行车架，如图 5 - 172所示，针对增材制造工艺的特点优化自行车设计，减少了许多原本需要多余结构来支撑的朝下表面[112]。车架采用钛合金材料，为适应 AM250 系统的 300mm 成形高度限制，将整个车架分成若干部分进行快速成形加工，再用胶黏剂拼接组装而成，其设计过程如图 5 - 173 所示。

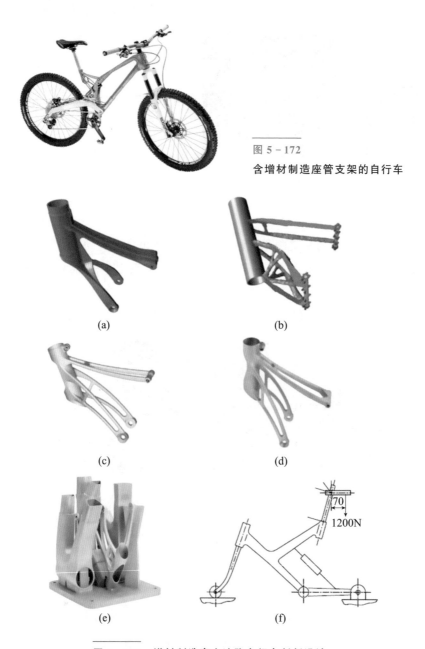

图 5 - 172

含增材制造座管支架的自行车

(a)

(b)

(c)

(d)

(e)

(f)

图 5 - 173　**增材制造高山速降自行车创新设计**

(a)针对铝合金铸造工艺设计的管座 CAD 模型；(b)利用 Altair 公司的 solidThing Inspire 软件进行拓扑优化；(c)Empire Cycles 公司将优化后的 CAD 模型作为模板，重新进行设计；(d)在雷尼绍公司的 AM250 激光熔融金属快速成形系统上，利用钛合金材料制造；(e)增材制造自行车车架部件；(f)自行车座管支架应力测试示意图。

利用激光熔融金属快速成形制造工艺加工的钛合金，具有超过 900MPa 的高极限抗拉强度（UTS）和几近完美的、大于 99.7% 的密度。这种工艺优于铸造，由于孔隙小、数量少、呈球形状，因此对强度几乎没有影响。原来的铝合金座管支架质量为 360g，而空心钛合金座管支架仅重 200g，质量减少 44%。原来的自行车架重 2100g，重新设计后利用增材制造工艺制造的车架，质量降至 1400g，减少了 33%。同时，采用山地自行车标准 EN 14766 对坐管支架进行了测试，结果证明其可承受 50000 次 1200N 的应力。在测试过程中，当使用的应力达到该标准的 6 倍时，座管支架仍完好无损[112]。

大多数高端山地自行车的车架都是使用碳纤维增强型树脂制成的。由于车架必须制模，因此即使最昂贵的山地自行车通常也只有两三种车型可选。这导致骑手的体型可能存在与车型不匹配的问题，从而影响骑手成绩和骑乘感受。为了根据每位客户的体型制造出独一无二的自行车，Robot Bike 公司与 Altair 公司、HiETA Technologies 公司和雷尼绍公司通力协作，共同推出全新 R160 山地自行车车架（图 5 - 174～图 5 - 176）。该款车架运用了金属增材制造技术，并在英国完成设计加工。增材制造技术是生产定制山地自行车所需各式独特部件的不二选择，同时，要求钛合金部件必须坚固耐用，能够长期承受复杂多变的载荷，它还必须极致轻巧，并且牢固地连接到车架管上，以满足完美骑乘的需要。

图 5 - 174　**R160 山地自行车**

图 5 - 175　支架改进前后对比　　　图 5 - 176　最终自行车和节点的渲染图

　　R160 车架的结构独特，它使用了钛合金凸耳螺栓、专利碳纤维车架管（图 5 - 177）和钛合金管托（图 5 - 178），并通过双圈叠搭形式完成车架各部分的连接（图 5 - 179）——这在最大程度上实现了设计自由。山地车的管托是在 RenAM 500Q 四激光系统上加工的第一个自行车零件，RenAM 500Q 不仅能够保证质量，而且有助于提高生产效率。最终，Robot Bike 公司生产的一辆山地自行车样车通过了欧盟颁布的 EN 14766 标准测试[113]。

图 5 - 177　增材制造山地车支架零件　　　图 5 - 178　钛合金管托

图 5 - 179

山地车支架组装

3. 自行车头盔

2019 年 7 月 30 日，总部位于伦敦的创业公司 Hexr 开发出一款名为
HEXR 的增材制造自行车定制头盔(图 5 - 180)，并在 6 个月内完成了最后的
安全测试和设计变更。该 HEXR 头盔采用增材制造技术制造的蜂窝芯，通过
德国工业增材制造设备制造商 EOS 旗下的 SLS 技术和聚酰胺材料生产。每个
头盔都是根据用户的头部尺寸三维扫描数据进行打印的，以便为客户创建轻
量级和保护性的头盔解决方案，使头盔更具定制化、个性化。除了提供个性
化设计外，HEXR 头盔还提供了比传统自行车头盔更强的保护。HEXR 头盔
还可以附带其他功能，包括定制雕刻，内置太阳镜支架，替代设计的可拆卸
盖子和可选的棘轮系统[114]。

图 5 - 180　增材制造自行车头盔[114]

4. 滑板

为突出使用创新软件和新制造方法制造和设计对象的新过程，纽约的库
珀·休伊特-史密森尼设计博物馆(Cooper Hewitt - Smithsonian Design
Museum)决定与 3D Systems 公司合作制造一款结构高效的增材制造滑板。3D
Systems 公司使用 solidThinking Inspire 软件生成了 20～30 个不同的设计概
念，并对每个设计概念进行了分析，以找出设计中的任何薄弱环节。确定最
终设计后，滑板的底板通过 SLS 技术采用 PA - 12 尼龙材料制造而成，而滑
板支架则使用 SLM 技术以钛金属打印，如图 5 - 181 所示。新制的滑板质量
仅 3.4 磅(约 1.54kg)，比标准滑板减少 55%，并在库珀·休伊特-史密森尼
设计博物馆展示。

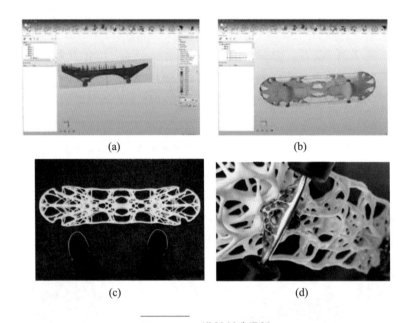

图 5 – 181　增材制造滑板

（a）Inspire 软件中的设置（含负载，支撑和对称约束）；（b）支架形状选择和分析；

（c）打印结果；（d）安装照片。

3D Systems 公司的高级工业设计师 Seth Astle 指出："未来的计划包括使用 Inspire 软件重新设计和打印滑板的轮子。我们还在研究第二版滑板，该滑板将使用玻璃纤维填充尼龙印刷。这将比当前的板要硬，由于其材料有点柔性。除了柔韧性外，滑板的滑行就像普通的滑板一样，但质量要轻得多。"

参 考 文 献

[1] 陈亚东. 基于快速原型制造技术的人体骨骼修复及生物力学分析研究 [D]. 沈阳：东北大学，2014.

[2] 朱赴东，赵士芳，谢志坚，等. 快速成型技术在正颌外科中的应用[J]. 解剖学报，2006，37(5)：563 - 567.

[3] 张景涛. 基于逆向工程的缺损颅骨曲面模型重建技术研究[D]. 镇江：江苏大学，2005.

[4] 柴岗，曹得君，韦敏，等. 快速成型技术的临床应用：第四届华东六省一市整形外科学术会议暨 2007 年浙江省整形、美容学术会议论文[C]. 杭

州：浙江省科学技术协会，2007.

[5] 杨永强，宋长辉，王迪. 激光选区熔化技术及其在个性化医学中的应用[J]. 机械工程学报，2014，50(21)：140-151.

[6] 赵志国，柏林，李黎，等. 激光选区熔化成形技术的发展现状及研究进展[J]. 航空制造技术，2014，463(19)：46-49.

[7] 刘洋，杨永强，王迪，等. 激光选区熔化成型免组装机构的间隙特征研究[J]. 中国激光，2014，41(11)：88-95.

[8] 曾锡琴，朱小蓉. 激光选区烧结成型材料的研究和应用现状[J]. 机械研究与应用，2005(06)：19-21.

[9] 齐海波，颜永年，林峰，等. 激光选区烧结工艺中的金属粉末材料[J]. 激光技术，2005，29(2)：183-186.

[10] 汤慧萍，王建，逯圣路，等. 电子束选区熔化成形技术研究进展[J]. 中国材料进展，2015，034(3)：225-235.

[11] 韩建栋，林峰，齐海波，等. 粉末预热对电子束选区熔化成形工艺的影响[J]. 焊接学报，2008(10)：77-80.

[12] 沈初杰. 激光近净成形工艺研究及其性能分析[D]. 合肥：合肥工业大学，2016.

[13] 李春梅，罗煌，胡俊. 激光近净成形工艺参数对成形组织及力学性能的影响分析[J]. 应用激光，2015，35(5)：552-557.

[14] 陈彬斌. 电子束熔丝沉积快速成形传热与流动行为研究[D]. 武汉：华中科技大学，2013.

[15] 何兴容. 选区激光熔化直接成型个性化外科手术模板研究[D]. 广州：华南理工大学，2010.

[16] 麦淑珍. 个性化 CoCr 合金牙冠固定桥激光选区熔化制造工艺及性能研究[D]. 广州：华南理工大学，2016.

[17] WIECHMANN D，RUMMEL V，THALHEIM A，et al. Customized brackets and archwires for lingual orthodontic treatment [J]. Am J Orthod Dentofacial Orthop，2003，124：593-593.

[18] 郑晓东. 基于 SLM 的个性化舌侧正畸矫治器设计与制备技术[D]. 杭州：浙江工业大学，2017.

[19] 韩向龙. 正畸弓丝第二序列弯曲力学性能的平面研究[D]. 成都：四川大

学，2006.

[20] 孙婷婷. 个性化舌侧矫治托槽的选区激光熔化直接成型工艺研究[D]. 广州：华南理工大学，2010.

[21] 左育涛，李雪清，黎理利，等. 3D 打印钛合金个体化假体在骨盆肿瘤切除与骨盆重建术中的手术配合[J]. 护理实践与研究，2018，15(20)：130-131.

[22] KAWAHARA S，OKAZAKI K，OKAMOTO S，et al. A lateralized anterior flange improves femoral component bone coverage in current total knee prostheses[J]. Knee，2016，23(4)：719-724.

[23] 王安民. 3D 打印全膝关节假体的个性化设计与验证[D]. 广州：华南理工大学，2018.

[24] RUSSELL R D，HUO M H，JONES R E. Avoiding patellar complications in total knee replacement. [J]. Bone Joint J，2014，96-B(11 Supple A)：84-86.

[25] 石岩，崔文岗，肖德明. 腰椎椎间融合器临床研究进展[J]. 国际骨科学杂志，2013(01)：45-48.

[26] SUZUKI T，ABE E，MIYAKOSI N，et al. Anterior Decompression and Shortening Reconstruction with a Titanium Mesh Cage through a Posterior Approach Alone for the Treatment of Lumbar Burst Fractures [J]. Asian Spine Journal，2012，6(2)：123-130.

[27] HEO W，DONG H K，PARK K B，et al. Is titanium mesh cage safe in surgical management of pyogenic spondylitis? [J]. Korean Neurosurgical Society. Journal，2011，50(4)：375-362.

[28] WEINER B K，FRASER R D. Spine update lumbar interbody cages [J]. Spine，1998，23(5)：634.

[29] VAIDYA R，SETHI A，BARTOL S，et al. Complications in the use of rhBMP-2 in PEEK cages for interbody spinal fusions. [J]. Journal of Spinal Disorders & Techniques，2008，21(8)：557-562.

[30] 肖然. 个性化多孔下颌骨假体的轻量化设计与激光选区熔化成型研究 [D]. 广州：华南理工大学，2018.

[31] ZOL 3D 打印网. 3D 打印骨骼固定器不再伤筋动骨一百天[EB/OL].

[2020 - 01 - 06]. http：//3dp. zol. com. cn/458/4582060. html.

[32] 搜狐网. 盘点 3D 打印技术在康复辅助器具领域的应用[EB/OL]. [2020 - 01 - 06]. https：//www. sohu. com/a/155675767_274912.

[33] 巩水利，锁红波，李怀学. 金属增材制造技术在航空领域的发展与应用 [J]. 航空制造技术，2013，433(13)：66 - 71.

[34] 田宗军，顾冬冬，沈理达，等. 激光增材制造技术在航空航天领域的应用与发展[J]. 航空制造技术，2015，480(11)：38 - 42.

[35] 李海涛，谢书凯，张亮，等. 增材制造技术在航天制造领域的应用及发展[J]. 中国航天，2017(01)：28 - 32.

[36] 3D 科学谷. 案例 1 3D 打印金属天线阵列，可用于军事及航空航天领域 [EB/OL]. (2017 - 06 - 12)[2019 - 08 - 20]. http：//www. 51shape. com/? p=9412.

[37] 3D 科学谷. 盘点 3D 界那些脑洞大开的拓扑优化经典案例[EB/OL]. (2016 - 09 - 01)[2019 - 08 - 20]. http：//www. 51shape. com/? p=7091.

[38] 肖泽锋. 激光选区熔化成型轻量化复杂构件的增材制造设计研究[D]. 广州：华南理工大学，2018.

[39] 3D 科学谷. 看 3D 打印天线怎样助力小型、轻量化雷达的制造[EB/OL]. (2019 - 06 - 24)[2019 - 08 - 20]. https：//www. sohu. com/a/322652435_274912.

[40] 3D 打印技术参考. GE9X 发动机：多材料金属 3D 打印航空应用的集大成者 [EB/OL]. (2019 - 7 - 30)[2019 - 08 - 20]. https：//www. sohu. com/a/330389047_100121917.

[41] 魔猴君. 西班牙航空航天公司采用 3D 打印机创建火箭发动机燃烧室 [EB/OL]. [2019 - 04 - 02][2019 - 08 - 20]. http：//www. mohou. com/articles/article-7179. html.

[42] e 键打印. 科技惊闻！3D 打印火箭发动机涡轮泵在美测试[EB/OL]. (2016 - 04 - 27)[2019 - 08 - 20]. http：//www. ejdyin. com/article/articleDetail-1339. html.

[43] 莫七能. Orbital ATK 成功测试 3D 打印高超音速发动机燃烧室[EB/OL]. (2016 - 11 - 13)[2019 - 08 - 20]. http：//www. nanjixiong. com/thread - 57104 - 1 - 1. html.

[44] 南极熊3D打印网. 盘点：2017年金属3D打印航空航天大事件[EB/OL].
(2017-12-27). [2019-08-20]. https：//www. sohu. com/a/212997016_
181700.

[45] 魔猴君. GE完成T901发动机原型测试，其上带有大量3D打印零部件
[EB/OL]. (2017-10-13)[2019-08-20]. http：//www. mohou.
com/articles/article-7067. html.

[46] 蓝海长青智库. 3D打印和陶瓷基复合材料：罗罗Advance3发动机制造
新技术[EB/OL]. (2018-10-18)[2019-08-20]. http：//
www. yidianzixun. com/article/0KIM8EN6.

[47] 3D科学谷. GE称拟在今年运行3D打印的ATP飞机发动机[EB/OL].
(2017-06-25)[2019-08-20]. http：//www. 3dhoo. com/news/
guowai/32017. html.

[48] 天工社. 新一代立方体卫星3D打印推进系统[EB/OL]. (2016-01-
13)[2019-08-20]. http：//www. laserfair. com/3D/201601/13/
58651. html.

[49] 3D打印小王子. 俄罗斯用3D打印第一颗卫星发射[EB/OL]. (2018-
10-16)[2019-08-20]. https：//www. sohu. com/a/259762478_
645606.

[50] 3D科学谷. 3D打印与航天研发与制造业白皮书1. 0[EB/OL]. (2017-08-
14). [2019-08-20]. http：//www. 3dsciencevalley. com/? p=9925.

[51] 3D科学谷. 世界首个在月球着陆的大型3D打印组件由RUAG Space开
发[EB/OL]. (2019-02-15)[2019-08-20]. http：//www.
51shape. com/? p=14518.

[52] 南极熊3D打印网. 盘点：2017年金属3D打印航空航天大事件[EB/OL].
(2017-12-27)[2019-10-24]. https：//www. sohu. com/a/212997016_
181700.

[53] 黄志澄. 太空3D打印开启太空制造新时代[J]. 国际太空，2015(1)：29-30.

[54] 3D科学谷. 为将金属3D打印机送入太空，伯明翰大学做了哪些努力？
[EB/OL]. (2016-12-27)[2019-10-24]. http：//www. 51shape. com/?
p=7979.

[55] 3D打印在线. 雷神公司已经实现3D打印完整的制导导弹[EB/OL].

(2015 - 07 - 17)[2019 - 10 - 24]. http：//mt. sohu. com/20150717/n416973756. shtml.

[56] 3D 打印世界. GE 向空客交付首批装有 3D 打印燃油喷嘴的 LEAP 发动机[EB/OL]. (2015 - 07 - 17)[2019 - 10 - 24]. https：//www. sohu. com/a/70607626 _ 254021.

[57] 宋彬，及晓阳，任瑞，等. 3D 打印技术在汽车工业发展中的应用[J]. 金属加工(热加工)，2018(02)：22 24.

[58] 罗文星，周旭. 浅谈 3D 打印技术在汽车研发领域的应用[J]. 科技视界，2017(1)：1 - 3.

[59] 魏巍. 3D 打印技术助力广西柳州汽车业迈向快车道[EB/OL]. (2017 - 11 - 02)[2019 - 10 - 24]. http：//www. chinanews. com/auto/2017/11 - 02/8366920. shtml.

[60] 崔厚学，高方勇，魏青松. 3D 打印在汽车制造中的应用展望[J]. 汽车工艺师，2016(9)：36 - 41.

[61] 极光尔沃 3D 打印机. 3D 打印技术在汽车行业的应用与趋向[EB/OL]. (2017 - 11 - 02)[2019 - 10 - 24]. http：//www. ceiea. com/html/201810/201810081030565340. shtml.

[62] 陈星. 试论 3D 打印技术在汽车行业的应用[J]. 时代汽车，2018，298(07)：33 - 34.

[63] 华融证券. 机械制造：在汽车行业的应用贯穿汽车整个生命周期[EB/OL]. (2016 - 01 - 07)[2019 - 10 - 24]. http：//www. cs. com. cn/gppd/hyyj/201601/t20160107 _ 4879712. html.

[64] 王菊霞. 3D 打印技术在汽车制造与维修领域应用研究[D]. 长春：吉林大学，2014.

[65] 黄文华. 马良神笔已成真：3D 打印技术与应用[M]. 广州：广东科技出版社，2017.

[66] 沈诚. 2015 北美车展：全球首款 3D 打印汽车亮相[EB/OL]. (2015 - 01 - 14)[2019 - 10 - 24]. https：//www. autohome. com. cn/news/201501/859682. html.

[67] 陈健. 全球首辆 3D 打印赛车时速达 140km[EB/OL]. (2012 - 08 - 29)[2019 - 10 - 24]. http：//tech. huanqiu. com/digi/2012 - 08/3080043. html.

[68] 黎鑫，王宇晨.【新时代新气象新作为】湖南下活创新引领"先手棋"经济

超车迎来加速度[EB/OL]. (2017 - 12 - 21)[2019 - 10 - 24]. http：//www. 0745news. cn/2017/1221/1063950. shtml.

[69] 谢长贵. 长沙理工发布两台新赛车部分零件属 3D 打印[N]. 潇湘晨报，2017 - 09 - 25.

[70] 方翔. 全球首辆 3D 打印超级跑车诞生[N]. 中国青年报，2015 - 07 - 09.

[71] 睿咔智造. 宝马为 i8 电动敞篷跑车装配 3D 打印的支架[EB/OL]. (2018 - 08 - 17)[2019 - 10 - 24]. http：//www. raykka. com/baomadianhua. html，2018 - 08 - 17.

[72] 中国汽车质量网. MINI 计划 2018 年推出 3D 打印个性化定制服务[EB/OL]. (2017 - 12 - 28)[2019 - 10 - 24]. https：//www. sohu. com/a/213526295 _ 560097.

[73] 林晓昕. 奥迪使用 Stratasys 3D 打印机打印尾灯[EB/OL]. (2018 - 06 - 18). [2019 - 10 - 24]. http：//3dp. zol. om. cn/690/6909514. html.

[74] 太平洋电脑网. 更环保！米其林为无人驾驶时代重新发明汽车轮胎[EB/OL]. (2017 - 09 - 26)[2019 - 10 - 24]. https：//auto. qq. com/a/20170926/009153. html.

[75] 钱伯章. 轮胎制造进入 3D 打印新时代[J]. 现代橡胶技术，2017，43 (06)：40 - 43.

[76] 陆地飞行者. 围观革命性黑科技！全球第一组钛合金 3D 打印轮毂[EB/OL]. (2018 - 11 - 14)[2019 - 10 - 24]. http：//www. sohu. com/a/275403945 _ 372743.

[77] 江苏激光产业创新联盟. 3D 打印在汽车中的应用-精彩案例展示[EB/OL]. (2019 - 03 - 17)[2019 - 10 - 24]. http：//www. sohu. com/a/301860076 _ 100034932.

[78] 无敌改装车. 布加迪创造的世界第一个 3D 打印钛合金制动卡钳[EB/OL]. (2018 - 01 - 26)[2019 - 10 - 24]. https：//new. qq. com/omn/20180126/20180126G11N2H. html.

[79] 3D 科学谷. 不仅仅是节省高达 75% 的砂模铸造成本[EB/OL]. [2015 - 12 - 02]. http：//www. 3dsciencevalley. com/? p = 4889.

[80] 思诚资源. 汽车大灯散热器的低成本、高效生产如何由金属 3D 打印技术实现 [EB/OL][2018 - 08 - 23]. http：//dy. 163. com/v2/article/

detail/DPT33OFR0518WRV9. html.

[81] 魔猴君. 3D 打印超逼真保时捷 356 发动机模型 [EB/OL]. （2017 - 06 - 30）［2019 - 10 - 24］. http：//www. mohou. com/articles/article - 6968. html.

[82] 橡波泥. 雷诺卡车用 3D 打印机制造更轻更高效的发动机 [EB/OL]. ［2019 - 10 - 24］. https：//www. sohu. com/a/124385719 _ 496416.

[83] 3D 打印世界. 29 小时 3D 打印方程式赛车转向柱底座重仅 330g [EB/OL].［2017 - 02 - 16］. https：//www. i3dpworld. com/application/view/3090.

[84] 张昌明. 基于 RP 的快速模具制造技术研究 [D]. 太原：太原理工大学，2006.

[85] 陈黎明，胡智清，刘少华. 3D 打印技术在模具行业中的应用研究 [J]. 课程教育研究：新教师教学，2016，（021）：265.

[86] 伍倪燕，廖璘志，傅贵兴，等. 3D 打印技术对模具制造技术的影响分析 [J]. 模具制造，2014，14(10)：86 - 88.

[87] 田国强，鲁中良，李涤尘. 基于增材制造技术的复杂结构模具数字化制造方法 [J]. 航空制造技术，2014，453(9)：38 - 41.

[88] 洪奕，高鹏. 增材制造技术在模具制造中的应用研究 [J]. 模具工业，2015(2)：67 - 70.

[89] 陈兴龙，陶士庆，李志奎，等. 3D 打印技术在模具行业中的应用研究 [J]. 机械工程师，2016(01)：174 - 176.

[90] Admin. 金属 3D 打印轮胎模具：开始迈向工业革命？［EB/OL］. （2017 - 06 - 01)[2019 - 10 - 24]. http：//www. 3ddayin. net/ news/shichangyanjiu/30686. html.

[91] 3D 科学谷. 中空模具，3D 打印打开模具设计与制造的新空间 [EB/OL]. （2017 - 06 - 01)[2019 - 10 - 24]. https：//www. sohu. com/a/71295752 _ 274912.

[92] 北极星电力网. AMO 用 3D 打印制造 13 米长的风力涡轮叶片模具 [EB/OL]. （2016 - 04 - 24)[2019 - 10 - 24]. https：//www. sohu. com/a/108818386 _ 131990.

[93] 南极熊 3D 打印. 3D 打印模具用于复杂汽车零件及叶轮零件的制造 [EB/

OL]．（2017 - 3 - 24）［2019 - 10 - 24］．http：//www. nanjixiong. com/thread - 118993 - 1 - 29. html.

[94] 魔猴君. 3d 打印和模具(6)[EB/OL]．（2018 - 06 - 20）［2019 - 10 - 24］．http：//www. mohou. com/articles/article-6684. html.

[95] 李琳. 3d 打印技术在现代首饰设计中的应用[J]. 设计，2014(02)：37 - 38.

[96] 杨沁钦. 3D 打印技术在现代首饰设计中的应用[J]. 艺术科技，2019，32(02)：99.

[97] 刘美辰. 3D 打印与首饰设计的关系研究［D］. 北京：中国地质大学，2015.

[98] 3D 打印世界. 资深专家口述：贵金属 3D 打印如何改变珠宝行业？[EB/OL]．（2016 - 10 - 04）．［2019 - 10 - 24］．http：//www. sohu. com/a/115473798 _ 254021.

[99] 3D 打印世界. 超美腻——意大利珠宝设计师凭 3D 打印金手镯获法国顶级设计奖［EB/OL］．［2017 - 10 - 24］．https：//m. sohu. com/a/199861655 _ 254021.

[100] Shapeways. Shapeways［EB/OL］．［2019 - 10 - 24］．https：//www. shapeways. com/.

[101] 39 度创意研究所. 3D 打印首饰欣赏 真是太美了[EB/OL]．（2018 - 04 - 12）［2019 - 12 - 12］．http：//www. elecfans. com/d/658755. html.

[102] 39 度创意研究所. 闪耀巴塞尔珠宝设计 2017：这些 3D 打印珠宝美炸了［EB/OL］．（2017 - 03 - 29）［2019 - 12 - 12］．https：//www. sohu. com/a/130946546 _ 254021.

[103] 周攀攀. 3D 打印技术影响下的家具造型创新设计研究[J]. 明日风尚，2016(10)：69 - 70.

[104] 科技潮人. 不得不看的比利时 3D 打印六大应用[EB/OL]．（2015 - 11 - 04）［2019 - 12 - 12］．http：//mp. ofweek. com/3dprint/a045643327406.

[105] 刘璟. 动态形式背后的理性思维——浅析扎哈·哈迪德的非线性建筑语言及其内在的生成逻辑[J]. 建筑与文，2016(01)：133 - 135.

[106] Altair. Altair HyperWorks 使复杂和轻巧的形状变得可行[EB/OL]．［2020 - 01 - 12］．https：//www. altair. com. cn/customer-story/zaha-hadid-3d-printed-chair.

[107] 赵冰，陈天一. 拓扑优化在建筑设计中的应用[J]. 建筑与文化，2016，000(011)：104-105.

[108] Pearson A. 3D Printed Chair Showcases Zaha Hadid's Vision[EB/OL]. (2016-06-01)[2019-12-12]. http：//blog. stratasys. com/2016/06/01/zaha-hadid-3d-printed-chair/.

[109] 叶琳琳. 美标 DXV 系列：全球首款完全 3D 打印水龙头 预计明年年中上市[EB/OL]. (2015-06-24)[2019-12-12]. https：//www. jieju. cn/News/20150624/Detail777629. shtml.

[110] 冰雪飞舞. 新百伦牵手 Nervous Systems 完善 3D 打印跑鞋中底[EB/OL]. (2014-11-09)[2019-12-12]. https：//www. jiaheu. com/topic/86877. html.

[111] 雷尼绍. 雷尼绍为 Empire Cycles 制造出首款 3D 打印自行车架[EB/OL]. [2019-12-12]. https：//www. renishaw. com. cn/zh/24154. aspx.

[112] 雷尼绍. 雷尼绍—自由定制 精益求精—R160[EB/OL]. [2019-12-12]. http：//www. kongzhi. net/cases/details_101884. html.

[113] 陈廖文欣. 首款 3D 打印定制自行车头盔 Hexo 横空出世[EB/OL]. [2019-12-12]. https：//www. sohu. com/a/275001602_115730.